高技能人才培养培训系列教材

数控编程与操作

第 2 版

主　编　缪遇春　吴光明
副主编　曾向彬　胡志敏
参　编　彭森荣　方玉建　张立华
　　　　高仲康　吴　波　黄元强
　　　　彭　群　刘惠超　周光平

机 械 工 业 出 版 社

本书是为了满足国家对数控人才的需要，根据教育部、人力资源和社会保障部制定的职业教育数控技术应用专业人才培养指导方案的要求，并结合作者多年在数控加工工艺、编程和模具制造方面的教学与工作经验编写的。

本书共分四章，分别为数控机床概述、数控编程基础、数控车削编程与操作、数控铣削编程与操作。本书主要内容都结合加工实例进行了细致的分析，将数控加工程序和工艺的编制融合到每个编程实例中，让学生在学习过程中潜移默化地掌握这些数控编程指令。

本书详细地介绍了 FANUC 0i、GSK983、HNC-21/22 等常用系统的基本操作，围绕中高级数控操作工的职业岗位要求合理地安排内容，将数控理论与技能有机地结合起来，针对性、实用性强。数控车和数控铣两章安排有与相关知识点紧密结合的加工实例以及二维码多媒体视频，可帮助学生有效地消化所学知识，强化技能训练，提高实际动手能力。

本书适合中职和高职学校数控、模具、机电类专业教学和国家职业技能鉴定考工培训使用。

图书在版编目（CIP）数据

数控编程与操作/缪遇春，吴光明主编. —2 版. —北京：机械工业出版社，2023.9

高技能人才培养培训系列教材

ISBN 978-7-111-73497-0

Ⅰ.①数⋯　Ⅱ.①缪⋯ ②吴⋯　Ⅲ.①数控机床-程序设计-教材②数控机床-操作-教材　Ⅳ.①TG659

中国国家版本馆 CIP 数据核字（2023）第 125190 号

机械工业出版社（北京市百万庄大街 22 号　邮政编码 100037）

策划编辑：汪光灿　　　　　　　责任编辑：汪光灿　章承林

责任校对：张晓蓉　陈　越　　　封面设计：张　静

责任印制：邓　博

天津嘉恒印务有限公司印刷

2023 年 11 月第 2 版第 1 次印刷

184mm×260mm · 17.5 印张 · 429 千字

标准书号：ISBN 978-7-111-73497-0

定价：55.00 元

电话服务　　　　　　　　　　　网络服务

客服电话：010-88361066　　　　机 工 官 网：www.cmpbook.com

　　　　　010-88379833　　　　机 工 官 博：weibo.com/cmp1952

　　　　　010-68326294　　　　金 书 网：www.golden-book.com

封底无防伪标均为盗版　　　机工教育服务网：www.cmpedu.com

前　言

本书以党的二十大精神为指导，全面推动二十大精神进教材、进课堂、进头脑，全面贯彻党的教育方针，落实立德树人根本任务，突出职业教育的类型特点，进行教材、教法改革，校企"双元"合作开发教材。

本书突出职业教育特色，适应工学结合人才培养模式的要求，紧跟智能制造等前沿技术的发展，通过校企合作，引入具有丰富数控机床操作经验的企业一线技术人员和行业专家参与本书的编写，紧跟产业发展趋势和行业人才需求，及时将产业发展的新知识、新技术、新工艺、新方法纳入书中，反映典型岗位（群）职业能力要求。本书以理实一体化的教学模式，参照相关国家职业资格标准，选取和规划教学内容，涵盖了数控机床加工行业职业资格中级工到技师层次的理论知识和实操技能点，将专业精神、职业精神和工匠精神融入其中，充分体现了教材内容的针对性、先进性与实用性，有利于职业学校"三教"改革和1+X证书的实施。

本书从培养数控技能专业人才的角度出发，坚持以就业为导向，以职业能力的培养为核心的原则，在内容的安排上，基本理论以够用为度，突出实用性和可操作性，将数控加工程序和工艺的编制融合到每个编程实例中，让学生在学习过程中潜移默化地掌握这些数控编程指令。

本书的数控车削和数控铣削两章安排有加工实例。加工实例和相关知识点紧密结合，每个加工实例不仅能有效地帮助学生消化所学的知识，更能强化其技能的训练，提高他们实际动手能力。

本书由东莞市职业技能鉴定指导中心组织编写，由缪遇春、吴光明任主编，曾向彬、胡志敏任副主编。其中，彭森荣编写了第一章，吴波、黄元强编写了第二章，胡志敏、彭群编写了第三章第一、二节，曾向彬、周光平编写了第三章第三节，刘惠超编写了第三章第四节，缪遇春编写了第三章第五节，方玉建编写了第四章第一、二节，张立华、高仲康编写了第四章第三、四节，吴光明编写了第四章第五节。全书由缪遇春统稿。东莞市技能鉴定指导中心对本书提出了很多修改意见。在编写过程中，东莞市职业技能鉴定指导中心、东莞市技师学院、东莞理工学校、东莞市高级技工学校、联合技工学校、育才职业技术学校、智通职业技术学校、华粤职业技术学校、南华职业技术学校、南博职业技术学院、理工学院及东莞模具制造相关企业也给予了大力支持，在此一并表示衷心的感谢。

限于编者的水平，书中难免有错误和不妥之处，恳请广大读者批评指正。

编　者

本书二维码

序号与名称	图 形	序号与名称	图 形
3-01 数控车床的开、关机操作		3-09 数控车 G94 端面加工	
3-02 数控车床工件的安装		3-10 数控车 G32 指令运用	
3-03 数控车刀的安装		3-11 数控车 G71、G70 外形的加工	
3-04 数控车床程序的输入		3-12 数控车 G90 外圆切削加工	
3-05 数控车仿真系统验证程序的使用		3-13 数控车 G72 端面粗车复合循环指令运用	
3-06 数控车圆弧仿真加工		3-14 数控车 G73 指令运用	
3-07 数控车床的对刀操作		3-15 数控车 G75 切槽加工	
3-08 数控车 G00、G01 手工编程与加工		3-16 数控车 G92 螺纹加工	

（续）

序号与名称	图　形	序号与名称	图　形
3-17　数控车 G76 螺纹加工		4-05　数控铣床上矩形腔内壁的精加工	
3-18　数控车床保养		4-06　数控铣床上圆形腔内壁的精加工	
4-01　数控铣床上工件的装夹		4-07　数控铣 G81、G73、G83 钻孔循环指令的运行	
4-02　数控铣程序的输入与运行		4-08　数控铣 G84 攻螺纹指令的运用	
4-03　数控铣床上矩形凸台外形的精加工		4-09　数控铣床的维护与保养	
4-04　数控铣床上圆形凸台外轮廓的精加工			

目 录

第一章

数控机床概述

【教学提示】

本章论述了数控机床的发展过程及其发展趋势、数控机床的概念与组成、数控机床的分类、数控机床的加工特点及应用四个部分，数控机床的产生、类型、特点、组成、发展以及加工过程是本章的重点。凡是采用数字化信息对机床的运动及其加工过程进行控制的方法，均称为数控。数控加工是一种具有高效率、高精度与高柔性特点的自动化加工方法，可有效解决复杂、精密、小批量多变零件的加工问题，充分适应现代化生产的需要。数控加工必须由数控机床来实现。

【教学要求】

通过本章的学习，让学生了解数控机床的产生、类型、特点、组成、发展以及加工过程。重点让学生了解数控机床的概念、组成、分类、加工特点及应用范围，能针对具体情况进行具体分析，合理地、灵活地应用这些知识来解决后面章节中的编程问题。

制造业是一个国家国民经济的支柱产业，它一方面创造价值，创造物质财富，另一方面为国民经济各个部门提供装备，其现代化程度决定了国家其他行业的发展步伐。数控技术集微电子、计算机、信息处理、自动检测及自动控制等高新技术于一体，是制造业实现柔性化、自动化、集成化及智能化的重要基础。这个基础是否牢固，直接影响一个国家的经济发展和综合国力，也关系一个国家的战略地位。因此，世界各工业发达国家均采取重大措施来发展自己的数控技术及其产业。在我国，数控技术与装备的发展也得到了高度重视，近年来取得了相当大的进步，特别是在通用微机数控领域，基于个人计算机（PC）平台的国产数控系统，已经走在了世界前列。

第一节　数控机床的发展过程及其发展趋势

1. 数控机床的产生

1949 年经过美国空军部门的批准，美国吉斯汀·路易斯公司与美国麻省理工学院合作，开始了数控铣床的研究，经过三年的研制，于 1952 年试制成功了世界上第一台数控铣床，于 1957 年正式投入使用。这是制造技术发展过程中的一个重大突破，标志着制造领域中数控加工时代的开始。

2. 数控机床的发展过程

数控机床发展至今已经历了两个阶段和六代产品。

（1）数控（NC）阶段（1952—1970年）　早期的计算机运算速度低，不能适应机床实时控制的要求，人们只好用数字逻辑电路"搭"成一台机床专用计算机作为数控系统，这就是硬件连接数控，简称数控（NC）。随着电子元器件的发展，这个阶段经历了三代，即：

1952年的第一代——电子管数控机床：体积庞大，价格昂贵。

1959年的第二代——晶体管数控机床：体积大为缩小，成本有所下降，可靠性差。

1965年的第三代——集成电路数控机床：不仅体积小，功率消耗少，而且可靠性提高。

（2）计算机数控（CNC）阶段（1970年至今）　1970年，通用小型计算机已出现并投入成批生产，人们将它移植过来作为数控系统的核心部件，从此数控系统进入计算机数控阶段。这个阶段也经历了三代，即

1970年的第四代——小型计算机数控机床：开始实现自动化，精度高。

1974年的第五代——微型计算机数控机床：能进行人机对话式自动编制程序，在线监测。

1990年的第六代——基于PC的数控机床：系统维护方便，易于实现网络化制造。

3. 我国数控机床发展的过程

1958年，北京第一机床厂与清华大学合作试制成功我国第一台数控铣床。1970年，北京第一机床厂的XK5040型数控升降台铣床才作为商品，小批量生产并推向市场。1975年，沈阳第一机床厂的CSK6163型数控车床才真正进入商品化。20世纪80年代前期，即"六五"期间，在引入了日本FUNAC数控技术后，我国的数控机床才真正进入小批量生产的商品化时代。

进入21世纪来，我国数控机床的产量持续增长，数控化率也显著提高，而且数控产品的技术水平和质量也不断提高，五轴联动数控技术较成熟，并已有成熟商品走向市场。

4. 数控机床的发展趋势

为了满足市场和科学技术发展的需要，达到现代制造技术对数控技术提出的更高的要求，当前，世界数控技术及其装备的发展趋势主要体现在以下几个方面：

（1）高速、高效、高精度、高可靠性　要提高加工效率，首先必须提高切削和进给速度，同时，还要缩短加工时间；要确保加工质量，必须提高机床部件运动轨迹的精度，而可靠性则是上述目标的基本保证。为此，必须要有高性能的数控装置做保证。

1）高速、高效。机床向高速化方向发展，可充分发挥现代刀具材料的性能，不仅可大幅度提高加工效率，降低加工成本，而且还可提高零件的表面加工质量和精度。超高速加工技术对制造业实现高效、优质、低成本生产有广泛的适用性。高速主轴单元（电主轴，转速15000～100000r/min）、高速且高加速度或减速度的进给运动部件（快移速度60～120m/min，切削进给速度高达60m/min）、高性能数控系统和伺服系统以及数控工具系统都出现了新的突破，达到了新的技术水平。随着超高速切削机理、超硬耐磨长寿命刀具材料和磨料磨具、大功率高速电主轴、高加速度或减速度直线电动机驱动进给部件以及高性能控制系统（含监控系统）和防护装置等一系列技术领域中关键技术的解决，使数控机床的加工更加高效。

2）高精度。从精密加工发展到超精密加工，是世界各工业强国致力发展的方向。其精

度从微米级到亚微米级,乃至纳米级（<10nm）,其应用范围日趋广泛。超精密加工主要包括超精密切削（车、铣）、超精密磨削、超精密研磨抛光以及超精密特种加工（三束加工及微细电火花加工、微细电解加工和各种复合加工等）。随着现代科学技术的发展,对超精密加工技术不断提出了新的要求,新材料及新零件的出现,更高精度要求的提出等都需要超精密加工工艺,发展新型超精密加工机床,完善现代超精密加工技术,以适应现代科技的发展。

3）高可靠性。数控系统的可靠性要高于被控设备的可靠性在一个数量级以上,但也不是可靠性越高越好,仍然是适度可靠,因为是商品,受性能价格比的约束,对于每天工作两班的无人工厂而言,如果要求在 16h 内连续正常工作,以及无故障率 $P(t) = 99\%$ 以上,则数控机床的平均无故障运行时间（MTBF）就必须大于 3000h。MTBF 大于 3000h,对于由不同数量的数控机床构成的无人化工厂差别就大多了,只对一台数控机床而言,如果主机与数控系统的失效率之比为 10∶1（数控系统的可靠度比主机高一个数量级）,此时数控系统的MTBF 就要大于 33333.3h,而其中的数控装置、主轴及驱动等的 MTBF 就必须大于 10 万 h,当前国外数控装置的 MTBF 已达 6000h 以上,驱动装置的 MTBF 已达 30000h 以上。

（2）模块化、专门化、个性化、智能化、柔性化和集成化

1）模块化、专门化与个性化。为了适应数控机床多品种、小批量的特点,机床结构模块化、数控功能专门化,机床性能价格比显著提高并加快优化。个性化是近几年来特别明显的发展趋势。

2）智能化。智能化的内容包括在数控系统中的各个方面:

① 为追求加工效率和加工质量方面的智能化,如自适应控制、工艺参数自动生成。

② 为提高驱动性能及使用连接方便方面的智能化,如前馈控制、电动机参数的自适应运算、自动识别负载自动选定模型、自整定等。

③ 简化编程、简化操作方面的智能化,如智能化的自动编程、智能化的人机界面等。

④ 智能诊断、智能监控方面的智能化,可方便系统的诊断及维修等。

3）柔性化、集成化。数控机床向柔性自动化系统发展的趋势是:从点（数控单机、加工中心和数控复合加工机床）、线（FMC、FMS、FTL、FML）向面（工段车间独立制造岛、FA）、体（CIMS、分布式网络集成制造系统）的方向发展,另外向注重应用性和经济性方向发展。柔性自动化技术是制造业适应动态市场需求及产品迅速更新的主要手段,是各国制造业发展的主流趋势,是先进制造领域的基础技术。其重点是以提高系统的可靠性、实用化为前提,以易于联网和集成为目标,注重加强单元技术的开拓、完善,数控单机向高精度、高速度和高柔性方向发展,数控机床及其控制系统构成柔性制造系统能方便地与 CAD、CAM、CAPP、MTS 连接,向信息集成方向发展,网络系统向开放、集成和智能化方向发展。

（3）开放性 为适应数控进线、联网、普及型、个性化、多品种、小批量、柔性化及数控技术迅速发展的要求,数控机床体系结构必须向开放式方向发展。

第二节 数控机床的概念与组成

1. 数控机床的基本概念

（1）数控（Numerical Control,NC） 数控是采用数字化信息对机床的运动及其加工过

程进行控制的方法。

（2）数控机床（Numerically Controlled Machine Tool） 数控机床是指装备了计算机数控系统的机床，简称 CNC 机床。

（3）数控技术（Numerical Control Technology） 数控技术是指用数字化的信息对某一对象进行控制的技术，控制对象可以是位移、角度及速度等机械量，也可以是温度、压力、流量及颜色等物理量，这些量的大小不仅是可以测量的，而且可以经 A/D 或 D/A 转换，用数字信号来表示。数控技术是近年来发展起来的一种自动控制技术，是机械加工现代化的重要基础与关键技术。

（4）数控加工（Numerical Control Manufacturing） 数控加工是指采用数字信息对零件加工过程进行定义，并控制机床进行自动运行的一种自动化加工方法。

数控加工是一种高效率、高精度与高柔性特点的自动化加工方法，可有效解决复杂、精密、小批量多变零件的加工问题，充分适应现代化生产的需要。数控加工必须由数控机床来实现。

2. 数控机床加工零件的过程

利用数控机床完成零件加工的过程如图 1-1 所示。加工过程主要包括以下内容：

1）根据零件加工图样进行工艺分析，确定加工方案、工艺参数和位移数据。

2）用规定的程序代码和格式编写零件加工程序，或用自动编程软件直接生成零件的加工程序文件。

3）程序的输入或传输。由手工编写的程序，可以通过数控机床的操作面板输入程序；由编程软件生成的程序，通过计算机的串行通信接口直接传输到机床控制单元（Machine Control Unit，MCU）。

4）将输入或传输到数控单元的加工程序，进行刀具路径模拟、试运行。

5）通过对机床的正确操作，运行程序，完成零件的加工。

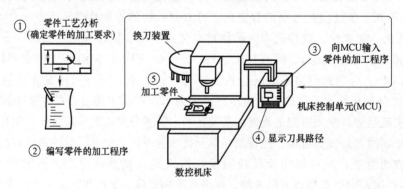

图 1-1 数控机床加工零件的过程

3. 数控机床的组成

数控机床由输入/输出装置、计算机数控装置（简称 CNC 装置）、伺服系统和机床本体等部分组成，其组成框图如图 1-2 所示。其中，输入/输出装置、CNC 装置、伺服系统合起来就是计算机数控系统。

（1）输入/输出装置 输入/输出装置是机床与外部设备的接口。数控加工程序可通过键盘，用手工方式直接输入数控系统，还可由编程计算机用 RS-232C 或采用网络通信方式

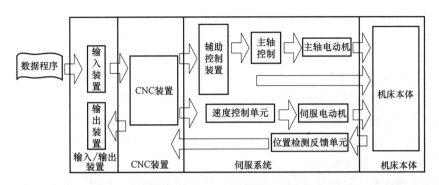

图 1-2　数控机床的组成框图

传送到数控系统中。输入装置见表 1-1。

表 1-1　输入装置

种类	代码	外部设备	特　点
加工程序单	G、M 代码	手写或打印机	可见、可读、可保持，信息用于输入，容易出错
穿孔纸带	ISO 或 EIA	穿孔机、纸带阅读机	可读，多次使用会磨损，信息传输较快
磁带		磁带机或录音机	本身不可读，需防磁，信息传输较快
软磁盘		磁盘驱动器	本身不可读，需防磁，信息传输较快
硬磁盘		相应计算机	本身不可读，需防振，信息传输较快
Flash（闪存）盘、U 盘		计算机 USB 接口	本身可读，信息传输很快，存储量大

零件加工程序输入过程有两种不同的方式：一种是边读入边加工；另一种是一次将零件加工程序全部读入 CNC 装置内部的存储器，加工时再从存储器中逐段调出进行加工。

（2）CNC 装置　CNC 装置是数控机床的中枢。CNC 装置从内部存储器中取出或接收输入装置送来的一段或几段数控加工程序，经过 CNC 装置的逻辑电路或系统软件进行编译、运算和逻辑处理后，输出各种控制信息和指令，控制机床各部分的工作，使其进行规定的有序运动和动作。

（3）伺服系统　伺服系统接收来自 CNC 装置的指令信息，经功率放大后，严格按照指令信息的要求驱动机床的移动部件，加工出符合图样要求的零件。伺服系统包括主轴电动机、速度控制单元、伺服电动机、位置检测反馈单元、辅助控制装置等。目前采用交流伺服电动机作为执行机构。检测装置将数控机床各坐标轴的实际位移量检测出来，经反馈系统输入机床的 CNC 装置中。CNC 装置将反馈回来的实际位移量值与设定值进行比较，控制驱动装置按指令设定值运动。辅助控制装置的主要作用是接收数控装置输出的开关量指令信号，经过编译、逻辑判别和运算，再经功率放大后驱动相应的电器，带动机床的机械、液压、气动等辅助装置完成指令规定的开关量动作。这些控制包括主轴运动部件的变速、换向和起停指令，刀具的选择和交换指令，冷却、润滑装置的起停，工件和机床部件的松开、夹紧，分度工作台转位分度等开关辅助动作。现广泛采用可编程序控制器（PLC）作为数控机床的辅助控制装置。

（4）机床本体　数控机床的机床本体与传统机床相似，由主轴传动装置、进给传动装置、床身、工作台以及辅助运动装置、液压气动系统、润滑系统、冷却装置等组成。

第三节 数控机床的加工特点及应用

1. 数控机床的加工特点

（1）加工对象改型的适应性强 利用数控机床加工改型零件，只需要重新编制程序就能实现对零件的加工，不需要制造、更换许多工具、夹具和量具，更不需要重新调整机床。因此，数控机床可以快速地从加工一种零件转变为加工另一种零件，这就为单件、小批量以及试制新产品提供了极大的便利。

（2）加工精度高 数控机床是以数字形式给出指令进行加工的，由于目前数控装置的脉冲当量（即每输出一个脉冲后数控机床移动部件相应的移动量）一般达到了 $1\mu m$，而进给传动链的反向间隙与丝杠螺距误差等均可由数控装置进行补偿，因此，数控机床能达到比较高的加工精度和质量稳定性。

（3）生产率高 零件加工所需要的时间包括在线加工时间与辅助时间两部分。数控机床能够有效地减少这两部分时间，因此加工生产率比一般机床高得多。数控机床主轴转速和进给量的范围比普通机床的范围大，每一道工序都能选用最有利的切削用量，良好的结构刚性允许数控机床进行大切削用量的强力切削，有效地节省了在线加工时间。数控机床移动部件的快速移动和定位均采用了加速与减速措施，由于选用了很高的空行程运动速度，因此耗在快进、快退和定位的时间要比一般机床少得多。

（4）自动化程度高 数控机床对零件的加工是按事先编好的程序自动完成的，操作者除了操作面板、装卸零件、关键工序的中间测量以及观察机床的运行之外，其他的机床动作直至加工完毕，都是自动连续完成的，不需要进行繁重的重复性手工操作，劳动强度与紧张程度均可大为减轻，劳动条件也得到相应的改善。

（5）良好的经济效益 使用数控机床加工零件时，分摊在每个零件上的设备费用是较昂贵的。但在单件、小批生产情况下，可以节省工艺装备费用、辅助生产工时、生产管理费用及降低废品率等，因此能够获得良好的经济效益。

（6）有利于生产管理的现代化 用数控机床加工零件，能准确地计算零件的加工工时，并能有效地简化检验和工夹具、半成品的管理工作。这些特点都有利于使生产管理现代化。数控机床在应用中也有不利的一面，如提高了起始阶段的投资、对设备维护的要求较高、对操作人员的技术水平要求较高等。

2. 数控机床加工的应用范围

下面这些类型的零件最适宜于数控加工：

1）形状复杂（如用数学方法定义的复杂曲线、曲面轮廓）、加工精度要求高的零件。

2）公差值小、互换性高的零件。

3）用普通机床加工时，要求使用设计制造复杂的专用工装夹具或需要很长调整时间的零件。

4）小批量生产的零件。

5）需一次装夹加工多部位（如钻、镗、铰、攻螺纹及铣削加工联合进行）的零件。

可见，目前的数控加工主要应用于以下两个方面。

① 应用于常规工件的加工，如二维车削、箱体类工件的镗铣等，其目的在于提高加工

效率，避免人为误差，保证产品质量。

② 应用于复杂形状工件的加工，如模具型腔、涡轮叶片等。这类工件型面复杂，用常规加工方法难以实现。

习　　题

一、填空题

1. ＿＿＿年试制成功了世界上第一台数控铣床。

2. 数控机床由输入∕输出装置、CNC 装置、＿＿＿＿＿＿＿、＿＿＿＿＿＿等部分组成。

二、简答题

1. 数控机床的发展趋势主要体现在哪几方面？

2. 数控机床由哪些部分组成？各组成部分有什么作用？

3. 数控机床加工的特点是什么？

第二章

数控编程基础

本章主要论述了数控编程的作用、目的、内容、步骤、方法；数控机床的坐标、数控编程的格式与组成、数控加工工艺的拟定、数控加工工艺文件的编制等。

本章要求学生了解数控编程中的一些基础知识，包括零件程序编制的内容与方法、数控机床的坐标系和零件加工程序的指令代码与程序结构。使学生掌握数控编程的基本知识和编程方法，并通过数控编程典型实例，加深和巩固数控编程的基础知识，能针对不同数控机床和加工对象进行具体分析，合理地、灵活地应用这些数控编程的基础知识来解决编程问题。

第一节　数控编程概述

一、数控编程的作用与目的

数控机床是按照事先编制好的加工程序，自动地对毛坯进行加工的。人们把零件的加工工艺路线、工艺参数、刀具的运动轨迹、位移量、切削参数（主轴转速、进给量、吃刀量等）以及辅助功能（换刀、主轴正反转、切削液开关等），按照数控机床规定的指令代码及程序格式编写成加工程序单，再把这一程序单中的内容记录在控制介质上（如穿孔纸带、磁带、磁盘、磁泡存储器），然后输入数控机床的数控装置中，从而指挥机床加工零件。这种从零件图的分析到制成控制介质的全部过程称为数控编程。

二、数控编程的内容和步骤

（一）数控编程的内容

数控编程的主要内容包括：分析零件图样，确定加工工艺过程，确定走刀轨迹，计算刀位数据，编写零件加工程序，制作控制介质，校对程序及首件试加工。

（二）数控编程的步骤

数控编程的步骤一般如图 2-1 所示。

1. 分析零件图样和工艺处理

对零件图样进行分析，以明确加工的内容及要求，选择加工方案、确定加工顺序和走刀

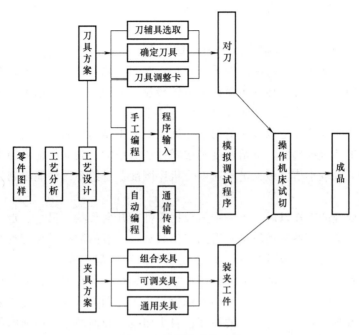

图 2-1　数控编程的步骤

路线、选择合适的数控机床、设计夹具、选择刀具、确定合理的切削用量等。工艺处理涉及的问题很多，编程人员需要注意以下几点：

（1）安排工艺方案及工艺路线　应考虑数控机床使用的合理性及经济性，充分发挥数控机床的功能；尽量缩短加工路线，减少空行程时间和换刀次数，以提高生产率；尽量使数值计算方便，程序段少，以减少编程工作量；合理选取起刀点、切入点和切入方式，保证切入过程平稳，没有冲击；在连续铣削平面内外轮廓时，应安排好刀具的切入、切出路线，尽量沿轮廓曲线的延长线切入、切出，以免交接处出现刀痕，如图 2-2 所示。

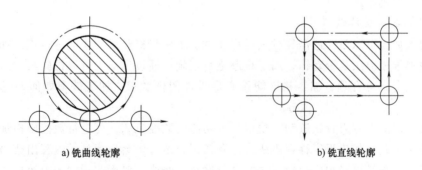

a) 铣曲线轮廓　　　　　　　　　　　　　　　　　b) 铣直线轮廓

图 2-2　刀具的切入、切出路线

（2）零件安装与夹具选择　尽量选择通用夹具和组合夹具，一次安装中把零件的所有加工面都加工出来；零件的定位基准与设计基准重合，以减少定位误差；应特别注意要迅速完成工件的定位和夹紧过程，以减少辅助时间，必要时可以考虑采用专用夹具。

（3）选择编程原点和编程坐标系　编程坐标系是指在数控编程时，在工件上确定的基准坐标系，其原点也是数控加工的对刀点。要求所选择的编程原点及编程坐标系应使程序编制简单。编程原点应尽量选择在零件的工艺基准或设计基准上，并在加工过程中便于检查的位置，以减小加工误差。

（4）刀具和切削用量　应根据工件材料的性能、机床的加工能力、加工工序的类型、切削用量以及其他与加工有关的因素来选择刀具。对刀具总的要求是：安装调整方便、刚性好、精度高、使用寿命长等。切削用量包括主轴转速、进给速度、切削深度等。切削深度由机床、刀具、工件的刚度确定，在刚度允许的条件下，粗加工取较大的切削深度，以减少走刀次数，提高生产率；精加工取较小的切削深度，以获得高的表面质量。主轴转速由机床允许的切削速度及工件直径选取。进给速度则按零件加工精度、表面粗糙度要求选取，粗加工取较大值，精加工取较小值。最大进给速度受机床刚度及进给系统性能限制。

2. 数学处理

在完成工艺处理的工作以后，下一步需根据零件的几何形状、尺寸、走刀路线及设定的坐标系，计算粗、精加工各运动轨迹，得到刀位数据。一般的数控系统均具有直线插补与圆弧插补功能。对于点定位的数控机床（如数控压力机）一般不需要计算；对于加工由圆弧与直线组成的较简单的零件轮廓，需要计算出零件轮廓线上各几何元素的起点、终点、圆弧的圆心坐标、两几何元素的交点或切点的坐标值；当零件图样所标注尺寸的坐标系与所编程序的坐标系不一致时，需要进行相应的换算；自由曲线、曲面及组合曲面的数学处理更为复杂，需利用计算机进行辅助设计。

3. 编写零件加工程序单

在加工顺序、工艺参数以及刀位数据确定后，就可按数控系统的指令代码和程序段格式，逐段编写零件加工程序单。编程人员应对数控机床的性能、指令功能、代码书写格式等非常熟悉，才能编写出正确的零件加工程序。对于形状复杂（如空间自由曲线、曲面）、工序很长、计算烦琐的零件采用计算机辅助数控编程。

4. 输入数控系统

程序编写好之后，可通过键盘直接将程序输入数控系统，或者通过数据线、网线，利用传输软件传送到机床。

5. 程序检验和首件试加工

程序送入数控机床后，还需经过试运行和试加工两步检验后，才能进行正式加工。通过试运行，检验程序语法是否有错，加工轨迹是否正确；通过试加工可以检验其加工工艺及有关切削参数设定是否合理，加工精度能否满足零件图样要求，加工效率如何，以便进一步改进。

试运行方法对带有刀具轨迹动态模拟显示功能的数控机床，可进行数控模拟加工，检查刀具轨迹是否正确，如果程序存在语法或计算错误，运行中会自动显示编程出错报警，根据报警号内容，编程员可对相应出错程序段进行检查、修改。对无此功能的数控机床可进行空运转检验。

试加工一般采用逐段运行加工程序的方法进行，即每按一次自动循环键，系统只执行一段程序，执行完一段停一下，通过一段一段的运行来检查机床的每次动作。不过，这里要提醒注意的是，当执行某些程序段，比如螺纹切削时，如果每一段螺纹切削程序中本身不带退刀功能时，螺纹刀尖在该段程序结束时会停在工件中，因此，应避免由此损坏刀具等。对于较复杂的零件，也可先采用石蜡、塑料或铝等易切削材料进行试切。

三、数控编程的方法

数控加工程序的编制方法主要有两种：手工编程和计算机编程。

1. 手工编程

由分析零件图样、制订工艺规程、计算刀具运动轨迹、编写零件加工程序单、制作控制介质直到程序校核，整个过程主要通过人工完成。这种人工编制零件加工程序的方法称为手工编程。在手工编程中，也可以利用计算机辅助计算得出坐标值，再由手工编制加工程序，如图 2-3 所示。

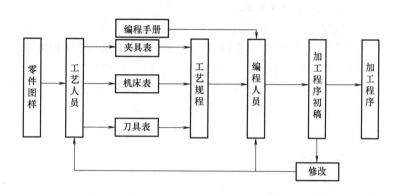

图 2-3 手工编程

2. 计算机编程

计算机编程是利用计算机专用软件编制数控加工程序的过程。它包括数控语言编程和图形交互式自动编程。

数控语言编程时，编程人员只需根据图样的要求，使用数控语言编写出零件加工源程序，送入计算机，由计算机自动地进行编译、数值计算、后置处理，编写出零件加工程序单，直至自动穿出数控加工纸带，或将加工程序通过直接通信的方式送入数控机床，指挥机床工作，但这种编程方法直观性差，编程过程比较复杂，不易掌握，并且不便于进行阶段性检查。随着计算机技术的发展，计算机图形处理功能已有了极大的增强，"图形交互式自动编程"也应运而生。

图形交互式自动编程是利用计算机辅助设计（CAD）软件的图形编程功能，将零件的几何图形绘制到计算机上，形成零件的图形文件，或者直接调用由 CAD 系统完成的产品设计文件中的零件图形文件，然后直接调用计算机内相应的数控编程计算机辅助制造（CAM）模块，进行刀具轨迹处理，由计算机自动对零件加工轨迹的每一个节点进行运算和数学处理，从而生成刀位文件。之后，再经相应的后置处理，自动生成数控加工程序，并同时在计算机上动态地显示其刀具的加工轨迹图形。图形交互式自动编程极大地提高了数控编程效率，它使从设计到编程的信息流成为连续的，可实现CAD/CAM 集成，为实现 CAD 和 CAM 一体化建立了必要的桥梁作用。因此，它也习惯地被称为 CAD/CAM 自动编程。

第二节　数控机床坐标系和编程坐标系

一、机床坐标系

数控机床加工是建立在数字计算的基础上，准确地说是建立在工件轮廓点坐标计算的基础上的。正确把握数控机床坐标轴的定义、运动方向的规定，以及根据不同坐标原点建立不同坐标系的方法，是正确计算的关键，并能给程序编制和使用维修带来方便。否则，程序编制容易发生混乱，操作中也易引发事故。

1. 机床坐标系的确定

（1）机床相对运动的规定原则　采用假设工件固定不动，刀具相对工件移动的原则。由于机床的结构不同，有的是刀具运动，工件固定不动；有的是工件运动，刀具固定不动。为编程方便，一律规定工件固定，刀具相对于工件运动。这样编程人员在不考虑机床上工件与刀具具体运动的情况下，就可以依据零件图样，确定机床的加工过程。

（2）机床坐标系的规定　标准机床坐标系中 X、Y、Z、A、B、C 坐标轴的相互关系用右手笛卡儿直角坐标系决定，如图 2-4 所示。

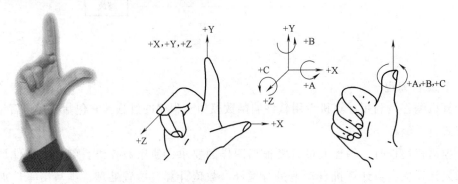

图 2-4　右手笛卡儿直角坐标系

在数控机床上，机床的动作是由数控装置来控制的，为了确定数控机床上的成形运动和辅助运动，必须先确定机床上运动的位移和运动的方向，这就需要通过坐标系来实现，这个坐标系被称之为机床坐标系。

例如铣床上，有机床的纵向运动、横向运动以及竖向运动，如图 2-5 所示，在数控加工中就用机床坐标系来描述。

（3）运动方向的规定　增大刀具与工件距离的方向即为各坐标轴的正方向。图 2-6 所示为数控车床上两个运动的正方向。

2. 坐标轴方向的确定

（1）Z 坐标　Z 坐标的运动方向是由传递切削动力的主轴所决定的，即平行于主轴轴线的坐标轴即为 Z 坐标，

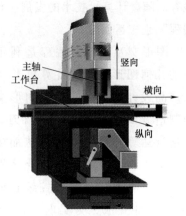

图 2-5　立式数控铣床

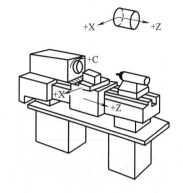

图 2-6　机床的运动方向

Z 坐标的正向为刀具离开工件的方向。

如果机床上有几个主轴，则选一个垂直于工件装夹平面的主轴方向为 Z 坐标方向；如果主轴能够摆动，则选垂直于工件装夹平面的方向为 Z 坐标方向；如果机床无主轴，则选垂直于工件装夹平面的方向为 Z 坐标方向。图 2-6 所示为数控车床的 Z 坐标。

（2）X 坐标　X 坐标平行于工件的装夹平面，一般在水平面内。确定 X 轴的方向时，要考虑以下两种情况：

1）如果工件做旋转运动，则刀具离开工件的方向为 X 坐标的正方向。

2）如果刀具做旋转运动，则分为两种情况：Z 坐标水平时，观察者沿刀具主轴向工件看时，+X 运动方向指向右方；Z 坐标竖直时，观察者面对刀具主轴向立柱看时，+X 运动方向指向右方。图 2-6 所示为数控车床的 X 坐标。

（3）Y 坐标　在确定了 X、Z 坐标的正方向后，可以根据 X 和 Z 坐标的方向，按照右手直角坐标系来确定 Y 坐标的方向。图 2-7 所示为数控立式铣床的 Y 坐标。

例：根据图 2-7 所示的数控立式铣床结构图，试确定 X、Y、Z 直线坐标。

1）Z 坐标：平行于主轴，刀具离开工件的方向为正。

2）X 坐标：Z 坐标竖直，且刀具旋转，所以面对刀具主轴向立柱方向看，向右为正。

3）Y 坐标：在 Z、X 坐标确定后，用右手直角坐标系来确定。

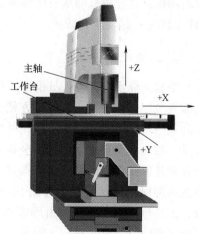

图 2-7　数控立式铣床的坐标系

3. 机床原点的设置

机床原点是指在机床上设置的一个固定点，即机床坐标系的原点。它在机床装配、调试时就已确定下来了，是数控机床进行加工运动的基准参考点。

（1）数控车床的机床原点　在数控车床上，机床原点一般取在卡盘端面与主轴中心线的交点处，如图 2-8 所示。同时，通过设置参数的方法，也可将机床原点设定在 X、Z 坐标的正方向极限位置上。

（2）数控铣床的机床原点　在数控铣床上，机床原点一般取在 X、Y、Z 坐标的正方向极限位置上，如图 2-9 所示。

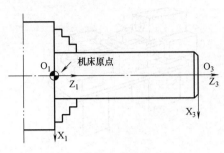

图 2-8　数控车床的机床原点

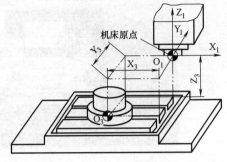

图 2-9　数控铣床的机床原点

4. 机床参考点

机床参考点是用于对机床运动进行检测和控制的固定位置点。

机床参考点的位置是由机床制造厂家在每个进给轴上用限位开关精确调整好的，坐标值已输入数控系统中。因此机床参考点对机床原点的坐标是一个已知数。

通常在数控铣床上机床原点和机床参考点是重合的；而在数控车床上机床参考点是离机床原点最远的极限点。图 2-10 所示为数控车床的机床参考点与机床原点。

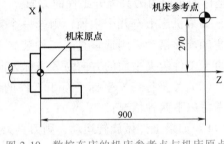

图 2-10　数控车床的机床参考点与机床原点

数控机床开机时，必须先确定机床原点，而确定机床原点的运动就是刀架返回机床参考点的操作，这样通过确认机床参考点，就确定了机床原点。只有机床参考点被确认后，刀具（或工作台）移动才有基准。

二、编程坐标系

编程坐标系是编程人员根据零件图样及加工工艺等建立的坐标系，也叫工件坐标系，建立编程坐标系主要是为了编程方便。编程人员以工件图样上的某一点为原点建立坐标系，其坐标轴及方向与机床坐标系一致，而编程尺寸按工件坐标系中的尺寸确定。工件坐标系是以工件设计尺寸为依据建立的坐标系，工件坐标系是由编程人员在编制程序时用来确定刀具和程序的起点，工件坐标系的原点可由编程人员根据具体情况确定，但坐标轴的方向应与机床坐标系一致，并且与之有确定的尺寸关系。机床坐标系与工件坐标系的关系如图 2-11 所示。不同的工件建立的工件坐标系也可有所不同，有的数控系统允许一个工件建立多个工件坐标系，或者在一个工件坐标系下再建立一个坐标系称之为局部坐标系。局部坐标系原点的坐标值应是相对工件坐标系，而不是相对于机

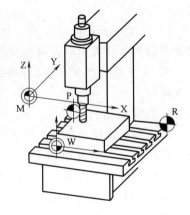

图 2-11　机床坐标系与工件坐标系的关系

床坐标系。通过建立多个工件坐标系或局部坐标系可大大简化工件的编程工作。

编程坐标系一般供编程使用，确定编程坐标系时不必考虑工件毛坯在机床上的实际装夹位置，如图 2-12 所示，其中 O_2 即为编程坐标系原点。

编程原点是根据加工零件图样及加工工艺要求选定的编程坐标系的原点。

编程原点应尽量选择在零件的设计基准或工艺基准上，编程坐标系中各轴的方向应该与所使用的数控机床相应的坐标轴方向一致。图 2-13 所示为车削零件的编程原点。

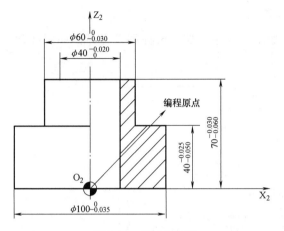

图 2-12 编程坐标系

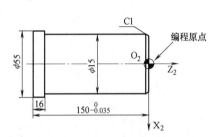

图 2-13 车削零件的编程原点

三、加工坐标系

1. 加工坐标系的确定

加工坐标系是指以确定的加工原点为基准所建立的坐标系。

加工原点也称为程序原点，是指零件被装夹好后，相应的编程原点在机床坐标系中的位置。

在加工过程中，数控机床是按照工件装夹好后所确定的加工原点位置和程序要求进行加工的。编程人员在编制程序时，只要根据零件图样就可以选定编程原点，建立编程坐标系，计算坐标数值，而不必考虑工件毛坯装夹的实际位置。对于加工人员来说，则应在装夹工件、调试程序时，将编程原点转换为加工原点，并确定加工原点的位置，在数控系统中给予设定（即给出原点设定值），设定加工坐标系后就可根据刀具当前位置，确定刀具起始点的坐标值。在加工时，工件各尺寸的坐标值都是相对于加工原点而言的，这样数控机床才能按照准确的加工坐标系位置开始加工。图 2-8 中 O_3 为加工原点。

2. 加工坐标系的设定

方法一：在机床坐标系中直接设定加工原点。

例：以图 2-9 为例，在配置 FANUC-0M 系统的立式数控铣床上设置加工原点 O_3。

（1）加工坐标系的选择 编程原点设置在工件轴线与工件底面的交点上。

设工作台工作面尺寸为 800mm×320mm，若工件装夹在接近工作台中间处，则确定了加工坐标系的位置，其加工原点 O_3 就在距机床原点 O_1 为 X_3、Y_3、Z_3 处。并且 $X_3 = -345.700mm$，$Y_3 = -196.220mm$，$Z_3 = -53.165mm$。

（2）设定加工坐标系指令

1）G54~G59为设定加工坐标系指令。G54对应1号加工坐标系，其余以此类推，可在手动数据输入（MDI）方式的参数设置界面中设定加工坐标系。如对已选定的加工原点O_3，将其坐标值

$$X_3 = -345.700mm$$

$$Y_3 = -196.220mm$$

$$Z_3 = -53.165mm$$

设在G54中，则表明在数控系统中设定了1号加工坐标系。加工坐标系设置界面如图2-14所示。

```
WORK   COORDINATES                  0023  N0010

NO.     (SHIFT)              NO.          (G55)
00                          02
        X     0.000              X     -342.892
        Y     0.000              Y     -195.670
        Z     0.000              Z      -68.350

NO.     (G54)                NO.   (G56)
01                          03
        X    -345.700            X      0.000
        Y    -196.220            Y      0.000
        Z     -53.165            Z      0.000

ADRS
  08:58:48
                             HNDL
[WEAR]    [MACRO]    [MENU]    [WORK]    [TOOL LF]
```

图2-14 加工坐标系设置界面

2）G54~G59在加工程序中出现时，即选择了相应的加工坐标系。

方法二：通过刀具起始点来设定加工坐标系。

（1）加工坐标系的选择 加工坐标系的原点可设定在相对于刀具起始点的某一符合加工要求的空间点上。

应注意的是，当机床开机回参考点之后，无论刀具运动到哪一点，数控系统对其位置都是已知的。也就是说，刀具起始点是一个已知点。

（2）设定加工坐标系指令 G92为设定加工坐标系指令。在程序中出现G92程序段时，即通过刀具当前所在位置来设定加工坐标系。

G92指令的编程格式：G92 Xa Yb Zc

该程序段运行后，就根据刀具起始点设定了加工原点，如图2-15所示。

从图2-15中可看出，用G92设置加工坐标系，也可看作是：在加工坐标系中，确定刀具起始点的坐标值，并将该坐标值写入G92编程格式中。

例：在图2-16中，当$a = 50mm$，$b = 50mm$，$c = 10mm$时，试用G92指令设定加工坐标系。

设定程序为：G92 X50 Y50 Z10。

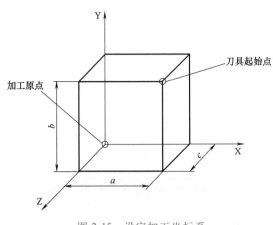

图 2-15 设定加工坐标系

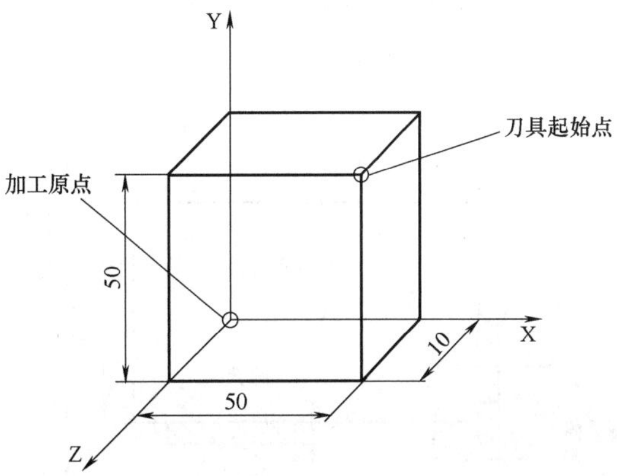

图 2-16 设定加工坐标系应用

3. 机床加工坐标系的设定实例

下面以数控铣床（FANUC 0M）加工坐标系的设定为例，说明工作步骤。

在选择了图 2-17 所示的被加工零件图样，并确定了编程原点位置后，可按以下方法进行加工坐标系的设定：

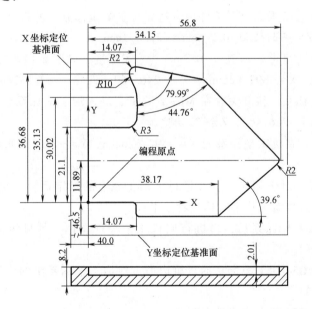

图 2-17 零件图样

（1）准备工作　机床回机床参考点，确认机床坐标系。

（2）装夹工件毛坯　通过夹具使零件定位，并使工件定位基准面与机床运动方向一致。

（3）对刀测量　用简易对刀法测量，方法如下：

用直径为 ϕ10mm 的标准测量棒、塞尺对刀，得到测量值为 X = −437.726mm，Y = −298.160mm，如图 2-18 所示。Z=−31.833mm，如图 2-19 所示。

（4）计算设定值　按图 2-15 所示，将前面已测得的各项数据按设定要求运算。X 坐标设定值：X = (−437.726+5+0.1+40)mm=−392.626mm

注：-437.726mm 为 X 坐标显示值；+5mm 为测量棒半径值；+0.1mm 为塞尺厚度；+40mm 为编程原点到工件定位基准面在 X 坐标方向的距离。

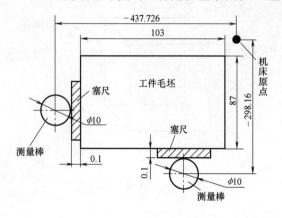

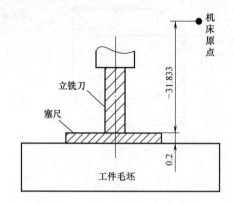

图 2-18 X、Y 向对刀方法　　　　图 2-19 Z 向对刀方法

Y 坐标设定值：Y=(-298.160+5+0.1+46.5)mm=-246.56mm

注：如图 2-15 所示，-298.160mm 为坐标显示值；+5mm 为测量棒半径值；+0.1mm 为塞尺厚度；+46.5mm 为编程原点到工件定位基准面在 Y 坐标方向的距离。

Z 坐标设定值：Z=(-31.833-0.2)mm=-32.033mm

注：-31.833mm 为坐标显示值；-0.2mm 为塞尺厚度，如图 2-19 所示。

通过计算结果为：X=-392.626mm；Y=-246.560mm；Z=-32.033mm。

（5）设定加工坐标系　将开关放在 MDI 方式下，进入加工坐标系设定界面。输入数据为：X=-392.626，Y=-246.460，Z=-32.033。

表示加工原点设置在机床坐标系的 X=-392.626mm，Y=-246.560mm，Z=-32.033mm 的位置处。

（6）校对设定值　对于初学者，在进行了加工原点的设定后，应进一步校对设定值，以保证参数的正确性。校对工作的具体过程如下：

在设定了 G54 加工坐标系后，再进行回机床参考点操作，其显示值为：X+392.626，Y+246.560，Z+32.033。

这说明在设定了 G54 加工坐标系后，机床原点在加工坐标系中的位置为：X+392.626，Y+246.560，Z+32.033。

这反过来也说明 G54 的设定值是正确的。

第三节　数控程序的格式与组成

一个完整的加工程序是由若干程序段组成的，而每个程序段是由一个或若干个指令字组成的。指令字代表某一信息单元，每个指令字又由字母、数字、符号组成。如：

O1234；

N10　G91　G28　Z0；

N20　T1　M06；

N30　G43　H1；

N40　G90　G54　G00　X0　Y0　S500　M03；

N50　Z100.0　M08；

N60　X0　Y-65.0；

N70　Z2.0；

N80　G01　Z-15.0　F50；

N90　G01　G41　X65.0；

N100　G01　X65.0　Y-35.0；

N110　X-32.0；

N120　G02　X-35.0　Y-32.0　R3.0；

N130　G01　Y32.0；

N140　G02　X-32.0　Y35.0　R3.0；

N150　G01　X32.0；

N160　G02　X35.0　Y32.0　R3.0；

N170　G01　Y-32.0；

N180　G02　X32.0　Y-35.0　R3.0；

N190　G01　X0；

N200　G01　G40　X0　Y-65.0；

N210　G00　Z100.0；

N220　M05；

N230　M30；

程序说明：

一、程序名

结构：英文字母"O"加4位任意数字。

注意事项：

1）4位数字：即0001~9999，但8000~9999已被生产厂家使用，一般不作为编程号使用，故编程号为0001~7999。

2）不能重名。

3）"O"为英文字母，不能误会成数字零。

4）程序名要容易记忆，如O1234、O1111、O1112、O1122等。

二、程序行号

结构：英文字母"N"加数字，有以下几种格式。

第一种：N1、N2、N3、N4……。

第二种：N10、N20、N30、N40……。

第三种：N0010、N0020、N0030……。

一般情况下会选择第二种和第三种，因为当编程时若发现少一行的时候可以插入，如在N210和N220之间少一个切削液关闭指令，就可以插入："N211　M09；"。由此可见，在第二种和第三种的行号之间可以插入 9 行，如 N10 和 N20 之间就可以插入 N11、N12、N13……N19，而第一种在 N1 和 N2 之间如果再插入一行，数字就成了小数，如 N1.1、N1.2 是不允许的。

注意事项：

1）数字不能为小数且不能重复使用。

2）行号要按数字递增顺序排列，不可以颠倒无序。

三、S、F、M、D、H 功能

1. S、M 功能

上述程序 N40 行中的 S500　M03 指定数控机床主轴按顺时针旋转，转速为 500r/min。字符 S 代表主轴转速，单位为 r/min，在刀具切削工件之前必须使机床主轴转动；字符 M 规定为辅助功能代码（简称 M 代码），通常起辅助作用的指令，如 M03（主轴顺时针旋转）、M04（主轴逆时针旋转）、M05（主轴停转）等。

2. F 功能

上述程序 N80 行的 F50 表示刀具的进给速度，例如：

第一种：分钟进给，例如 F50 代表刀具的进给速度为 50mm/min。

第二种：转进给，例如 F0.1 代表刀具的进给速度为 0.1mm/r。

第一次使用某机床，如果不知道该机床默认的是分钟进给还是转进给，建议用转进给去试运行。如果使用分钟进给，容易因进给速度快而发生碰撞。

3. 刀补 D、H 功能

字符 D 为刀具半径偏置寄存器，数字表示刀具半径补偿号，在执行程序之前，需提前在相应刀具半径偏置寄存器中输入刀具半径补偿值。

字符 H 为刀具长度补偿寄存器，数字表示刀具长度补偿号，在执行程序之前，需提前在相应刀具长度补偿寄存器中输入刀具长度补偿值。

四、准备功能（G 代码）

G 代码也称 G 指令。它由字母 G 和后面的两位数字组成，从 G00～G99 共有 100 种。

G 代码可分为模态代码（又称续效代码）和非模态代码。

1）模态代码：表示该代码从本行开始向下一直保持有效，直到程序段中出现同组的另一代码时才失效。

大多 G 代码，X、Y、Z 坐标，F、S、M 都属于模态代码，模态代码后面相同的代码可以省略。例如上面程序中 N110 行中只有"N110　X-32.0;"没有 G 代码，没有 Y 坐标，但由此向上一行看"N100　G01　X65.0　Y-35.0;"便知道，该行是执行的"N110　G01　X-32.0　Y-35.0;"，省略了 G01 代码和 Y 轴坐标。

2）非模态代码：表示该代码仅仅在本行有效。

如：G04P1000 表示该行暂停 1s。

不同组的 G 代码，在同一程序段中可以指定多个，若在同一程序段中指定了两个或两个以上的同一组 G 代码，则后指定的有效。

习　题

一、填空题

1. 从零件图开始，到获得数控机床所需控制_____的全过程称为程序编制，程序编制的方法有_____和_____。

2. 在数控加工中，刀具刀位点相对于工件运动的轨迹称为_____路线。

3. 在轮廓控制中，为了保证一定的精度和编程方便，通常需要有刀具_____和_____补偿功能。

4. 数控机床坐标系三坐标轴 X、Y、Z 及其正方向用_____判定。

5. 与机床主轴重合或平行的刀具运动坐标轴为_____轴，远离工件的刀具运动方向为_____。

6. 走刀路线是指加工过程中，_____相对于工件的运动轨迹和方向。

7. 粗加工时，应选择_____的背吃刀量、进给量，_____的切削速度。

8. 精加工时，应选择_____的背吃刀量、进给量，_____的切削速度。

9. 机床参考点通常设置在_____。

10. 在指定固定循环之前，必须用辅助功能_____使主轴_____。

二、判断题

1. 当数控加工程序编制完成后即可进行正式加工。　　　　　　　　　（　　）

2. 数控机床编程有绝对值和增量值编程，使用时不能将它们放在同一程序段中。（　　）

3. 不同结构布局的数控机床有不同的运动方式，但无论何种形式，编程时都认为工件相对于刀具运动。　　　　　　　　　　　　　　　　　　　　　　　（　　）

4. 绝对编程和增量编程不能在同一程序中混合使用。　　　　　　　　（　　）

5. 只需根据零件图样进行编程，而不必考虑是刀具运动还是工件运动。（　　）

6. 进给路线的确定一是要考虑加工精度，二是要实现最短的进给路线。（　　）

7. 刀位点是刀具上代表刀具在工件坐标系的一个点，对刀时，应使刀位点与对刀点重合。　　　　　　　　　　　　　　　　　　　　　　　　　　　　　（　　）

8. 机床原点就是机械零点，编制程序时必须考虑机床原点。　　　　　（　　）

9. 无论是尖头车刀还是圆弧车刀都需要进行刀具半径补偿。　　　　　（　　）

10. 加工零件在数控编程时，首先应确定数控机床，然后分析加工零件的工艺特性。
　　　　　　　　　　　　　　　　　　　　　　　　　　　　　　（　　）

11. 数控机床上的 F、S、T 就是切削三要素。　　　　　　　　　　　（　　）

12. 在机床接通电源后，通常都要做回零操作，使刀具或工作台退回到机床参考点。
　　　　　　　　　　　　　　　　　　　　　　　　　　　　　　（　　）

三、选择题

1. 回零操作就是使运动部件回到（　　）。

A. 机床坐标系原点　　　B. 机床的机械零点　　　C. 工件坐标系原点

2. 铣刀直径为 50mm，铣削铸铁时其切削速度为 20m/min，则其主轴转速为（　　）r/min。

A. 60　　　　　　　　B. 120　　　　　　　　C. 240　　　　　　　　D. 480

3. 数控车床与普通车床相比在结构上差别最大的部件是（　　）。

A. 主轴箱　　　　　　B. 床身　　　　　　　C. 进给传动　　　　　　D. 刀架

4. 数控机床上有一个机械原点，该点到机床坐标系零点在进给坐标轴方向上的距离可以在机床出厂时设定。该点称为（　　）。

A. 工件零点　　　　　　B. 机床零点　　　　　　C. 机床参考点

5. 进行轮廓铣削时，应避免（　　）和（　　）工件轮廓。

A. 切向切入　　　　　　B. 法向切入　　　　　　C. 法向退出　　　　　　D. 切向退出

四、简答题

1. 数控编程的主要内容有哪些？

2. 数控加工工艺分析的目的是什么？它包括哪些内容？

3. 何谓对刀点？对刀点的选取对编程有何影响？

4. 何谓机床坐标系和工件坐标系？其主要区别是什么？

5. 简述刀位点、换刀点和工件坐标系原点。

6. 数控铣床的坐标系与数控车床的坐标系有何不同？

第三章

数控车削编程与操作

【教学提示】

数控车床是数控机床在车削类机床中的典型应用，主要用来加工回转体零件，一般能够自动完成外圆柱面、圆锥面、球面以及螺纹的加工，还能加工一些复杂的回转面，如双曲面等。目前，数控机床所采用的数控系统主要有 FANUC、GSK983T、HNC-21/22T 等系统，本章将以 FANUC 系统为例，详细介绍数控车床的编程、操作与加工方法。

【教学要求】

使学生对数控车床种类、特点及加工对象等内容有最基本的认识；对数控车床组成有一定程度的了解；必须掌握数控车床的各种操作；对数控车床的发展有一定程度的了解。

第一节　数控车床概述

数控车床主要用于车削加工，一般可以加工各种轴类、套筒类和盘类零件上的回转表面，如内外圆柱面、圆锥面、成形回转表面及螺纹等。在数控车床上还可加工高精度的曲面与端面螺纹。数控车床上所用的刀具主要是车刀、各种孔加工刀具（如钻头、铰刀、镗刀等）及螺纹刀具。其尺寸公差等级可达 IT5~IT6，表面粗糙度 Ra 值为 $1.6\mu m$ 以下。

一、数控车床的基本组成

数控车床一般由主轴箱、转塔刀架、尾座、控制面板、刀架滑板、床身、底座等组成，如图 3-1 所示。

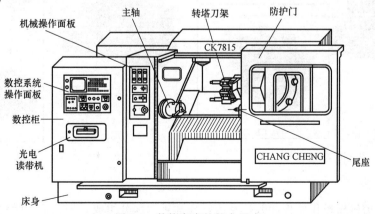

图 3-1　数控车床的基本组成

1. 主轴箱

主轴箱固定在床身的最左边。主轴箱中的主轴通过卡盘等夹具装夹工件。主轴箱的功能是支承并传动主轴，使主轴带动工件按照规定的转速旋转，以实现机床的主运动，如图3-2所示。

主轴箱

图 3-2 主轴箱

2. 转塔刀架

转塔刀架是由换刀机构和刀盘组成的。

换刀机构是实现刀盘的开定位、转动换刀位、定位和夹紧的传动机构。要实现刀盘的转动换刀，就要使刀盘的定位机构脱开后，才能进行转动。当转动到位后，刀盘要定位并夹紧，才能进行加工，如图3-3所示。

3. 尾座

尾座装在床身导轨上，它可以在根据工件的长短调整位置后，用拉杆加以夹紧定位。车床尾座在加工长轴类零件时可以快速定位并顶紧零件，另外还用于安装各种钻具，对零件进行钻孔或者钻中心孔之类的工作。尾座有手动尾座和液压尾座两种，如图3-4所示。

四工位刀架

八工位刀架

液压尾座

手动尾座

图 3-3 转塔刀架

图 3-4 尾座

4. 控制面板

控制面板由机械操作面板和数控系统操作面板两部分组成，如图3-5所示。机械操作面板上的各种功能键可执行简单的操作，直接控制机床的动作及加工过程；数控系统操作面板由显示屏和 MDI 键盘两部分组成，其中显示屏主要用来显示相关坐标位置、程序、图形、参数、诊断、报警等信息，而 MDI 键盘，包括字母键、数值键以及功能按键等，可以进行程序、参数、机床指令的输入以及系统功能的选择。

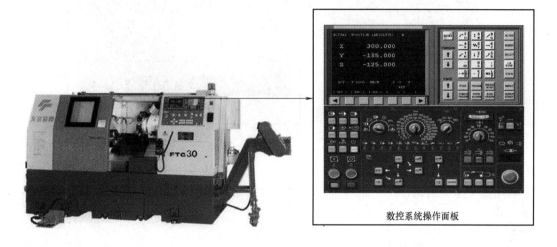

图 3-5　控制面板

5. 刀架滑板

刀架滑板由纵向（Z 向）滑板和横向（X 向）滑板组成，如图 3-6 所示。纵向滑板安装在床身导轨上，沿床身实现纵向（Z 向）运动；横向滑板安装在纵向滑板上，沿纵向滑板上的导轨实现横向（X 向）运动。刀架滑板的作用是使安装在其上的刀具在加工中实现纵向进给和横向进给运动。

图 3-6　刀架滑板

6. 床身

床身固定在机床底座上，是机床的基本支承件，如图 3-7 所示。在床身上安装着车床的各主要部件。床身的作用是支承各主要部件，并使它们在工作时保持准确的相对位置。

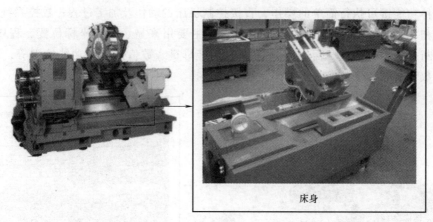

图 3-7　床身

7. 底座

底座是车床的基础，用于支承机床的各部件，连接电气柜，支承防护罩和安装排屑装置。

二、数控车床的分类

随着数控车床制造技术的不断发展，形成了产品繁多、规格不一的局面，因而也出现了几种不同的分类方法。按其功能不同，数控车床可分为以下几种：

1. 经济型数控车床

如图 3-8 所示，经济型数控车床一般是在普通车床的基础上进行改进设计的，并采用步进电动机驱动的开环伺服系统。其控制部分采用单板机或单片机来实现。此类车床结构简单、价格低廉，但无刀尖圆弧半径自动补偿和恒线速度切削等功能。

2. 全功能型数控车床

全功能型数控车床就是通常所说的"数控车床"，又称标准型数控车床，即其控制系统是标准型的，带有高分辨率的 CRT 显示器以及各种显示、图形仿真、刀具补偿等功能，而且带有通信或网络接口。全功能型数控车床采用闭环或半闭环控制的伺服系统，可以进行多个坐标轴的控制，具有高刚度、高精度和高效率等特点。图 3-9 所示为全功能型数控车床。

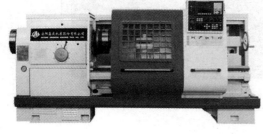

图 3-8　经济型数控车床

图 3-9　全功能型数控车床

3. 车削中心

车削中心是以全功能型数控车床为主体，并配置有刀库、换刀装置、分度装置、铣削动力头和机械手等，以实现多工序复合加工的机床。在工件一次装夹后，它可完成回转类零件的车、铣、钻、铰、攻螺纹等多种加工工序。其功能全面，但价格较高，如图 3-10 所示。

4. FMC 型数控车床

如图 3-11 所示，FMC 型数控车床实际上是一个由数控车床、机器人等构成的柔性加工单元。它能实现工件搬运、装卸的自动化和加工调整准备的自动化。

图 3-10　车削中心

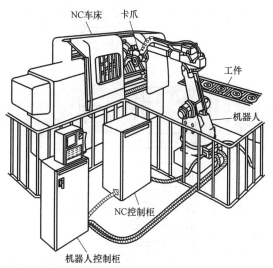

图 3-11　FMC 型数控车床

三、数控车床的布局形式

1. 影响数控车床布局形式的因素

数控车床布局形式受工件的尺寸、质量和形状，机床的生产率、精度、可操作性、运行要求，以及安全与环境保护要求的影响。数控车床的布局有卧式车床、端面车床（分有床身和无床身式）、单柱立式车床、双柱立式车床和龙门移动式立式车床等形式，如图 3-12 所示。

2. 主轴箱和尾座的布局形式

数控车床的主轴箱和尾座相对于床身的布局形式与普通车床基本一致。数控卧式车床主轴箱布置在车床的左端，用于传递动力并支承主轴部件；尾座布置在车床的右端，用于支承工件或安装刀具。

3. 床身和导轨的布局形式

床身和导轨的布局形式对机床的性能有很大影响。床身是机床的主要承载部件，是机床的主体。按照床身导轨面与水平面的相对位置，床身的布局形式有水平床身-水平滑板、倾斜床身-倾斜滑板、水平床身-倾斜滑板以及直立床身-直立滑板等，如图 3-13 所示。

（1）水平床身-水平滑板（图 3-13a）　水平床身的工艺性好，便于导轨面的加工。水平床身配上水平放置的刀架可提高刀架的运动精度，一般用于大型数控车床或小型精密数控车床的布局。但是水平床身由于下部空间小，故排屑困难。从结构尺寸来看，刀架水平放置使得滑板横向尺寸较大，从而加大了机床宽度方向的结构尺寸。

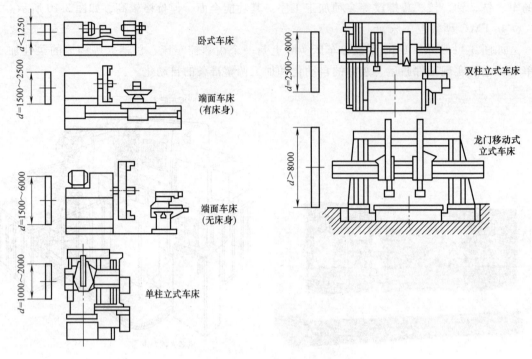

图 3-12　数控车床的布局形式

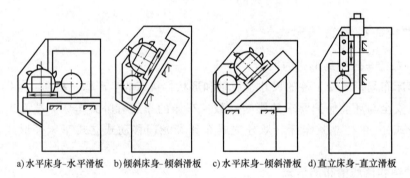

a)水平床身-水平滑板　b)倾斜床身-倾斜滑板　c)水平床身-倾斜滑板　d)直立床身-直立滑板

图 3-13　数控卧式车床的布局形式

（2）倾斜床身-倾斜滑板（图3-13b）　这种结构的导轨倾斜角度分别为30°、45°、60°、75°和90°，其中90°的称为直立床身-直立滑板，如图3-13d所示。若倾斜角度过小，则排屑不便；若倾斜角度过大，则导轨的导向性及受力情况差。导轨倾斜角度的大小还直接影响机床外形尺寸高度和宽度的比例。综合考虑上面的诸多因素，中小规格的数控车床，其床身的倾斜角度以60°为宜。

（3）水平床身-倾斜滑板（图3-13c）　这种结构通常配置有倾斜式的导轨防护罩。这种布局形式一方面具有水平床身工艺性好的特点，另一方面机床宽度方向的尺寸较水平配置滑板的要小，且排屑方便，故一般认为是卧式数控车床的最佳布局形式。

水平床身-倾斜滑板和倾斜床身-倾斜滑板布局形式被中、小型数控车床所普遍采用。这是由于这两种布局形式排屑容易，热切屑不会堆积在导轨上，也便于安装自动排屑装置；操作方便，易于安装机械手，以实现单机自动化；机床占地面积小，外形美观，容易实现封闭式防护。

（4）刀架的布局 数控车床的刀架分为排式刀架和回转式刀架两大类。两坐标联动数控车床多采用回转刀架。回转刀架在机床上的布局有两种形式：一种是其回转轴线垂直于主轴；另一种是其回转轴线平行于主轴。

四坐标轴控制的数控车床，其床身上安装有两个独立的滑板和回转刀架，称为双刀架四坐标数控车床。其上每个刀架的切削进给量是分别控制的，因此，两刀架可以同时切削同一工件的不同部位，既扩大了加工范围，又提高了加工效率，适合于加工曲轴、飞机零件等形状复杂、批量较大的零件。

四、数控车削的加工对象及特点

数控车削是数控加工中用的最多的加工方法之一。同常规加工相比，数控车削的加工对象具有如下特点：

1. 轮廓形状特别复杂或难于控制尺寸的回转体零件

因为车床数控装置都具有直线和圆弧插补功能，还有部分车床数控装置具有某些非圆曲线插补功能，故能车削由任意平面曲线轮廓所组成的回转体零件，包括通过拟合计算处理后的、不能用方程描述的列表曲线类零件。

难于控制尺寸的零件，如具有封闭内成形面的壳体零件以及如图 3-14 所示"口小肚大"的特形内表面零件。

2. 精度要求高的零件

零件的精度要求主要指尺寸、形状、位置和表面等精度要求，其中的表面精度主要指表面粗糙度。例如，尺寸精度高（达 0.001mm 或更小）的零件；圆柱度要求高的圆柱体零件；素线直线度、圆度和倾斜度均要求高的圆锥体零件；线轮廓度要求高的零件（其轮廓形状精度可超过用数控线切割加工的样板精度）；在特种精密数控车床上，还可加工出几何轮廓精度极高（达 0.0001mm）、表面粗糙度

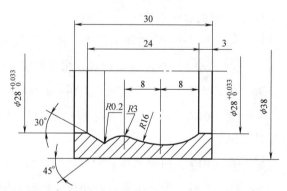

图 3-14 特形内表面零件

值极小（Ra 达 0.02μm）的超精零件（如复印机中的回转鼓及激光打印机上的多面反射体等），以及通过恒线速度切削功能，加工表面精度要求高的各种变径表面类零件等。

3. 特殊的螺旋零件

螺旋零件是指特大螺距（或导程）、变（增/减）螺距、等螺距与变螺距或圆柱与圆锥螺旋面之间做平滑过渡的螺旋零件，以及高精度的模数螺旋零件（如圆柱、圆弧蜗杆）和端面（盘形）螺旋零件等。

4. 淬硬工件的加工

在大型模具加工中，有不少尺寸大而形状复杂的零件。这些零件热处理后的变形量较大，磨削加工有困难，因此可以用陶瓷车刀在数控机床上对淬硬后的零件进行车削加工，以车代磨，提高加工效率。

第二节　数控车床的基本操作

一、FANUC 0i 数控系统车床面板介绍与机床的基本操作

（一）FANUC 0i 数控系统车床控制面板介绍

FANUC 0i 数控系统车床控制面板如图 3-15 所示。

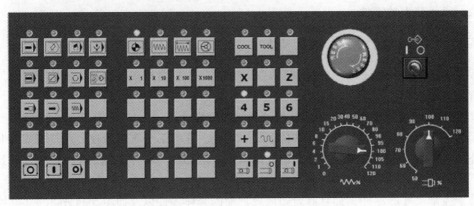

图 3-15　FANUC 0i 数控系统车床控制面板

1. 工作方式选择按钮

1）■（AUTO）自动加工模式：执行已在内存里的程序。

2）◢（EDIT）程序编辑模式：用于检索、检查、编辑与新建加工程序。

3）◢（MDI）手动数据输入：输入程序并可以执行，程序为一次性。

4）◢（DNC）计算机直接运行：用 RS-232 电缆线连接个人计算机和数控机床，选择程序传输加工。

5）◉（REF）机械回零：可以分别进行 X、Z 轴的机械回零操作。

6）◙（JOG）手动模式：手动连续移动刀架。

7）◙（INC）增量（点动）进给：移动一个指定的距离。

8）◉（HND）手轮模式：根据手轮的坐标、方向、进给量进行移动。

2. 程序运行控制按钮

1）■ 单步执行：每按一次此按钮，执行一段程序指令。

2）◢ 程序段跳读：在自动方式下按此按钮，跳过程序开头带有 "/" 符号的程序。

3）◉ 程序停止：按下此按钮，在自动方式下，遇有 M00 命令程序停止。

4）◈ 手动示教。

5）■ 程序重新启动：由于机床外部的种种原因自动停止，程序可以从指定的程序段重新启动。

6）■ 机床锁定：只能运行程序，机床各轴被锁住，无运动。

7）🔲机床空运行：各轴以固定的速度运动。

8）🔲程序运行开始：在"AUTO"和"MDI"模式时有效。

9）🔲程序运行停止：在程序运行中，按下此按钮程序停止运行。

10）🔲程序停止：在自动方式下，遇有M00命令程序停止。

3. 手动控制按钮

（1）主轴手动控制

1）🔲手动主轴正转。

2）🔲手动主轴停止。

3）🔲手动主轴反转。

（2）手动移动控制

1）🔲手动移动X轴。

2）🔲手动移动Z轴。

3）🔲手动正方向移动。

4）🔲在选择移动坐标轴后同时按下此按钮，坐标轴以机床指定的进给进行快速移动。

5）🔲手动反方向移动。

（3）进给倍率调节 🔲用来调节程序运行中的进给速度，调节范围为0~120%。

（4）主轴倍率调节 🔲用来调节主轴转速运行速度，调节范围为50%~120%。

（5）程序编辑锁定 🔲置于🔲位置，可编辑或修改程序。

（6）急停 🔲用于发生意外紧急情况时的处理。

（7）手脉 🔲用于选择轴向及进给倍率，手轮顺时针方向旋转，相应轴向正方向运动，手轮逆时针方向旋转相应轴向负方向运动。

（二）FANUC 0i 数控系统车床操作面板介绍

图3-16所示为FANUC 0i数控系统操作面板，其左侧为显示屏，右侧是编程面板。

1. 数字/字母键

如图3-17所示，数字/字母键用于输入数据到输入区，系统自动判别取字母还是取数。字母和数字键通过<SHIFT>键切换输入不同的字符，如O与P、7与A。

2. 编辑键

1）🔲替换键：用输入的数据替换光标所在的数据。

2）🔲删除键：删除光标所在的数据，或者删除一个程序，或者删除全部程序。

3）🔲插入键：把输入区中的数据插入当前光标之后的位置。

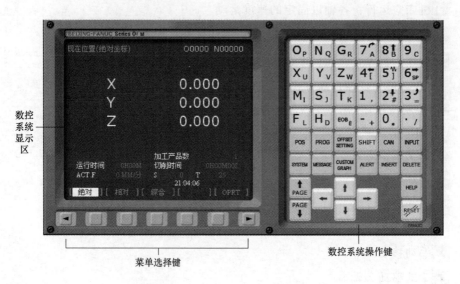

图 3-16 FANUC 0i 数控系统车床操作面板

4) <kbd>CAN</kbd> 取消键：消除输入区内的数据。

5) <kbd>EOB E</kbd> 单节键：结束一行程序的输入并切换到下一行。

6) <kbd>SHIFT</kbd> 上档键：用来切换数字和字母。

7) <kbd>RESET</kbd> 复位键：用于程序复位停止、取消报警等。

3. 界面切换键

1) <kbd>POS</kbd> 位置显示键：位置显示有三种方式，用翻面键选择。

图 3-17 数字/字母键

2) <kbd>PROG</kbd> 程序键：程序显示与编辑界面。

3) <kbd>OFFSET SETTING</kbd> 偏置键：参数输入界面。按第一次进入刀具参数补偿界面，按第二次进入坐标系设置界面。进入相应界面以后，用翻面键切换。

4) <kbd>SYSTEM</kbd> 系统键：机床参数设置，一般禁止改动，显示自诊断数据。

5) <kbd>MESSAGE</kbd> 信息键：显示各种信息，如报警。

6) <kbd>CUSTOM GRAPH</kbd> 图形显示键：刀具路径图形显示。

4. 翻面键

1) <kbd>PAGE↑</kbd> 向上翻面。

2) <kbd>PAGE↓</kbd> 向下翻面。

5. 光标移动键

↑：向上移动光标；↓：向下移动光标；←：向左移动光标；→：向右移动光标。

6. 输入键

INPUT 输入键：把输入区内的数据输入参数界面。

（三）常用基本操作

1. 开机与关机

开机时，在按起动按钮之前，先要检查急停按钮🔘是否压下，在急停按钮压下的条件下，按起动按钮，机床通电，完成开机。

停机时，在按停止按钮之前，先要检查急停按钮🔘是否压下，在急停按钮压下的条件下，按停止按钮，机床断电，完成停机。

2. 手动返回参考点（机械回零）

1）按机械回零方式 按钮，指示灯亮，则已进入回零点模式。

2）在回零点模式下，先将 X 轴回原点。按控制面板上的 X 按钮，使 X 轴方向移动指示灯闪烁 X ，按 + 按钮，此时 X 轴将回零点，X 轴回零点灯变亮 X ，显示器上 X 坐标变为"0.000"。用相同方法可将 Z 轴回零。

3）返回参考点后，返回参考点指示灯常亮 X 、 Z 。

3. 手动方式

（1）手动连续（JOG）方式

1）按控制面板上的"手动模式"按钮，使其指示灯亮 ，机床进入手动模式。

2）分别按 X 、 Z 按钮，通过进给轴选择开关选择移动的坐标轴。

3）分别按 + 、 − 按钮，通过进给方向选择按钮控制机床的移动方向。

4）可以通过手动进给倍率调节 按钮，调整进给速度。

5）在选择移动坐标轴后同时按下 按钮，坐标轴以机床指定的进给进行快速移动。

（2）手摇脉冲（HANDLE）方式 手摇脉冲发生器又称手轮，在手动/连续加工或在对刀需精确调节机床时，可用手动脉冲方式调节机床。

1）在控制面板上选择操作方式，按 或 按钮，使 指示灯变亮，进入手轮方式。

2）旋转"手动对应的轴"的按钮 ，选择需要移动的坐标轴（每次只能选择一轴）。

3）旋转"手动进给速度"按钮 ，选择合适的进给倍率。通过倍率选择，手轮每旋转一格，轴向移动的位移可以为 0.001mm、0.01mm、0.1mm。

4）旋转手轮，精确控制机床的移动。手轮旋转一圈，刀具移动的距离相当于100个刻度的对应值。手轮顺时针（CW）旋转，所移动轴向该轴的"+"坐标方向移动，手轮逆时针（CCW）旋转，所移动轴向该轴的"−"坐标方向移动。

（3）主轴手动操作

1）将方式选择置于手动操作方式。

2）可由下列三个按钮控制主轴运转。

主轴正转按钮▣：主轴正转，同时按钮内的灯亮。

主轴反转按钮▣：主轴反转，同时按钮内的灯亮。

主轴停止按钮▣：主轴停止转动，任何时候只要主轴没有转动，这个按钮内的灯就会亮，表示主轴处于停止状态。

4. MDI（手动数据输入）运行模式

1）按控制面板上的▣按钮，使其指示灯变亮，进入 MDI 模式。在 MDI 键盘上按▣键，进入编辑界面。

2）输写数据指令：在输入键盘上按数字/字母键，可以做取消、插入、删除等修改操作。

① 按▣键，删除（取消）输入区中的数据。

② 按▣键，插入所编写的数据指令。

③ 按▣键，删除光标所在的代码。

3）输入程序号：输入字母"O"，再输入程序编号，但不可以与已有程序的编号重复。输入程序后，用▣键结束一行的输入后换行。

4）移动光标：按▣、▣键翻面。按▣、▣、▣、▣键移动光标。

5）输入完整的数据指令后，按循环启动按钮▣运行程序。按▣键清除输入的数据。

5. 自动运转的启动

1）首先把程序存入存储器中。

2）选择自动加工模式▣。

3）选择要运行的程序。

① 选择编辑或自动操作方式。

② 按▣键，并进入程序内容显示界面。

③ 按地址键▣，输入程序号。

④ 按▣或▣键，在显示界面上显示检索到的程序，若程序不存在，数控系统出现报警。

4）按程序运行启动按钮。按自动运行起动按钮▣，开始执行程序。按自动运动暂停按钮▣，程序暂停。

6. 试运行

1）机床锁住　按 ▭ 按钮，机床各轴被锁住，刀具无运动，但是在显示器上沿每一轴运动的位移在变化，就像刀具在运动一样。

2）辅助功能锁住　按辅助功能锁按钮，M、S、T 功能被锁定输出并禁止执行。

7. 单段程序

1）按机床控制面板上的单步执行按钮 ▭，机床在执行完当前程序段后停止。

2）按程序运行开始按钮 ▭ 继续执行下一段程序，当程序段执行完后机床停止。

8. 程序的创建

1）按 ▭ 按钮，进入程序编辑模式。

2）按 ▭ 键，进入程序内容显示界面。

3）按地址键 ▭，输入程序号。

4）按 ▭ 键，开始程序的创建。

9. 程序的编辑

（1）程序内容的输入

1）按 ▭ 按钮进入程序编辑模式。

2）按 ▭ 键进入程序内容显示界面，可按 ▭ 或 ▭ 键选择程序内容，如图 3-18 所示。

3）依次按地址键 ▭，数字键 ▭、▭、▭、

▭，再按插入键 ▭。

4）按单节键 ▭，建立新程序 O0001。

5）按照编制好的零件程序逐个输入，每输入一个字符，在显示器上立即给予显示输入的字符，一个程序段输入完毕，按单节键结束。

6）按步骤 5）的方法可完成程序其他程序段的输入。

```
程序内容        行6      列1      O0008 N0000
O0008;(CNC  PROGRAM.20051020)
G50 X0 Z0;
G1 X100 Z100 F200;
G2 U100 W50 R50;
G0 X0 Z0;
X100 Z100;
M30;
%


                              S 0000 T0100
              编辑方式
```

图 3-18　程序内容显示界面

（2）字的检索

1）按光标移动键 ▭，光标在界面上向后一个字一个字地移动，光标在所选字上。

2）按光标移动键 ▭，光标在界面上向前一个字一个字地移动，光标在所选字上。

3）持续按光标移动键 ▭ 或 ▭ 对字进行连续扫描。

4）当按 ▭ 键时，检索下一程序段的第一个字。

5）当按 ▭ 键时，检索上一程序段的第一个字。

6）当持续按下 ▭ 或 ▭ 键时，会连续将光标移动到各个程序段的开头。

7）按翻面键 ▭ 显示下一个界面，并检索该界面中第一个字。

8）按翻面键 ▭ 显示前一个界面，并检索该界面中第一个字。

9）持续按 或 ⬆️ 会连续显示各界面。

（3）跳到程序头

1）在程序编辑模式下，处于程序界面时按 RESET 键，光标回到程序的起始位置，在界面上从头开始显示程序的内容。

2）通过检索程序号将光标移至程序的起始位置。

（4）字的插入

1）检索或扫描到插入位置前的字。

2）输入将要插入的地址字。

3）输入数据。

4）按 INSERT 键。

例：插入 T15。

① 检索或扫描 Z1250.0，如图 3-19 所示。

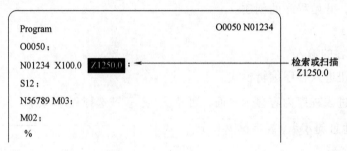

图 3-19　检索或扫描显示

② 依次输入 T15。

③ 按插入键 INSERT，结果如图 3-20 所示。

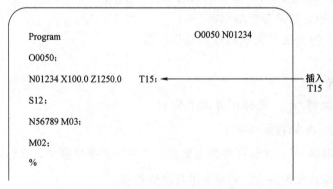

图 3-20　插入结果显示

（5）字的替换

1）检索或扫描将要替换的字。

2）输入将要插入的地址字。

3）输入数据。

4）按替换键 ALERT。

例：将 T15 替换为 M15。

① 检索或扫描 T15，如图 3-21 所示。

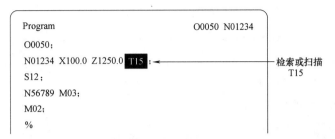

图 3-21　检索或扫描显示

② 依次输入 M15。

③ 按替换键 ，结果如图 3-22 所示。

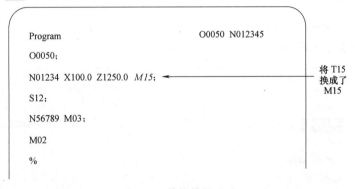

图 3-22　替换结果显示

（6）字的删除

1）检索或扫描将要删除的字。

2）按下删除键 。

例：删除 X100.0。

① 检索或扫描 X100.0，如图 3-23 所示。

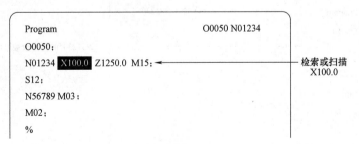

图 3-23　检索或扫描显示

② 按删除键 ，结果如图 3-24 所示。

（7）删除一个程序段

1）检索或扫描一个将要删除的程序段地址 N。

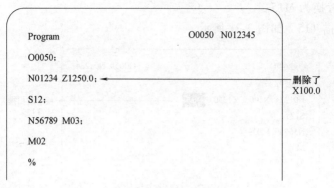

图 3-24　删除结果显示

2）按单节键 <kbd>EOB</kbd>。

3）按删除键 <kbd>DELETE</kbd>。

例：删除 N01234 的程序段。

① 检索或扫描程序段 N01234，如图 3-25 所示。

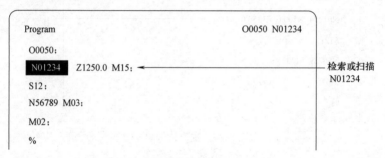

图 3-25　检索或扫描显示

② 按单节键 <kbd>EOB</kbd>。

③ 按删除键 <kbd>DELETE</kbd>，结果如图 3-26 所示。

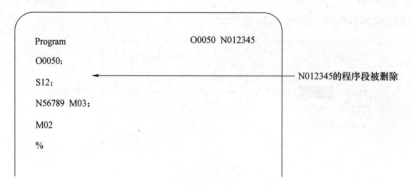

图 3-26　整个程序段删除结果显示

（8）程序的删除

1）删除一个程序：按 <kbd>⊘</kbd> 按钮，进入程序编辑式，按 <kbd>PROG</kbd> 键选择程序界面，按地址键

[O]，输入要删除的程序号，按［DELETE］键删除所选程序。

2）删除所有程序：按⟨②⟩按钮，进入程序编辑式，按［PROG］键选择程序界面，按地址键

[O]，输入-9999，按［DELETE］键删除所有程序。

10. 对刀操作

（1）直接用刀具试切对刀（推荐）

1）用外圆车刀先试切一外圆，测量外圆直径后，依次按［OFFSET SETTING］→【补正】→【形状】，输入"外圆直径值"，按【测量】键，刀具"X"补偿值即自动输入几何形状中。

2）用外圆车刀再试切外圆端面，依次按［OFFSET SETTING］→【补正】→【形状】，输入"Z0"，按【测量】键，刀具"Z"补偿值即自动输入几何形状中。因输入的实测值为端面坐标值，等效于将机械坐标系平移至零件端面。

3）用同样方法可完成其他刀具的对刀。

通过对刀，将刀偏值写入参数，从而获得工件坐标系。该方法操作简单方便，可靠性好，每把刀为独立坐标系，互不干扰。只要不断电、不改变刀偏值，工件坐标系就会存在且不会变，即使断电，重启后回参考点，工件坐标系还在原来的位置。如果使用绝对值编码器，刀架在任何安全位置都可以启动加工程序。

（2）用 G50 设置工件零点

1）用外圆车刀先试切一段外圆，依次按［SHIFT］→【U】，这时"U"坐标在闪烁，按［CAN］键置"零"，测量工件外圆后，按⟨◀⟩键，选择【MDI】模式，输入 G01　U××(××为测量直径)F0.3，切端面到中心。

2）选择【MDI】模式，输入 G50　X0　Z0，按循环启动【START】键，把当前点设为零点。

3）选择【MDI】模式，输入 G0　X150　Z150，使刀具离开工件。

4）这时程序开头：G50　X150　Z150……。

5）注意：用 G50　X150　Z150，程序起点和终点必须一致即 X150　Z150，这样才能保证重复加工不乱刀。

用 G50 设定坐标系，对刀后将刀移动到 G50 设定的位置才能加工。对刀时先对基准刀，其他刀的刀偏都是相对于基准刀的。

（3）用 G54～G59 设置工件零点

1）用外圆车刀先试切一外圆，依次按［OFFSET SETTING］→【坐标系】，如选择 G55，输入 X0、Z0，按【测量】键，工件零点坐标即存入 G55 里，程序直接调用如：G55　X60　Z50……。

2）注意：可用 G53 指令清除 G54～G59 工件坐标系。

这种方法适用于批量生产且工件在卡盘上有固定装夹位置的加工。

二、GSK 980TD 数控系统操作面板介绍与基本操作

（一）GSK 980TD 数控系统控制操作面板介绍

GSK 980TD 数控系统面板如图 3-27 所示。

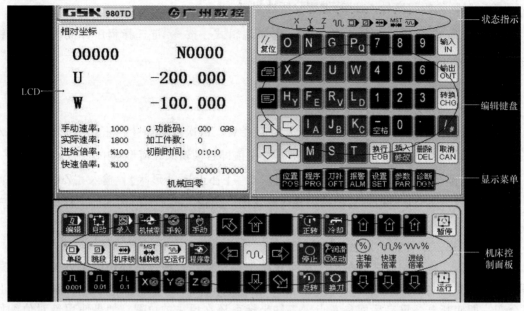

图 3-27　GSK 980TD 数控系统面板

1. 操作方式选择按钮

手动按一下模式按钮并使模式按钮左上灯亮即可选择该操作方式，主要有以下六种：

1) 编辑方式：此方式可进行加工程序的建立、删除和修改等操作。

2) 自动方式：进入自动运行加工程序。

3) 录入（MDI）方式：此方式可进行参数的输入以及指令段的输入和执行。

4) 机械回零：回参考点操作方式，可分别执行经 X、Z 轴回机械零点操作。

5) 手轮方式：手摇脉冲方式，数控系统按选定的增量进行移动。

6) 手动方式：手动连续移动溜板箱或者刀具。

2. 数控程序运行控制按钮

1) ：单个程序段。

2) ：机床锁住。

3) ：辅助功能锁定。

4) ：程序回零。

5) ：空运行。

6) ：选择跳段加工。

7) ：手轮 X 轴选择按钮。

8) ：手轮 Z 轴选择按钮。

3. 机床主轴手动控制按钮

1) ：手动开机床主轴正转。

2) ![icon]：手动关机床主轴。

3) ![icon]：手动开机床主轴反转。

4. 辅助功能按钮

1) ![icon]：手动开关冷却液。

2) ![icon]：润滑液。

3) ![icon]：手动换刀具。

5. 手轮进给量控制按钮

![icon]、![icon]、![icon]：选择手动进给时每一步的距离，分别为 0.001mm、0.01mm、0.1mm。

6. 程序运行控制按钮

1) ![icon]：循环暂停。

2) ![icon]：循环运行。

7. 系统控制按钮

1) ![icon]：NC 系统启动。

2) ![icon]：NC 系统停止。

8. 手动移动机床溜板箱或者刀具按钮

![icon]：选择移动轴，正方向移动按钮为 ![icon]、![icon]、![icon]，负方向移动按钮为 ![icon]、![icon]、![icon]。

![icon]：快速进给。

9. ![icon]：升降速按钮

主轴升降速/快速进给升降速/进给升降速。

10. ![icon]：急停按钮

11. ![icon]：手轮按钮

（二）数控系统的基本操作

1. 手动返回参考点（机械回零）

1）按机械回零方式按钮![icon]，选择回参考点操作方式，这时液晶屏幕右下角显示［机械回零］。

2）先按下手动轴向运动按钮![icon]不放手直到回参考点指示灯亮![icon]，此时坐标轴停止移动，再按下手动轴向运动按钮![icon]不放手直到回参考点指示灯亮![icon]，此时坐标轴停止移动，即可完成回参考点操作。

3）返回参考点后，返回参考点指示灯亮![icon]。

2. 手动连续进给

1）按 按钮进入手动操作方式，这时液晶屏幕右下角显示［手动方式］。手动操作方式下可进行手动进给、主轴控制、倍率修调、换刀等操作。

2）选择移动轴。按住进给轴方向选择按钮中的 X 轴方向按钮 或 可使 X 轴向负向或正向进给，松开按钮时轴运动停止；按住 Z 轴方向按钮 或 可使 Z 轴向负向或正向进给，松开按钮时轴运动停止；进给倍率实时修调有效。

当进行手动进给时，按 按钮，使状态指示区的 指示灯亮，则进入手动快速移动状态。机床沿着选择轴方向移动。

3）调节手动（JOG）进给速度。在手动进给时，可按 中的 或 按钮修改手动进给倍率。

4）快速进给。按住进给轴方向选择中的 按钮直至状态指示区的快速移动指示灯亮，按下 或 按钮可使 X 轴向负向或正向快速移动，松开按钮时轴运动停止；按下 或 按钮可使 Z 轴向负向或正向快速移动，松开按钮时轴运动停止；也可同时按住 X、Z 轴的方向选择按钮实现两个轴的同时移动。快速倍率实时修调有效。

当进行手动快速移动时，按下 按钮，使指示灯熄灭，快速移动无效，以手动速度进给。

3. 手轮进给

转动手摇脉冲发生器，可以使机床微量进给。

1）按下手轮方式按钮 ，选择手轮操作方式，这时液晶屏幕右下角显示［手轮方式］。

2）选择手轮运动轴：在手轮方式下，按下相应的按钮 、 。

注意：在手轮方式下，按键有效。所选手轮轴的地址［U］或［W］闪烁。

3）选择移动量：按下增量选择移动增量，相应在屏幕左下角显示移动增量。

4）选择移动量控制按钮 、 、 。

5）转动手轮 手轮进给方向由手轮旋转方向决定。一般情况下，手轮顺时针为正向进给，逆时针为负向进给。

4. 录入（MDI）运转方式

从 LCD/MDI 面板上输入一个程序段的指令，并可以执行该程序段。

例：设当前刀尖点工件坐标为（X50.0 Z100.0）的位置，程序段为 G50 X50.0 Z100.0，操作步骤如下：

1）按 按钮进入录入操作方式。

2）按 键（必要时再按 键或 键）进入程序状态"程序段值"界面，如图 3-28 所示。

3）依次按 $\boxed{G}$、$\boxed{5}$、$\boxed{0}$ 键及 $\boxed{\text{输入}}$ 键，界面显示如图 3-29 所示。

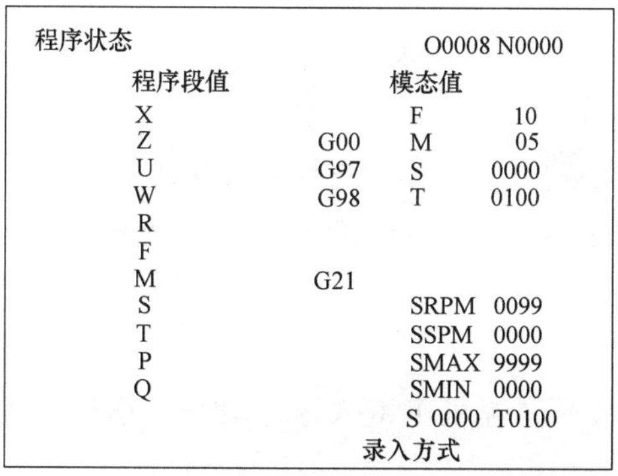

```
┌─────────────────────────────────────┐
│ 程序状态              O0008 N0000    │
│    程序段值          模态值          │
│    X                 F      10       │
│    Z        G00      M      05       │
│    U        G97      S      0000     │
│    W        G98      T      0100     │
│    R                                 │
│    F                                 │
│    M        G21                      │
│    S                 SRPM  0099      │
│    T                 SSPM  0000      │
│    P                 SMAX  9999      │
│    Q                 SMIN  0000      │
│                      S 0000 T0100    │
│              录入方式                │
└─────────────────────────────────────┘
```

图 3-28　程序段显示

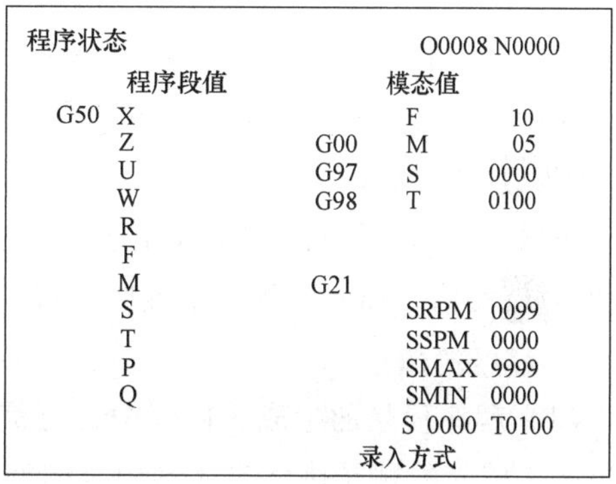

```
┌─────────────────────────────────────┐
│ 程序状态              O0008 N0000    │
│    程序段值          模态值          │
│ G50 X               F      10       │
│    Z        G00      M      05       │
│    U        G97      S      0000     │
│    W        G98      T      0100     │
│    R                                 │
│    F                                 │
│    M        G21                      │
│    S                 SRPM  0099      │
│    T                 SSPM  0000      │
│    P                 SMAX  9999      │
│    Q                 SMIN  0000      │
│                      S 0000 T0100    │
│              录入方式                │
└─────────────────────────────────────┘
```

图 3-29　录入结果显示（一）

4）依次按地址键 $\boxed{Z}$、数字键 $\boxed{1}$、$\boxed{0}$、$\boxed{0}$ 及 $\boxed{\text{输入}}$ 键。

5）依次按地址键 $\boxed{X}$、数字键 $\boxed{5}$、$\boxed{0}$ 及 $\boxed{\text{输入}}$ 键。

执行完上述操作后界面显示如图 3-30 所示。

6）指令字输入后，按 $\boxed{\text{运行}}$ 按钮执行 MDI 指令字。运行过程中可按 $\boxed{\text{暂停}}$ 按钮及急停按钮使 MDI 指令字停止运行。

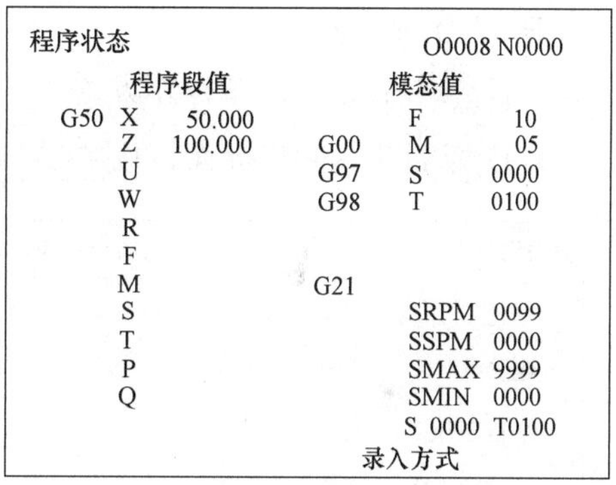

```
┌─────────────────────────────────────┐
│ 程序状态              O0008 N0000    │
│    程序段值          模态值          │
│ G50 X    50.000      F      10       │
│    Z    100.000  G00 M      05       │
│    U            G97  S      0000     │
│    W            G98  T      0100     │
│    R                                 │
│    F                                 │
│    M            G21                  │
│    S                 SRPM  0099      │
│    T                 SSPM  0000      │
│    P                 SMAX  9999      │
│    Q                 SMIN  0000      │
│                      S 0000 T0100    │
│              录入方式                │
└─────────────────────────────────────┘
```

图 3-30　录入结果显示（二）

5. 自动运转的启动

1）首先把程序存入存储器中。

2）选择自动方式。

3）选择要运行的程序。

4）选择编辑或自动操作方式。

5）按 $\boxed{\text{程序PRG}}$ 键，进入程序内容显示界面。

6）按地址键 $\boxed{O}$，输入程序号。

7）按 $\boxed{\downarrow}$ 或 $\boxed{\text{换行EOB}}$ 键，在显示界面上显示检索到的程序，若程序不存在，数控系统出现报警。

8）按运行启动按钮。$\boxed{\text{运行}}$ 为自动运行起动键，$\boxed{\text{暂停}}$ 为自动运行暂停键。按运行启动按钮后，开始执行程序。

6. 试运行

（1）全轴机床锁住　自动操作方式下机床锁住开关 $\boxed{\text{机床锁}}$ 为开时，机床滑板不移动，位置界面下的综合坐标界面中的"机床坐标"不改变，相对坐标、绝对坐标和余移动量显示不断刷新，与机床锁住开关处于关状态时一样；并且 M、S、T 功能都能执行。机床锁住运行常与辅助功能锁住功能一起用于程序校验。

开关打开方法：按 $\boxed{\text{机床锁}}$ 按钮使状态指示区中机床锁住运行指示灯 $\boxed{\text{MST}}$ 亮，表示进入机床锁住运行状态。

（2）辅助功能锁住　如果机床操作面板上的辅助功能锁住开关 $\boxed{\text{MST辅助锁}}$ 置于开的位置，M、

S、T代码指令不执行，与机床锁住功能一起用于程序校验。

7. 单程序段运行

首次执行程序时，为防止编程错误出现意外，可选择单段运行。

自动操作方式下，单段程序开关打开的方法如下：

按 🔲 按钮使状态指示区中的单段运行指示灯亮 🔲，表示选择单段运行功能。

单段运行时，执行完当前程序段后，数控系统停止运行；继续执行下一个程序段时，需再次按 🔲 按钮，如此反复直至程序运行完毕。

8. 程序的建立

（1）程序段号的生成　程序中，可编入程序段号，也可不编入程序段号，程序是按程序段编入的先后顺序执行的（调用时例外）。

当开关设置界面"自动序号"开关处于关状态时，数控系统不自动生成程序段号，但在编程时可以手动编入程序段号。

当开关设置界面"自动序号"开关处于开状态时，数控系统自动生成程序段号，编辑时，按键自动生成下一程序段的程序段号，如图3-31所示。

（2）程序内容的输入

1）按 🔲 按钮进入编辑操作方式。

2）按 🔲 键进入程序界面，按 🔲 或 🔲 键选择程序内容显示界面，如图3-32所示。

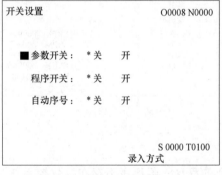

图3-31　序号设置

图3-32　程序内容显示界面

3）依次按地址键 🔘 及数字键 🔘、🔘、🔘、🔘（以建立O0001程序为例）。

4）按换行键 🔲，建立新程序O0001。

5）按照编制好的零件程序逐个输入，每输入一个字符，在屏幕上立即给予显示输入的字符，一个程序段输入完毕，按换行键结束。

6）按步骤5）的方法可完成程序其他程序段的输入。

（3）字符的检索

1）扫描法：光标逐个字符扫描。

按 🔲 按钮进入编辑操作方式，按 🔲 键选择程序内容显示界面。

① 按 🔲 键，光标上移一行；若当前光标所在的列数大于上一行总的列数，按该键后，光标移到上一程序段段尾（"；"号上）。

②按⬇键，光标下移一行，光标上移一行；若当前光标所在的列数大于下一行总的列数，按该键后，光标移到下一行末尾（";"号上）。

③按➡键，光标右移一列；若光标在行末，光标则移到下一程序段段首。

④按⬅键，光标左移一列；若光标在行首，光标则移到下一程序段段尾。

⑤按🔲键，向上翻面，光标移至上一面第一行第一列；若向上翻面到程序内容首面，则光标移至第二行第一列。

⑥按🔲键，向下翻面，光标移至下一面第一行第一列；若已是程序内容最后一面，则光标移至程序最后一行的第一列。

2）查找法：从光标当前位置开始，向上或向下查找指定的字符。

查找法操作步骤如下：

①按🔲按钮选择编辑操作方式。

②按🔲键，显示程序内容界面。

③按🔲键进入查找状态，并输入欲查找的字符，最多可以输入10位，超过10位后新输入的字覆盖原来的第10位。如将光标移至G2处，显示界面如图3-33所示。

④按⬆键（根据欲查找字符与当前光标所在字符的位置关系确定按⬆键还是⬇键），显示界面如图3-34所示。

图3-33　查找显示

图3-34　光标移到位显示

⑤查找完毕，数控系统仍然处于查找状态，再次按⬆键或⬇键，可以查找下一位置的字符，也可按🔲键退出查找状态。

⑥如果未查找到，则出现"检索失败"提示。

> **注意：** 在字符检索中，不检索被调用的子程序中的字符。

3）回程序开头的方法。

①在编辑操作方式、程序显示界面中，按🔲键，光标回到程序开头。

②按上文所述的方法检索程序开头字符。

（4）字符的插入　操作方法和步骤如下：

1）选择编辑操作方式，进入程序内容显示界面。

2）把光标移到要插入字符位置，直接在前插入，界面如图 3-35 所示。

3）输入插入的字符（如图 3-35 中，在 G2 前插入 G98 指令，依次按 G、9、8、空格键），显示界面如图 3-36 所示。

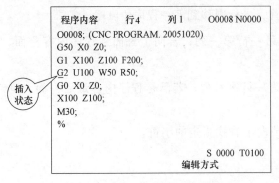

```
程序内容      行4      列1      O0008 N0000
O0008; (CNC PROGRAM. 20051020)
G50  X0  Z0;
G1  X100  Z100  F200;
G2  U100  W50  R50;
G0  X0  Z0;
X100  Z100;
M30;
%
                              S 0000  T0100
                     编辑方式
```

插入状态

图 3-35　光标移动到位显示

```
程序内容      行4      列5      O0008 N0000
O0008; (CNC PROGRAM. 20051020)
G50  X0  Z0;
G1  X100  Z100  F200;
G98  G2  U100  W50  R50;
G0  X0  Z0;
X100  Z100;
M30;
%
                              S 0000  T0100
                     编辑方式
```

图 3-36　插入显示

（5）字符的删除　操作方法和步骤如下：

1）选择编辑操作方式，进入程序内容显示界面。

2）按取消CAN键删除光标处的前一字符；按删除DEL键删除光标所在处的字符。

（6）字符的修改　字符的修改方法有以下两种：

1）插入修改法：先按上述方法删除修改的字符，然后插入要修改的字符。

2）直接修改法：

① 选择编辑操作方式，进入程序内容显示界面。

② 按插入修改键进入修改状态（光标为一矩形反显框），界面如图 3-37 所示。

③ 输入修改后的字符（如图 3-37 中，将 U100 修改成 U898，依次按 U、8、9、8键），显示界面如图 3-38 所示。

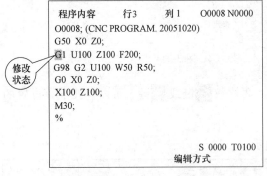

```
程序内容      行3      列1      O0008 N0000
O0008; (CNC PROGRAM. 20051020)
G50  X0  Z0;
G1  U100  Z100  F200;
G98  G2  U100  W50  R50;
G0  X0  Z0;
X100  Z100;
M30;
%
                              S 0000  T0100
                     编辑方式
```

修改状态

图 3-37　修改矩形反显示

```
程序内容      行3      列8      O0008 N0000
O0008; (CNC PROGRAM. 20051020)
G50  X0  Z0;
G1  U898 Z100  F200;
G98  G2  U100  W50  R50;
G0  X0  Z0;
X100  Z100;
M30;
%
                              S 0000  T0100
                     编辑方式
```

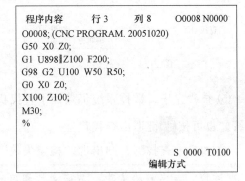

图 3-38　修改结果显示

9. 程序的删除

（1）单个程序的删除　操作步骤如下：

1）选择编辑操作方式，进入程序显示界面。

2）依次按地址键 O，以及数字键 0、0、0、1（以 O0001 程序为例）。

3）按 _{DEL} 键，O0001 程序被删除。

（2）全部程序的删除　操作步骤如下：

1）选择编辑操作方式，进入程序显示界面。

2）依次按地址键 O ，符号键 -/空格 ，数字键 9 、 9 、 9 。

3）按 _{DEL} 键，全部程序被删除。

10. 程序的选择

当数控系统中已存有多个程序时，可以通过检索法选择程序。

1）选择编辑或自动操作方式。

2）按 程序/PRG 键，并进入程序内容显示界面。

3）按地址键 O ，键入程序号××××。

4）按 ↓ 或 执行/EOB 键，在显示界面上显示检索到的程序，若程序不存在，数控系统出现报警。

> **注意：** 步骤4）中，若该程序不存在，按这两个键后，数控系统会新建一个程序。

三、HNC-21T 数控系统操作台介绍与数控装置的操作

（一）操作装置

1. 操作台结构

HNC-21T 数控系统操作台的结构如图 3-39 所示。

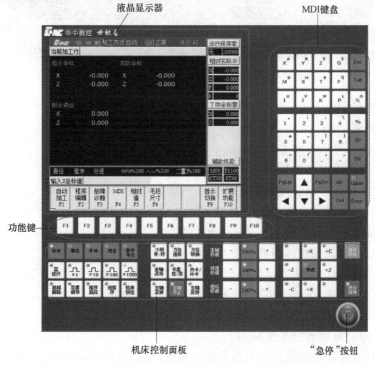

图 3-39　HNC-21T 数控系统操作台的结构

2. 软件操作界面

HNC-21T数控系统的软件操作界面如图3-40所示。该界面由以下几个部分组成：

（1）图形显示窗口　可以根据需要用功能键<F9>设置窗口的显示内容。

（2）菜单命令条　通过菜单命令条中的功能键<F1>~<F10>来完成系统功能的操作。

（3）运行程序索引　显示自动加工中的程序名和当前程序段行号。

（4）选定坐标系下的坐标值

1）坐标系可在机床坐标系、工件坐标系和相对坐标系之间切换。

2）显示值可在指令位置、实际位置、剩余进给、跟踪误差、负载电流、补偿值之间切换。

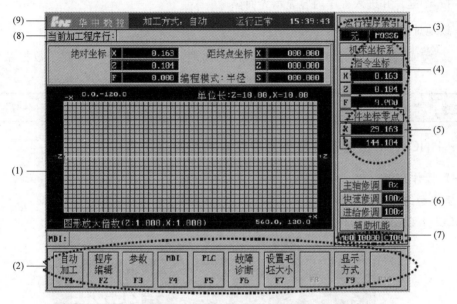

图3-40　HNC-21T数控系统的软件操作界面

（5）工件坐标零点　显示工件坐标系零点在机床坐标系下的坐标。

（6）倍率修调

1）主轴修调：显示当前主轴修调倍率。

2）快速修调：显示当前快进修调倍率。

3）进给修调：显示当前进给修调倍率。

（7）辅助机能　显示自动加工中的M、S、T代码。

（8）当前加工程序行　显示当前正在或将要加工的程序段。

（9）当前加工方式系统运行状态及当前时间

1）工作方式：系统工作方式根据机床控制面板上相应按钮的状态可在自动运行、单段运行、手动运行、增量运行、回零、急停、复位等之间切换。

2）运行状态：系统工作状态在运行正常和出错之间切换。

3）系统时钟：显示当前系统时间。

操作界面中最重要的部分是菜单命令条。系统功能的操作主要通过菜单命令条中的功能键<F1>~<F10>来完成。由于每个功能包括不同的操作，菜单采用层次结构，即在主菜单下选择一个菜单项后，数控装置会显示该功能下的子菜单，用户可根据该子菜单的内容选择所需的操作，如图 3-41 所示。

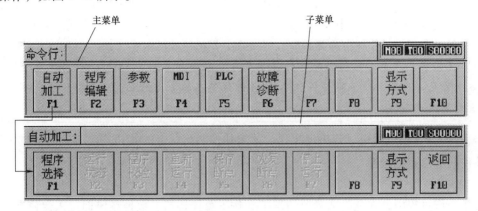

图 3-41 主菜单和子菜单

当要返回主菜单时，按子菜单下的<F10>键即可。

（二）机床数控装置的操作

主要介绍机床数控装置的上电、关机、急停、复位、回参考点、超程解除等操作。

1. 上电

1）检查机床状态是否正常。

2）检查电源电压是否符合要求、接线是否正确。

3）按下急停按钮。

4）机床上电。

5）数控上电。

6）检查风扇电动机运转是否正常。

7）检查面板上的指示灯是否正常。

接通数控装置电源后，HNC-21T 自动运行系统软件，工作方式为急停。

2. 复位

系统上电进入软件操作界面时，系统的工作方式为急停，为控制系统运行，需左旋并拔起操作台右上角的急停按钮，使系统复位并接通伺服电源，系统默认进入回参考点方式，软件操作界面的工作方式变为回零。

3. 回参考点

控制机床运动的前提是建立机床坐标系，为此，系统接通电源、复位后首先应进行机床各轴回参考点，操作方法如下：

1）如果系统显示的当前工作方式不是回零方式，按一下控制面板上面的 回零 按钮，确保系统处于回零方式。

2）根据 X 轴机床参数回参考点方向，按一下 +X 按钮，X 轴回到参考点后， +X 按钮内的指示灯亮。

3）用同样的方法使用 +Z 按钮，使 Z 轴回参考点。

所有轴回参考点后，即建立了机床坐标系。

注意:

1) 在每次电源接通后,必须先完成各轴的返回参考点操作,然后再进入其他运行方式,以确保各轴坐标的正确性。

2) 同时按下 X、Z 轴向选择按钮,可使 X、Z 轴同时返回参考点。

3) 在回参考点前,应确保回零轴位于参考点的回参考点方向相反侧(如 X 轴的回参考点方向为负,则回参考点前应保证 X 轴当前位置在参考点的正向侧),否则应手动移动该轴直到满足此条件。

4) 在回参考点过程中,若出现超程,请按住控制面板上的 按钮,向相反方向手动移动该轴使其退出超程状态。

4. 急停

机床运行过程中,在危险或紧急情况下,按下急停按钮,数控系统即进入急停状态,伺服进给及主轴运转立即停止工作(控制柜内的进给驱动电源被切断)。松开急停按钮(左旋此按钮,自动跳起),数控系统进入复位状态。

解除紧急停止前,先确认故障原因是否排除,且紧急停止解除后应重新执行回参考点操作,以确保坐标位置的正确性。

注意: 在上电和关机之前应按下急停按钮,以减少设备电冲击。

5. 超程解除

在伺服轴行程的两端各有一个极限开关,作用是防止伺服机构碰撞而损坏。每当伺服机构碰到行程极限开关时,就会出现超程。当某轴出现超程(超程解除按钮内指示灯亮时),系统视其状况为紧急停止,要退出超程状态时,必须进行以下操作:

1) 松开急停按钮,置工作方式为手动或手摇方式。

2) 一直按压着超程解除按钮(控制器会暂时忽略超程的紧急情况)。

3) 在手动(手摇)方式下,使该轴向相反方向退出超程状态。

4) 松开超程解除按钮。

若显示屏上运行状态栏"运行正常"取代了"出错",表示恢复正常,可以继续操作。

注意: 在操作机床退出超程状态时,请务必注意移动方向及移动速率,以免发生撞机。

6. 关机

1) 按下控制面板上的急停按钮,断开伺服电源。

2) 断开数控电源。

3) 断开机床电源。

(三)机床手动操作

机床的手动操作主要包括:坐标轴移动(点动、增量、手摇)、主轴控制(正反转、停止、点动)、机床锁住、刀位转换、卡盘松紧、冷却液开停、手动数据输入(MDI)运行等。

机床手动操作主要由手持单元和机床控制面板共同完成。机床控制面板如图 3-42 所示。

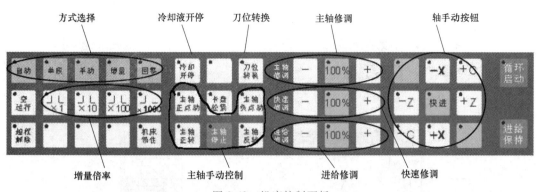

图 3-42   机床控制面板

1. 坐标轴移动

手动移动机床坐标轴的操作由手持单元和机床控制面板上的方式选择、轴手动、增量倍率、进给修调、快速修调等按钮共同完成。

① 点动进给。

② 点动快速移动。

③ 点动进给速度选择。

④ 增量进给。

⑤ 手摇进给。

2. 主轴控制

主轴手动控制由机床控制面板上的主轴手动控制按钮完成。

① 主轴正转。

② 主轴反转。

③ 主轴停止。

④ 主轴正负点动。

⑤ 主轴速度修调。

> **注意：** 主轴正转、主轴反转、主轴停止这几个按钮互锁，即按一下其中一个（指示灯亮），其余两个会失效（指示灯灭）。

3. 机床锁住

机床锁住禁止机床所有运动。在手动运行方式下，按一下 按钮（指示灯亮），再进行手动操作，系统继续执行，显示屏上的坐标轴位置信息变化，但不输出伺服轴的移动指令，所以机床停止不动。

4. 其他手动操作

① 刀位转换。

② 冷却开停。

③ 卡盘松紧。

5. 手动数据输入（MDI）运行（F4→F6）

在图 3-43 所示的主操作界面下按<F4>键进入 MDI 功能子菜单。命令行与菜单条的显示如图 3-44 所示。

图 3-43 主操作界面

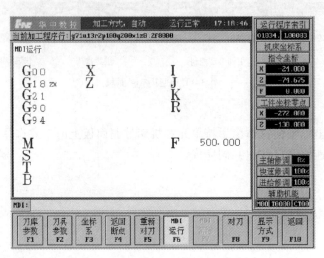

图 3-44 MDI 运行

在 MDI 功能子菜单下按<F6>键,进入 MDI 运行方式,命令行的底色变成了白色,并且有光标在闪烁,如图 3-44 所示,这时可以从数控键盘输入并执行一个 G 代码指令段,即"MDI 运行"。

注意:自动运行过程中,不能进入 MDI 运行方式,可在进给保持后进入。

(1) 输入 MDI 指令段 MDI 输入的最小单位是一个有效指令字。因此,输入一个 MDI 运行指令段可以有下述两种方法:

1)一次输入,即一次输入多个指令字的信息。

2)多次输入,即每次输入一个指令字信息。

例如要输入"G00 X100 Z1000"MDI 运行指令段,可以用以下两种方法:

① 直接输入"G00 X100 Z1000"并按 Enter 键,图 3-44 显示窗口内关键字 G、X、Z 的值将分别变为 00、100、1000。

② 先输入"G00"并按 Enter 键,图 3-44 显示窗口内将显示大字符"G00",再输入"X100"并按 Enter 键,然后输入"Z1000"并按 Enter 键,显示窗口内将依次显示大字符"X100""Z1000"。

在输入命令时,可以在命令行看见输入的内容,在按 Enter 键之前,发现输入错误,可用 BS 、 ► 、 ◄ 键进行编辑;按 Enter 键后,系统发现输入错误,会提示相应的错误信息。

(2) 运行 MDI 指令段 在输入完一个 MDI 指令段后,按一下操作面板上的 循环启动 按钮,系统即开始运行所输入的 MDI 指令。

如果输入的 MDI 指令信息不完整或存在语法错误，系统会提示相应的错误信息，此时不能运行 MDI 指令。

（四）程序输入与文件管理

在软件操作界面下按<F2>键进入编辑功能子菜单，命令行与菜单条的显示如图 3-45 所示。

图 3-45　编辑功能子菜单

在编辑功能子菜单下，可以对零件程序进行编辑、存储与传递，以及对文件进行管理。

1. 选择编辑程序（F2→F2）

在编辑功能子菜单下，按<F2>键，将弹出如图 3-46 所示的选择编辑程序菜单，其中：

1）磁盘程序：保存在电子盘、硬盘、软盘或网络路径上的文件。

2）正在加工的程序：当前已经选择存放在加工缓冲区的一个加工程序。

3）串口程序：通过串口读入的程序。

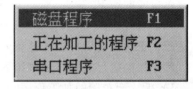

图 3-46　选择编辑程序菜单

2. 程序编辑（F2）

（1）编辑当前程序（F2→F3）　当编辑器获得一个零件程序后，就可以编辑当前程序了。但在编辑过程中退出编辑模式后再返回到编辑模式时，如果零件程序不处于编辑状态，可在编辑功能子菜单下按<F3>键进入编辑状态。

编辑过程中用到的主要快捷键如下：

Del：删除光标后的一个字符，光标位置不变，余下的字符左移一个字符位置。

PgUp：使编辑程序向程序头滚动一面，光标位置不变，如果到了程序头，则光标移到文件首行的第一个字符处。

PgDn：使编辑程序向程序尾滚动一面，光标位置不变，如果到了程序尾，则光标移到文件末行的第一个字符处。

BS：删除光标前的一个字符，光标向前移动一个字符位置，余下的字符左移一个字符位置。

◀：使光标左移一个字符位置。

▶：使光标右移一个字符位置。

▲：使光标向上移一行。

▼：使光标向下移一行。

（2）删除一行（F2→F6）　在编辑状态下，按<F6>键将删除光标所在的程序行。

3. 程序存储（F2→F4）

在编辑状态下按<F4>键可对当前编辑程序进行存盘。

（五）程序运行

在主界面下按<F1>键，进入程序运行子菜单，命令行与菜单条的显示如图 3-47 所示。在程序运行子菜单下可以装入检验并自动运行一个零件程序。

图 3-47 程序运行子菜单

1. 选择运行程序（F1→F1）

在程序运行子菜单下，按<F1>键将弹出如图 3-48 所示的选择运行程序子菜单，按<Esc>键可取消该菜单。

2. 程序校验（F1→F3）

程序校验用于对调入加工缓冲区的零件程序进行校验，并提示可能的错误。

以前未在机床上运行的新程序在调入后最好先进行校验运行，正确无误后再启动自动运行。

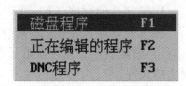

图 3-48 选择运行的程序

程序校验运行的操作步骤如下：

1）调入要校验的加工程序。

2）按机床控制面板上的 自动 按钮进入程序运行方式。

3）在程序运行子菜单下，按<F3>键，此时软件操作界面的工作方式显示改为"校验运行"。

4）按机床控制面板上的 循环启动 按钮程序校验开始。

5）若程序正确，校验完后，光标将返回到程序头，且软件操作界面的工作方式显示改回为"自动"；若程序有错，命令行将提示程序的哪一行有错。

> **注意：**校验运行时，机床不动作；为确保加工程序正确无误，请选择不同的图形显示方式来观察校验运行的结果。

3. 启动自动运行

系统调入零件加工程序，经校验无误后，可正式启动运行，步骤如下：

1）按一下机床控制面板上的 自动 按钮（指示灯亮），进入程序运行方式。

2）按一下机床控制面板上的 循环启动 按钮（指示灯亮），机床开始自动运行调入的零件加工程序。

4. 单段运行

按一下机床控制面板上的 单段 按钮（指示灯亮），系统处于单段自动运行方式，程序控制将逐段执行，步骤如下：

1）按一下 循环启动 按钮，运行一程序段，机床运动轴减速停止，刀具、主轴电动机停止运行。

2）再按一下 循环启动 按钮，又执行下一程序段，执行完了再次停止。

5. 运行时干预

（1）进给速度修调　在自动方式或 MDI 运行方式下，当 F 代码编程的进给速度偏高或偏低时，可用进给修调右侧的 进给修调 ▪ ▪ 100% ▪ + ▪ 按钮修调程序中编制的进给速度。

按压 100% 按钮 "指示灯亮"，进给修调倍率被置为 100%，按一下 + 按钮，进给修调倍率递增 5%，按一下 − 按钮，进给修调倍率递减 5%。

（2）快移速度修调　在自动方式或 MDI 运行方式下，可用快速修调右侧的 快速修调 ▪ − ▪ 100% ▪ + ▪ 按钮，修调 G00 快速移动时系统参数 "最高快移速度" 设置的速度。

按压 100% 按钮（指示灯亮），快速修调倍率被置为 100%，按一下 + 按钮，快速修调倍率递增 5%，按一下 − 按钮快速修调倍率递减 5%。

（3）主轴修调　在自动方式或 MDI 运行方式下，当 S 代码编程的主轴速度偏高或偏低时，可用主轴修调右侧的 主轴修调 ▪ − ▪ 100% ▪ + ▪ 按钮修调程序中编制的主轴速度。

按压 100% 按钮（指示灯亮），主轴修调倍率被置为 100%，按一下 + 按钮主轴修调倍率递增 5%，按一下 − 按钮，主轴修调倍率递减 5%。

机械齿轮换挡时，主轴速度不能修调。

（4）机床锁住　禁止机床坐标轴动作。

在自动运行开始前，按一下 机床锁住 按钮（指示灯亮），再按 循环启动 按钮，系统继续执行程序，显示屏上的坐标轴位置信息变化，但不输出伺服轴的移动指令，所以机床停止不动。这个功能用于校验程序。

注意：

1）即便是 G28、G29 功能，刀具也不运动到参考点；

2）机床辅助功能 M、S、T 仍然有效。

3）在自动运行过程中，按机床锁住按钮机床锁住无效。

4）在自动运行过程中，只在运行结束时，方可解除机床锁住。

5）每次执行此功能后，须再次进行回参考点操作。

（六）数据设置

1. 坐标系

MDI 输入坐标系数据的操作步骤如下：

1）在 MDI 功能子菜单下按<F4>键进入坐标系手动数据输入方式，图形显示窗口首先显示 G54 坐标系数据，如图 3-49 所示。

2）按 PgDn 或 PgUp 键，选择要输入的数据类型：G55、G56、G57、G58、G59 坐标系当前工件坐标系的偏置值（坐标系零点相对于机床零点的值），或当前相对值零点。

3）在命令行输入所需数据，如输入 "X200　Z300"，并按 Enter 键，将设置 G54 坐标系的 X 及 Z 偏置分别为 200、300，如图 3-50 所示。

4）若输入正确，图形显示窗口相应位置将显示修改过的值，否则原值不变。

注意：编辑的过程中在按 Enter 键之前，按 Esc 键可退出编辑，但输入的数据将丢失，系统将保持原值不变。下列数据设置与此相同。

图 3-49　坐标系数据显示

2. 刀库表

MDI 输入刀库数据的操作步骤如下：

1）在 MDI 功能子菜单下按<F1>键，进行刀库设置，图形显示窗口将出现刀库数据，如图 3-51 所示。

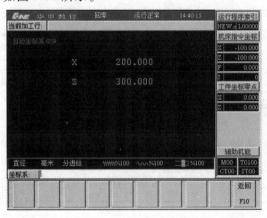

图 3-50　坐标系偏置

图 3-51　刀库数据显示

2）用 ▲、▼、►、◄、PgDn、PgUp 键移动蓝色亮条选择要编辑的选项。

3）按 Enter 键蓝色亮条所指刀具数据的颜色和背景都发生变化，同时有一光标在闪烁，如图 3-52 所示。

4）用 ►、◄、BS、Del 键进行编辑修改。

5）修改完毕，按 Enter 键确认。

6）若输入正确，图形显示窗口相应位置将显示修改过的值，否则原值不变。

3. 刀偏表

MDI 输入刀偏数据的操作步骤如下：

1）在 MDI 功能子菜单下按<F2>键进行刀偏设置，图形显示窗口将出现刀具数据，如图 3-53 所示。

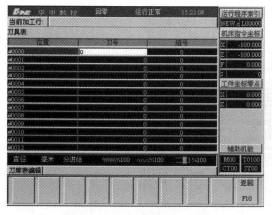

图 3-52 光标移动到位显示

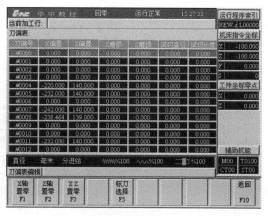

图 3-53 刀具数据显示

2）用 ▲ 、 ▼ 、 ► 、 ◄ 、 PgDn 、 PgUp 键移动蓝色亮条选择要编辑的选项。

3）按 Enter 键蓝色亮条所指刀具数据的颜色和背景都发生变化，同时有一光标在闪烁，如图 3-54 所示。

4）用 ► 、 ◄ 、 BS 、 Del 键进行编辑修改。

5）修改完毕，按 Enter 键确认。

6）若输入正确，图形显示窗口相应位置将显示修改过的值，否则原值不变。

4. 刀补表

MDI 输入刀补数据的操作步骤如下：

1）在 MDI 功能子菜单下按<F3>键进行刀补设置，图形显示窗口将出现刀具数据，如图 3-55 所示。

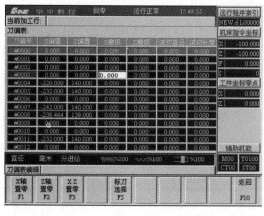

图 3-54 光标移动到位显示

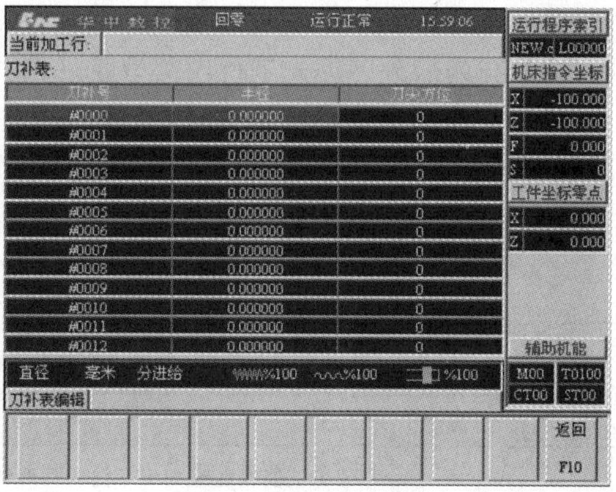

图 3-55 刀具补偿设置显示

2）用 ▲ 、 ▼ 、 ► 、 ◄ 、 PgDn 、 PgUp 键移动蓝色亮条选择要编辑的选项。

3）按 Enter 键蓝色亮条所指刀具数据的颜色和背景都发生变化，同时有一光标在闪烁，如图 3-56 所示。

4）用 ► 、 ◄ 、 BS 、 Del 键进行编辑修改。

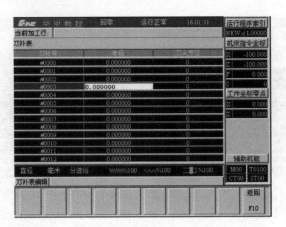

图 3-56 光标移动到位显示

5）修改完毕，按 Enter 键确认。

6）若输入正确，图形显示窗口相应位置将显示修改过的值，否则原值不变。

<h1 style="text-align:center">第三节　数控车削加工工艺及编程</h1>

一、数控车削加工工艺

（一）加工顺序的确定

工序的划分可以采取工序集中和工序分散两种原则，而常见的数控加工工序划分的方法包括：按所用刀具划分工序；按粗、精加工划分工序；按加工部位划分工序等。

总的加工顺序的安排应遵循以下原则：

1）上道工序的加工不能影响下道工序的定位与夹紧。

2）先内后外，即先进行内部型腔（内孔）的加工，后进行外形的加工。

3）以相同的安装或使用同一把刀具加工的工序，最好连续进行，以减少重新定位或换刀所引起的误差。

4）在同一次安装中，应先进行对工件刚性影响较小的工序。

这些原则无论对于数控加工，还是对于常规加工都是适用的。对于数控加工工艺，还有一些根据其特点而应注意的原则，见表 3-1。

表 3-1　数控加工工艺的确定原则

类　别	加工工艺的确定原则
加工顺序的确定原则	①应能保证被加工零件的精度和表面粗糙度 ②使加工路线最短，减少空行程时间，提高加工效率 ③尽量简化数值计算的工作量，简化加工程序 ④对于某些重复使用的程序,应使用子程序
零件安装的确定原则	①力求设计基准、工艺基准和编程基准统一 ②尽量减少装夹次数，尽可能在一次定位装夹中，完成全部加工面的加工 ③避免使用需要占用数控机床机时的装夹方案，以便充分发挥数控机床的功效

（续）

类　　别	加工工艺的确定原则
数控刀具的确定原则	①选用刚性和寿命长的刀具，以缩短对刀和换刀的停机时间 ②刀具尺寸稳定，安装调整简便
切削用量的确定原则	①粗加工时，以提高生产率为主，兼顾经济性和加工成本；半精加工和精加工时，以加工质量为主，兼顾切削效率和加工成本 ②在编程时，应注意"拐点"处的过切或欠切问题
对刀点的确定原则	①便于数学处理和加工程序的简化 ②在机床上进行定位简便 ③在加工过程中便于检查 ④由对刀点引起的加工误差较小

（二）走刀路线的确定

数控车削的走刀路线包括刀具的运动轨迹和各种刀具的使用顺序，是预先编制在加工程序中的。合理地确定走刀路线、安排刀具的使用顺序对于提高加工效率、保证加工质量是十分重要的。数控车削的走刀路线不是很复杂，也有一定规律可遵循。

1. 循环切除余量

数控车削加工过程一般要经过循环切除余量、粗加工和精加工三道工序。应根据毛坯类型和零件形状确定循环切除余量的方式，以达到减少循环走刀次数、提高加工效率的目的。

（1）轴套类零件　轴套类零件安排走刀路线的原则是轴向走刀、径向进刀，循环切除余量的循环终点在粗加工起点附近，这样可以减少走刀次数，避免不必要的空走刀，节省加工时间。

（2）轮盘类零件　轮盘类零件安排走刀路线的原则是径向走刀、轴向进刀，循环切除余量的循环终点在粗加工起点。编制轮盘类零件的加工程序时，与轴套类零件相反，是从大直径端开始顺序向前。

（3）铸锻件　铸锻件毛坯形状与加工后零件形状相似，留有一定的加工余量。循环去除余量的方式是刀具轨迹按零件轮廓线运动，逐渐逼近图样尺寸。这种方法实质上是采用"零点漂移"的方式。

2. 确定退刀路线

在数控机床加工过程中，为了提高加工效率，刀具从起始点或换刀点运动到接近工件部位及加工完成后退回起始点或换刀点是以指令 G00 的方式（快速）运动的。

根据刀具加工零件部位的不同，退刀的路线确定方式也不同，车床数控系统提供三种退刀方式。

（1）斜线退刀方式　斜线退刀方式路线最短，适用于加工外圆表面的偏刀退刀，如图 3-57 所示。

（2）径-轴向退刀方式　这种退刀方式刀具先径向垂直退刀，到达指定位置时再轴向退刀，如图 3-58 所示。车槽即采用这种退刀方法。

（3）轴-径向退刀方式　轴-径向退刀方式的顺序与径-轴向退刀方式恰好相反，如图 3-59 所示。镗孔即采用此种退刀方式。

数控系统除按指定的退刀方式退刀外，还可用 G00 快速定位指令编制退刀路线，原则

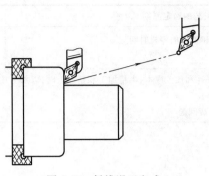

图 3-57 斜线退刀方式

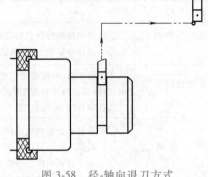

图 3-58 径-轴向退刀方式

是第一考虑安全性，即在退刀过程中不能与工件发生碰撞；第二是考虑使退刀路线最短。相比之下安全是第一位的。

3. 换刀

（1）设置换刀点 数控车床的刀盘结构有两种：一种是刀架前置，其结构同普通车床相似，经济型数控车床多采用这种结构；另一种是刀盘后置，这种结构是中高档数控车床常采用的。换刀点是一个固定的点，不随工件坐

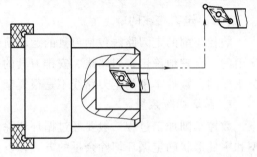

图 3-59 轴-径向退刀方式

标系的位置改变而发生位置变化。换刀点最安全的位置是换刀时刀架或刀盘上的任何刀具不与工件发生碰撞的位置。如工件在第三象限，刀盘上所有刀具在第一象限。换句话说，换刀点轴向位置（Z轴）由轴向最长的刀具（如内孔镗刀、钻头等）确定；换刀点径向位置（X轴）由径向最长刀具（如外圆刀、切刀等）决定。这种设置换刀点方式的优点是安全、简便，在单件及小批量生产中经常采用；缺点是增加了刀具到工件加工表面的运动距离，降低了加工效率，机床磨损也加大，大批量生产时往往不采用这种设置换刀点的方式。

（2）跟随式换刀 在批量生产时，为缩短空走刀路线，提高加工效率，在某些情况下可以不设置固定的换刀点，每把刀有其各自不同的换刀位置。这里应遵循的原则是：第一，确保换刀时刀具不与工件发生碰撞；第二，力求最短的换刀路线，即采用所谓的"跟随式换刀"。跟随式换刀不使用机床数控系统提供的回换刀点的指令，而使用 G00 快速定位指令。这种换刀方式的优点是能够最大限度地缩短换刀路线，但每一把刀具的换刀位置要经过仔细计算，以确保换刀时刀具不与工件碰撞。跟随式换刀常应用于被加工工件有一定批量、使用刀具数量较多、刀具类型多、径向及轴向尺寸相差较大时。另外跟随式换刀可以实现一次装夹加工多个工件，如图 3-60 所示。此时若采用固定换刀点换刀，工件会离换刀点越来越远，使空走刀路线增加。跟随式换刀时，每把刀具有各自的换刀点，设置换刀点时只考虑换下一把刀具是否与工件发生碰撞，而不用考虑刀盘上所有刀具是否与工件发生碰撞，即换刀点位置只参考下一把刀具，但这样做的前提是刀盘上的刀具是按加工工序顺序排列的。调试时从第一把刀具开始，具体有两种方法。

第一种方法是：直接在机床上调试。这种方法的优点是直观，缺点是增加了机床的辅助时间。如图 3-61 所示，第二把刀的安装位置与第一把刀的安装位置不会完全重合。以第一

把刀刀尖作为 ΔX、ΔZ 的坐标原点，比较第二把刀的刀尖与第一把刀的刀尖位置差和方向，在换第二把刀时，第一把刀所在的位置应该是刀尖距工件的加工部位最近点再叠加上第二把刀尖与第一把刀尖的差值 ΔX、ΔZ。举例说明，第一把刀离工件的加工部位最近点是 X = 20mm、Z = 1mm，第二把刀的刀尖位置与第一把刀的刀尖位置差值为 ΔX = - 1mm、ΔZ = 1mm。则第一把刀的换刀点位置是 X = 21mm、Z = 1mm，这样每把刀具都有各自的换刀点，以保证

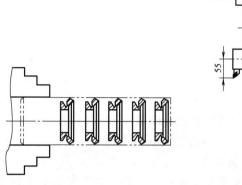

图 3-60　跟随式换刀

按加工顺序换刀时，刀具不会与工件发生碰撞，而新换刀具的位置又离加工位置最近，程序中所有刀具都离各自加工部位最近点换刀，从而缩短了刀具的空行程，提高了加工效率，这在批量生产中经常使用。

　　第二种方法是：使用机外对刀仪对刀。这种方法可直接得出程序中所有使用刀具的刀尖位置差。换刀点可根据对刀仪测得数据按上述方法直接计算，写入程序。但如果计算错误就会导致换刀时刀具与工件发生碰撞，轻则损坏刀具、工件，重则机床严重受损。使用跟随式换刀方式，换刀点位置的确定与刀具的安装参数有关。如果加工过程中更换刀具，刀具的安装位置改变，程序中有关的换刀点也要修改。

　　（3）排刀法　在数控车的生产实践中，为缩短加工时间、提高生产率，针对特定几何形状和尺寸的工件常采用所谓的排刀法。这种刀具排列方式的好处是在换刀时，刀盘或刀塔不需要转动，是一种加工效率很高的安排走刀路线的方法。

　　图 3-62 所示为利用排刀法加工的零件。

　　工件材料为铝，毛坯为管材。

　　所用刀具种类：①外圆粗车刀；②外圆精车刀；③内圆粗车刀；④内圆精车刀；⑤切槽刀；⑥螺纹刀。刀具在刀架上的排列如图 3-63 所示。

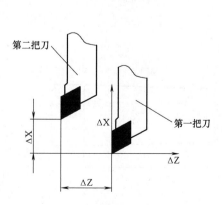

图 3-61　跟随式换刀的测量

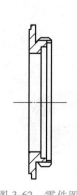

图 3-62　零件图

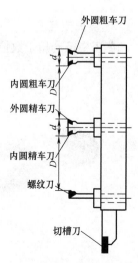

图 3-63　排刀法

内、外圆车刀是背靠背并列在一起的，刀具距离 d 应等于或小于管材毛坯内径。这样排列刀具目的是保持加工过程中主轴始终朝一个方向转动，避免主轴反转；内圆粗车刀与外圆精车刀之间的距离 D 应大于管材毛坯的内外半径之差。排刀式装夹刀具有一定的局限性，适用于小型零件。排刀法能够装夹刀具的数量受刀具间隔及滑板 X 轴行程限制。使用排刀法时，程序与刀具位置有关。一种编程方法是使用变换坐标系指令，为每一把刀具设立一个坐标系；另一种方法是所有刀具使用一个坐标系，刀具的位置差由程序坐标系补偿，但刀具一旦磨损或更换就要根据刀尖实际位置重新调整程序，十分麻烦。

（三）车削用工具的选择

1. 钻夹头

钻夹头是一种钻头夹持工具，可用来夹钻头钻孔、扩孔、夹铰刀铰孔、夹丝锥攻螺纹等，广泛应用于机械制造、建筑装修等领域。目前常用的钻夹头主要有扳手式钻夹头（图3-64a）和自紧式钻夹头（图3-64b）两类。扳手式钻夹头的零部件多采用专用机床大批量生产，因此价格较低廉，但因自身结构的限制，扳手式钻夹头精度不高，主要用于台式钻床、小型摇臂钻床、电动工具等对夹持精度要求不高的场合，此外钻头的装卸需用扳手松紧，操作较繁琐。在加工中心、高精度钻床等对钻孔精度要求较高的场合，一般需要采用自紧式钻夹头。

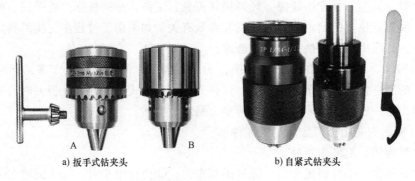

a) 扳手式钻夹头   b) 自紧式钻夹头

图 3-64　钻夹头

2. 莫氏变径套

莫氏变径套用于数控车床尾座上，连接莫氏钻头和尾座莫氏锥孔，用于钻孔，如图3-65所示。

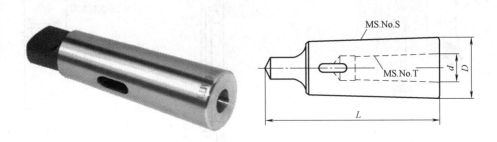

图 3-65　莫氏变径套

3. 数控刀座及变径套

数控刀座及变径套主要用于用内孔镗刀加工内孔。图 3-66a 所示为数控刀座，图 3-66b 所示为数控变径套，图 3-66c 所示为刀座、变径套、内孔刀的组装。

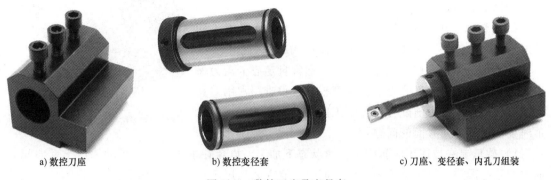

a) 数控刀座   b) 数控变径套   c) 刀座、变径套、内孔刀组装

图 3-66　数控刀座及变径套

（四）车削用夹具的选择

1. 车床工装夹具的概念

（1）车床夹具的定义和分类　在车床上用来装夹工件的装置称为车床夹具。

车床夹具可分为通用夹具和专用夹具两大类。通用夹具是指能够装夹两种或两种以上工件的同一夹具，例如，车床上的自定心卡盘、单动卡盘、弹簧卡套和通用心轴等；专用夹具是专门为加工某一指定工件的某一工序而设计的夹具。如果按夹具元件组合特点划分，则有不能重新组合的夹具和能够重新组合的夹具，后者称为组合夹具。

数控车床通用夹具与普通车床及专用车床相同。

（2）夹具的作用　夹具用来装夹被加工工件以完成加工过程，同时要保证被加工工件的定位精度，并使装卸尽可能方便、快捷。选择夹具时通常先考虑选用通用夹具，这样可避免制造专用夹具。专用夹具是针对通用夹具无法装夹的某一工件或工序而设计的。下面对专用夹具的作用做一总结。

1）保证产品质量。被加工工件的某些加工精度是由机床夹具来保证的。夹具应能提供合适的夹紧力，既不能因为夹紧力过小导致被加工件在切削过程中松动，又不能因夹紧力过大而导致被加工工件变形或损坏工件表面。

2）提高加工效率。夹具能方便被加工件的装卸，例如，采用液压装置能使操作者降低劳动强度，同时节省机床辅助时间，达到提高加工效率的目的。

3）解决车床加工中的特殊装夹问题对于不能使用通用夹具装夹的工件通常需要设计专用夹具。

4）扩大机床的使用范围。使用专用夹具可以完成非轴套，非轮盘类零件的孔、轴、槽和螺纹等的加工，可扩大机床的使用范围。

2. 圆周定位夹具

在车床加工中大多数情况是使用工件或毛坯的外圆定位。

（1）自定心卡盘　如图 3-67 所示，自定心卡盘是最常用的车床通用卡具，自定心卡盘最大的优点是可以自动定心，夹持范围大，但定心精度存在误差，不适于同轴度要求高的工件的二次装夹。

自定心卡盘常见的有机械式和液压式两种。液压卡盘装夹迅速、方便，但夹持范围变化小，尺寸变化大时需重新调整卡爪位置。数控车床经常采用液压卡盘，液压卡盘还特别适用于批量加工。

图 3-67　自定心卡盘

（2）软爪　由于自定心卡盘定心精度不高，当加工同轴度要求高的工件二次装夹时，常常使用软爪。

软爪是一种具有切削性能的夹爪。通常自定心卡盘为保证刚度和耐磨性要进行热处理，硬度较高，很难用常用刀具切削。软爪是在使用前配合被加工工件特别制造的，加工软爪时要注意以下几方面的问题：

1）软爪要在与使用时相同的夹紧状态下加工，以免在加工过程中松动和由于反向间隙而引起定心误差。加工软爪内定位表面时，要在软爪尾部夹紧一适当的棒料，以消除卡盘端面螺纹的间隙，如图 3-68 所示。

2）当被加工工件以外圆定位时，软爪内圆直径应与工件外圆直径相同，略小更好，如图 3-69 所示，其目的是消除夹盘的定位间隙，增加软爪与工件的接触面积。软爪内径大于工件外径会导致软爪与工件形成三点接触，如图 3-70 所示，此种情况接触面积小，夹紧牢固程度差，应尽量避免。软爪内径过小，如图 3-71 所示，会形成六点接触，一方面会在被加工表面留下压痕，同时也使软爪接触面变形。

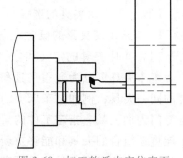

图 3-68　加工软爪内定位表面

软爪也有机械式和液压式两种。软爪常用于加工同轴度要求较高的工件的二次装夹。

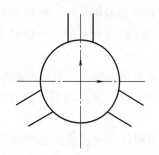

图 3-69　理想的软爪内径

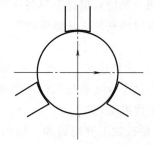

图 3-70　软爪内径过大

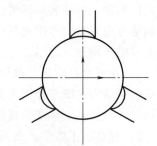

图 3-71　软爪内径过小

（3）弹簧夹套　弹簧夹套定心精度高，装夹工件快捷方便，常用于精加工的外圆表面定位。弹簧夹套特别适用于尺寸精度较高、表面质量较好的冷拔圆棒料，若配以自动送料器，可实现自动上料。弹簧夹套夹持工件的内孔是标准系列，并非任意直径。

（4）单动卡盘　加工精度要求不高、偏心距小、零件长度较短的工件时，可采用单动卡盘，如图 3-72 所示。

3. 中心孔定位夹具

（1）两顶尖拨盘　两顶尖定位的优点是定心正确可靠，

图 3-72　单动卡盘

安装方便。顶尖作用是定心、承受工件的重量和切削力。顶尖分前顶尖和后顶尖。

前顶尖中的一种是插入主轴锥孔内的，如图 3-73a 所示；另一种是夹在卡盘上的，如图 3-73b 所示。前顶尖与主轴一起旋转，与主轴中心孔不产生摩擦。

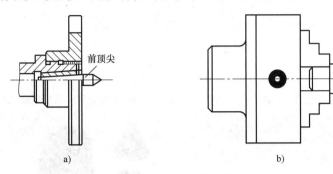

图 3-73 前顶尖

后顶尖插入尾座套筒。后顶尖中的一种是固定的，如图 3-74 所示；另一种是回转的，如图 3-75 所示。回转后顶尖使用较为广泛。

图 3-74 固定顶尖

图 3-75 回转顶尖

工件安装时用对分夹头或鸡心夹头夹紧工件一端，拨杆伸向端面。两顶尖只对工件有定心和支承作用，必须通过对分夹头或鸡心夹头的拨杆带动工件旋转，如图 3-76 所示。

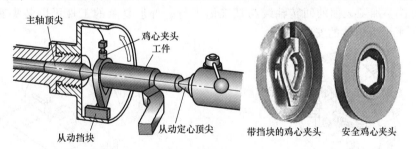

图 3-76 两顶尖装夹工件

利用两顶尖定位还可以加工偏心工件，如图 3-77 所示。

（2）拨动顶尖 拨动顶尖常用有内、外拨动顶尖和端面拨动顶尖两种。

1）内、外拨动顶尖。内、外拨动顶尖如图 3-78 所示，这种顶尖的锥面带齿，能嵌入工件，拨动工件旋转。

2）端面拨动顶尖。端面拨动顶尖如图 3-79

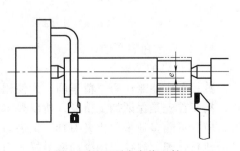

图 3-77 两顶尖车偏心轴

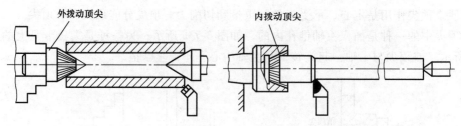

图 3-78 内、外拨动顶尖

所示。这种顶尖利用端面拨爪带动工件旋转，适合装夹直径为 $\phi50\sim\phi150\text{mm}$ 的工件。

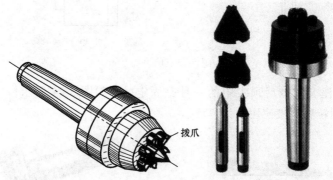

图 3-79 端面拨动顶尖

4. 其他车削工装夹具

数控车削加工中有时会遇到一些形状复杂和不规则的工件，不能用自定心卡盘或单动卡盘装夹，需要借助其他工装夹具，如花盘、角铁等。

（1）花盘 加工表面的回转轴线与基准面垂直、外形复杂的零件可以装夹在花盘上加工。图 3-80 所示为用花盘装夹双孔连杆的方法。

（2）角铁 加工表面的回转轴线与基准面平行、外形复杂的工件可以装夹在角铁上加工。图 3-81 所示为角铁的安装方法。

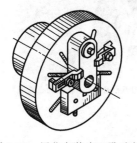

图 3-80 用花盘装夹双孔连杆

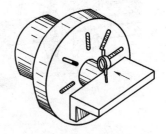

图 3-81 角铁的安装方法

（五）车削用刀具的选择

1. 对刀具的要求

数控车床能兼作粗、精车削。为使粗车能大吃刀、大走刀，要求粗车刀具强度高、寿命长；精车首先是保证加工精度，所以要求刀具的精度高、寿命长。为减少换刀时间和方便对刀，应尽可能多地采用机夹刀具。机夹刀具的刀体要求制造精度较高，夹紧刀片的方式要选择得比较合理。内径刀的冷却液最好先引入刀体，再从刀头附近喷出。对刀片，在多数情况下应采用涂层硬质合金刀片。涂层材料一般有碳化钛、氮化钛和氧化铝等，在同一刀片上也可以涂几层不同的材料，成为复合涂层。数控车床对刀片的断屑槽有较高的要求。原因很简单：数控车床自动化程度高，切削常常在封闭环境中进行，所以在车削过程中很难对大量切屑进行人工处置。如果切屑断得不好，它就会缠绕在刀头上，既可能挤坏刀片，也会把切削表面拉伤。普通车床用的硬质合金刀片一般是两维断屑槽，而数控车削刀片常采用三维断屑槽。三维断屑槽的形式很多，在刀片制造厂内一般是定型成若干种标准。它的共同特点是断屑性能好、断屑范围宽。对于具体材质的零件，在切削参数定下之后，要注意选好刀片的槽型。选择过程中可以做一些理论探讨，但更主要的是进行实切试验。在一些场合，也可以根据已有刀片的槽型来修改切削参数。要求刀片寿命长，这是不容置疑的。

2. 对刀座（夹）的要求

刀（刃）具很少直接装在数控车床的刀架上，它们之间一般用刀座（也称刀夹）作为过渡。刀座的结构主要取决于刀体的形状、刀架的外形和刀架对主轴的配置方式这三个因素。现今刀座的种类繁多，生产厂各行其是，标准化程度很低。机夹刀体的标准化程度比较高，所以种类和规格并不太多；刀架对机床主轴的配置方式总共只有几种；唯有刀架的外形（主要是指与刀座连接的部分）型式太多。用户在选型时，应尽量减少种类、型式，以利管理。

3. 数控车刀

数控车床刀具种类繁多，功能互不相同。根据不同的加工条件正确选择刀具是编制程序的重要环节，因此必须对车刀的种类及特点有一个基本的了解。

目前数控机床用刀具的主流是可转位刀片的机夹刀具。下面对可转位刀具做简要的介绍。

（1）数控车床可转位车刀的特点 数控车床所采用的可转位车刀，其几何参数是通过刀片结构形状和刀体上刀片槽座的方位安装组合形成的，与通用车床相比一般无本质的区别，其基本结构、功能特点是相同的，具体要求和特点见表3-2。

表3-2 可转位车刀的特点

要求	特 点	目 的
精度高	1. 采用 M 级或更高精度等级的刀片 2. 多采用精密级的刀杆 3. 用带微调装置的刀杆在机外预调好	保证刀片重复定位精度,方便坐标设定,保证刀尖位置精度
可靠性高	1. 采用断屑可靠性高的断屑槽型或有断屑台和断屑器的车刀 2. 采用结构可靠的车刀,采用复合式夹紧结构和夹紧可靠的其他结构	断屑稳定,不能有紊乱和带状切屑;适应刀架快速移动和换位以及整个自动切削过程中夹紧不得有松动的要求
换刀迅速	1. 采用车削工具系统 2. 采用快换小刀夹	迅速更换不同形式的切削部件,完成多种切削加工,提高生产率
刀片材料	刀片较多采用涂层刀片	满足生产节拍要求,提高加工效率
刀杆截形	刀杆较多采用正方形刀杆,但因刀架系统结构差异大,有的需采用专用刀杆	刀杆与刀架系统匹配

（2）可转位车刀的结构形式

1）杠杆式。其结构如图3-82所示，由杠杆、螺钉、刀垫、刀垫销、刀片所组成。这种形式依靠螺钉旋紧压靠杠杆，由杠杆的力压紧刀片达到夹固的目的。其特点适合各种正、负前角的刀片，有效的前角范围为 $-6° \sim 18°$；切屑可无阻碍地流过，切削热不影响螺孔和杠杆；两面槽壁给刀片有力的支承，并确保转位精度。

2）楔块式。其结构如图3-83所示，由紧定螺钉、刀垫、销、楔块、刀片所组成。这种形式依靠销与楔块的挤压力将刀片紧固。其特点适合各种负前角刀片，有效前角的变化范围为 $-6° \sim 18°$。两面无槽壁，便于仿形切削或倒转操作时留有间隙。

3）楔块夹紧式。其结构如图3-84所示，由紧定螺钉、刀垫、销、压紧楔块、刀片所组成。这种形式依靠销与楔块的压下力将刀片夹紧。其特点同楔块式，但切屑流畅不如楔块式。

此外还有螺栓上压式、压孔式、上压式等形式。

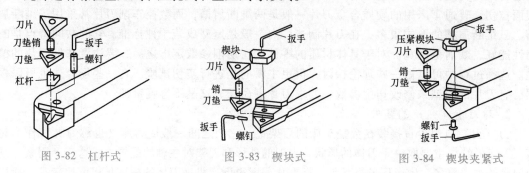

图3-82 杠杆式　　　　图3-83 楔块式　　　　图3-84 楔块夹紧式

4. 合理选择刀具

数控车床刀具的选刀过程如图3-85所示。从对被加工零件图样的分析开始，到选定刀具，共需经过10个基本步骤，以图3-85中的10个图标来表示。选刀工作过程从第1图标"零件图样"开始，经箭头所示的两条路径，共同到达最后一个图标"最终选定刀具"，以完成选刀工作。两条线共同完成选择刀具，分别是：

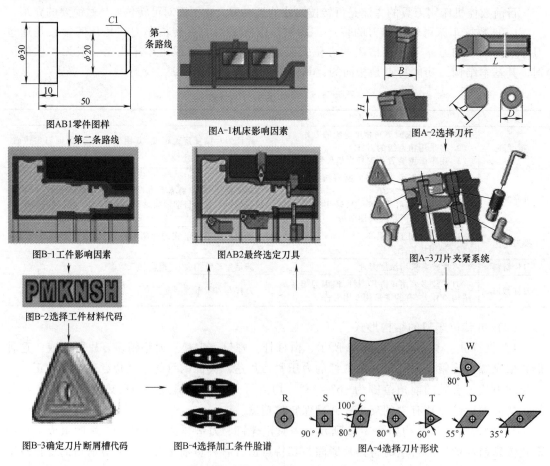

图3-85 数控车床刀具的选刀过程

第一条路线：图 AB1 零件图样→图 A-1 机床影响因素→图 A-2 选择刀杆→图 A-3 刀片夹紧系统→图 A-4 选择刀片形状→图 AB2 最终选定刀具，主要考虑机床和刀具的情况。

第二条路线：图 AB1 零件图样→图 B-1 工件影响因素→图 B-2 选择工件材料代码→图 B-3 确定刀片断屑槽代码→图 B-4 选择加工条件脸谱→图 AB2 最终选定刀具，这条路线主要考虑工件的情况。

综合这两条路线的结果，才能确定所选用的刀具。

下面将讨论每个图标的内容及选择办法。

（1）机床影响因素 "机床影响因素"图标如图 3-86 所示。为保证加工方案的可行性、经济性，获得最佳加工方案，在刀具选择前必须确定与机床有关的如下因素：

1）机床类型：数控车床、车削中心。

2）刀具附件：刀柄的形状和直径，左切和右切刀柄。

3）主轴功率。

4）工件夹持方式。

（2）选择刀杆 "选择刀杆"图标如图 3-87 所示。其中，刀杆类型尺寸见表 3-3。

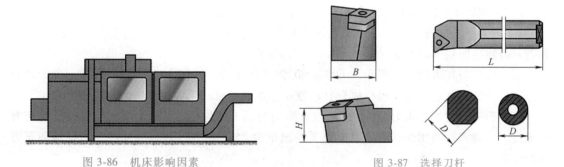

图 3-86　机床影响因素　　　　　　　图 3-87　选择刀杆

表 3-3　刀杆类型尺寸

刀杆类型	外圆加工刀杆，如 SVJBR2020K16	刀杆尺寸	方形刀柄高度 H、宽度 B
	内孔加工刀杆，如 S16Q-SCLCR09		圆形柄部直径 D
	切槽加工刀杆，如 KGMR2020K16		柄部长度 L
	螺纹加工刀杆，如 SER2020K16		主偏角
	柄部截面形状		

选用刀杆时，首先应选用尺寸尽可能大的刀杆，同时要考虑以下几个因素：

1）夹持方式。

2）切削层截面形状，即背吃刀量和进给量。

3）刀柄的悬伸。

（3）刀片夹紧系统 刀片夹紧系统常用杠杆式夹紧系统，"杠杆式夹紧系统"图标如图 3-88 所示。

1）杠杆式夹紧系统。杠杆式夹紧系统是最常用

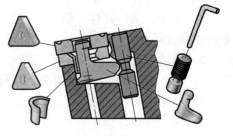

图 3-88　杠杆式夹紧系统

的刀片夹紧方式。其特点为定位精度高，切屑流畅，操作简便，可与其他系列刀具产品通用。

2）螺钉夹紧系统。其特点为适用于小孔径内孔以及长悬伸加工。

（4）选择刀片形状 "选择刀片形状"图标如图3-89所示。其主要参数选择方法如下：

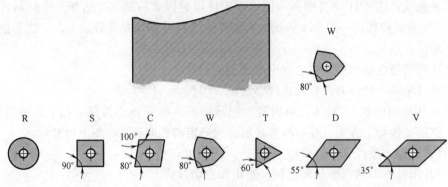

图 3-89　选择刀片形状

1）刀尖角。刀尖角的大小决定了刀片的强度。在工件结构形状和系统刚性允许的前提下，应选择尽可能大的刀尖角。通常这个角度为35°~90°。

图 3-89 中 R 型圆刀片，在重切削时具有较好的稳定性，但易产生较大的径向力。

2）刀片形状的选择。刀片形状主要依据被加工工件的表面形状、切削方法、刀具寿命和刀片的转位次数等因素选择。

正三角形刀片可用于主偏角为 60°或 90°的外圆车刀、端面车刀和内孔车刀。由于此刀片刀尖角小、强度差、寿命短，故只宜用较小的切削用量。

正方形刀片的刀尖角为 90°，比正三角形刀片的 60°要大，因此其强度和散热性能均有所提高。这种刀片通用性较好，主要用于主偏角为 45°、60°、75°等的外圆车刀、端面车刀和镗孔刀。

正五边形刀片的刀尖角为 108°，其强度高、寿命长、散热面积大，但切削时径向力大，只宜在加工系统刚性较好的情况下使用。

菱形刀片和圆形刀片主要用于成形表面和圆弧表面的加工，其形状及尺寸可结合加工对象参照国家标准来确定。

（5）工件影响因素 "工件影响因素"图标如图3-90所示。选择刀具时，必须考虑以下与工件有关的因素：

1）工件形状：稳定性。

2）工件材质：硬度、塑性、韧性、可能形成的切屑类型。

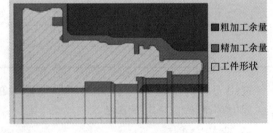

图 3-90　工件影响因素

3）毛坯类型：锻件、铸件等。

4）工艺系统刚性：机床夹具、工件、刀具等。

5）表面质量。

6）加工精度。

7）切削深度。

8）进给量。

9）刀具寿命。

（6）选择工件材料代码 "选择工件材料代码"图标如图 3-91 所示。

按照不同的机加工性能，加工材料分成 6 个工件材料组，它们分别和一个字母和一种颜色对应，以确定被加工工件的材料组符号代码，见表 3-4。

图 3-91 选择工件材料代码

表 3-4 选择工件材料代码

加工材料组		代码
钢	非合金和合金钢、高合金钢、不锈钢、铁素体钢、马氏体钢	P（蓝）
不锈钢和铸钢	奥氏体、铁素体-奥氏体	M（黄）
铸铁	可锻铸铁、灰铸铁、球墨铸铁	K（红）
NF 金属	有色金属和非金属材料	N（绿）
难切削材料	以镍或钴为基体的热固性材料，钛、钛合金及难切削加工的高合金钢	S（棕）
硬材料	淬硬钢、淬硬铸件和冷硬模铸件、锰钢	H（白）

（7）确定刀片断屑槽代码 "确定刀片断屑槽代码"图标如图 3-92 所示。按加工的背吃刀量和合适的进给量，根据刀具选用手册来确定刀片的断屑槽代码，每家公司的断屑槽代码有所不同。

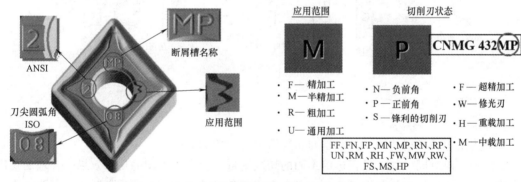

图 3-92 确定刀片断屑槽代码（以山特可乐满刀片为例）

（8）选择加工条件脸谱 "选择加工条件脸谱"图标如图 3-93 所示，三类脸谱代表了不同的加工条件：很好、好、不足。表 3-5 表示加工条件取决于机床的稳定性、刀具夹持方式和工件加工表面。

（9）选定刀具 "选定刀具"图标如图 3-94 所示。选定刀具分以下两方面：

1）选定刀片材料。根据被加工工件的材料组符号标记、刀片的断屑槽型、加工条件，参考刀具手册就可选出刀片材料代号。

2）选定刀具。根据工件加工表面轮廓，从刀杆订货页码中选择刀杆。根据选择好的刀杆，从刀片订货页码中选择刀片。

图 3-93 选择加工条件脸谱

表 3-5　选择加工条件

加工方式	机床、夹具和工件系统的稳定性		
	很好	好	不足
无断续切削加工表面已经过粗加工	😊	😊	😐
带铸件或锻件硬表层,不断变换切深轻微的断续切削	😊	😐	😐
中等断续切屑	😐	😐	😠
严重断续切削	😠	😠	😠

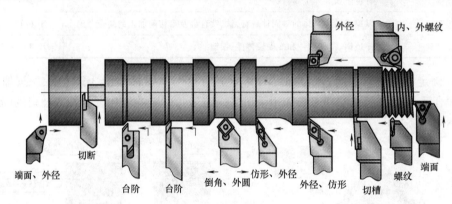

图 3-94　选定刀具

（六）车削用量的选择

1. 确定合理切削用量的意义

切削用量包括切削速度、进给量和切削深度（背吃刀量）。

数控加工时对同一加工过程选用不同的切削用量，会产生不同的切削效果。合理的切削用量应能保证工件的质量要求（如加工精度和表面粗糙度），在切削系统强度、刚性允许的条件下充分利用机床功率，最大限度地发挥刀具的切削性能，并保证刀具有一定的使用寿命。

2. 选择切削用量的一般原则

（1）粗车时切削用量的选择　粗车时一般以提高生产率为主，兼顾经济性和加工成本。提高切削速度、加大进给量和切削深度都能提高生产率。其中切削速度对刀具寿命的影响最大，切削深度对刀具寿命的影响最小，所以考虑粗加工切削用量时首先应选择一个尽可能大的切削深度，其次选择较大的进给速度，最后在刀具寿命和机床功率允许的条件下选择一个合理的切削速度。

（2）精车、半精车时切削用量的选择　精车和半精车的切削用量要保证加工质量，兼顾生产率和刀具寿命。

精车和半精车的切削深度是根据零件加工精度和表面粗糙度要求及粗车后留下的加工余量决定的，一般情况是一次去除余量。

精车和半精车的切削深度较小，产生的切削力也较小，所以可在保证表面粗糙度的情况下适当加大进给量。

（3）数控车削常用切削用量 对应数控车削加工的常用刀具材料及工件材料，常见切削用量见表3-6。

表3-6 常见工件材料、所用刀具材料及相应的切削用量

刀具材料	工件材料	粗加工			精加工		
		切削深度/mm	进给量/(mm/r)	切削速度/(m/min)	切削深度/mm	进给量/(mm/r)	切削速度/(m/min)
硬质合金和涂镀硬质合金	碳素钢	5	0.3	220	0.4	0.12	260
	低合金钢	5	0.3	180	0.4	0.12	220
	高合金钢（退火）	5	0.3	120	0.4	0.12	160
	铸钢	5	0.3	80	0.4	0.12	140
	不锈钢	4	0.3	80	0.4	0.12	120
	钛合金	3	0.2	40	0.4	0.12	60
	灰铸铁	4	0.4	120	0.5	0.2	150
	球墨铸铁	4	0.4	100	0.5	0.2	120
	铝合金	3	0.3	1600	0.5	0.2	1600
陶瓷	淬硬钢	0.2	0.15	100	0.1	0.1	150
	球墨铸铁	1.5	0.4	350	0.3	0.2	380
	灰铸铁	1.5	0.4	500	0.3	0.2	550

二、数控车床的编程

（一）控制数控车床的辅助功能指令（M指令）

辅助功能指令用于各种辅助动作及其状态的设定，由M及后面的两位数字组成，在这里以FANUC 0i Mate-TC系统为例先对几个特殊M指令的用法与相应功能进行介绍。

1. 程序暂停功能指令（M00）

数控车床在执行完编有M00指令的程序段后，主轴停转、进给停止、切削液关、程序停止。在实际加工过程中需要停机检查、测量工件、排除切屑、手工换刀等操作时，可以使用M00程序暂停功能指令。如果想继续执行下一个程序段，可以重新按下控制面板上的"循环启动"按钮。

2. 计划（选择）停止功能指令（M01）

M01指令与M00指令的功能相似，但需要注意的是，只有在预先按下数控车床上的"任选停止"按钮，并当程序执行到M01指令段时才有暂停效果，否则将不执行M01指令功能，程序继续执行。在对工件的关键尺寸进行检查时常用该指令，检查完毕后按下"循环启动"按钮可以继续执行接下来的程序。

3. 程序结束功能指令（M02）

常用在程序的最后一个程序段中，表示程序全部完成，主轴、进给、切削液停止，数控车床复位。需要注意的是，程序结束后光标并不返回程序的起始位置。

4. 程序结束并返回功能指令（M30）

M30 指令除了具有 M02 的指令功能外，区别在于在使用 M30 指令编程时，当全部程序执行完毕后光标会自动返回到程序的起始位置，如果需要再次执行该程序，只需按下"循环启动"按钮即可。

5. 主轴控制功能指令（M03、M04、M05）

M03：主轴顺时针方向旋转（主轴正转）。

M04：主轴逆时针方向旋转（主轴反转）。

M05：主轴停止。

主轴的旋转方向如何判断？从数控车床的尾座向主轴的方向观察，顺时针旋转时为主轴的顺时针旋转，反之为逆时针旋转。需要注意的是，当改变主轴的旋转方向时，需先用 M05 停止主轴的旋转。

6. 子程序调用功能指令 M98 与子程序调用返回功能指令 M99

在编制加工程序时，有时会出现在一个加工程序中重复使用某一组加工程序的情况，如在工件上出现连续的相同的槽时；有时是几个加工程序都需要用到某一组程序，如端面车削；为了方便使用和简化程序编制，可以将该组程序按照一定的格式另外编写并单独储存，以供其他程序（主程序）调用，这组程序就是子程序。

FANUC 系统常用 M 指令见表 3-7。

表 3-7　FANUC 系统常用 M 指令

M 代码	功能介绍	M 代码	功能介绍
M00	程序暂停	M08	切削液开
M01	条件停	M09	切削液关
M02	程序结束并停机	M30	程序结束并返回
M03	主轴正转	M41	主轴低速档
M04	主轴反转	M42	主轴高速档
M05	主轴停	M98	子程序调用
M06	换刀	M99	子程序调用返回

（二）F、S、T 功能

1. F 功能（进给功能）

F 功能表示进给速度，在程序中进给速度由地址符 F 和后面的数字组成，如 F500。其属于模态指令，数控车床工作时 F 一直有效，直到被新的指令所代替。在执行 G00 快速定位时，速度与 F 无关。目前，数控车床中的进给速度有两种：

（1）每分钟进给　数控车系统在执行了 G98 指令后，遇到带有 F 的程序段时，数控系统就将进给速度的单位认为 mm/min。

（2）每转进给　当数控车系统执行了 G99 指令后，处于 G99 状态，此时 F 所表示的进给速度单位为 mm/r。

需要注意的是，一旦数控车床执行了 G98 或 G99 两个指令中的任何一个，其数控系统就会保持相应的状态，甚至断电都不会改变。即当执行了 G98 指令后只有通过执行 G99 指令，数控车床的进给速度单位状态才会改变，由每分进给变为每转进给，反之同理。

2. S 功能（主轴功能）

S 功能表示主轴的转速或线速度，由地址符 S 和后面的数字组成，例如 S500 表示设置的主轴转速为 500r/min。那么在什么情况下主轴的转速为线速度？其特点又是怎样的？

（1）恒线速度控制指令 G96　G96 为激活恒线速度控制的指令。系统在执行 G96 之后，便认定 S 所指定的数值为切削速度（线速度），例如"G96 S100"表示当前的切削速度是 100m/min。在恒线速度控制时，数控车系统根据刀尖所处的 X 坐标值来计算主轴转速，当使用 G96 指令时，务必要正确地设定工件坐标系。

特别需要注意的是，用恒线速度控制车削加工端面、锥体、圆弧时，由于 X 坐标不断变化，故当刀具逐渐接近旋转中心时，主轴转速会越来越高。为了防止出现安全事故，必须限定主轴的最高转速。

（2）恒线速度控制取消指令 G97　G97 是取消恒线速度控制的指令。系统在执行 G97 后，S 后面的数字重新变为主轴转速，单位为 r/min。例如"G97　S500"表示取消恒线速度控制，主轴转速为 500r/min。一般情况下，系统默认的为 G97 状态。

3. T 功能（刀具功能）

刀具功能地址符 T，又叫 T 指令，指定加工时所用刀具的标号，在数控车床上具有换刀功能。T 功能由地址符和其后四位数字组成，前两位数字为刀具号（0~99），后两位数字为刀具补偿号，后两位数字为"00"时，表示取消刀具补偿。例如：

T0101，前两位数字"01"表示所选刀具为 1 号刀，后两位数字"01"指定了 1 号刀具的刀具补偿。

T0100，表示取消 1 号刀具的刀具补偿，此时也可以理解为 1 号刀具刀补为 0。

> **注意**：当一个程序段同时包含 T 代码和刀具移动指令时，系统先执行刀具功能（T 代码），再执行刀具移动指令。一般情况下编程时把刀具功能指令（换刀）编写在一个单独的程序段。

（三）准备功能指令

准备功能指令用于规定刀具和工件的相对运动轨迹、机床坐标系、坐标平面、刀具补偿、坐标偏置等加工操作，它由 G 和其后的一位或两位数字组成，两位数字中前面的 0 可以省略，如 G00 可以简写为 G0。

G 指令有模态和非模态两种。模态指令在程序中一旦被应用就一直有效，直到同一组的 G 指令的出现才会失效（被代替）。如 G01 与 G00，特别要强调的是在编程中要注意 G01 与 G00 的程序段的替换，避免在执行线性加工时漏编 G01 而导致用 G00 的速度进行车削加工，从而引起撞刀事故。常用的 G 指令见表 3-8。

表 3-8　FANUC 0i Mate-TC 系统数控车床常用准备功能指令

指令	组别	功 能 介 绍
G00		定位(快速)
G01	01	直线插补(切削进给)
G02		顺时针圆弧插补
G03		逆时针圆弧插补

（续）

指令	组别	功能介绍
G04		暂停
G10	00	可编程数据输入
G11		可编程数据输入方式取消
G18	16	ZX 平面选择
G20	06	英寸输入
G21		毫米输入
G22	09	存储行程检查接通
G23		存储行程检查断开
G27		返回参考点检查
G28		返回参考位置
G30	00	返回第 2、第 3 和第 4 参考点
G31		跳转功能
G32	01	螺纹切削
G34		变螺距螺纹切削
G40		刀尖半径补偿取消
G41	07	刀尖半径左补偿
G42		刀尖半径右补偿
G50	00	坐标系设定或最大主轴速度设定
G52	00	局部坐标系设定
G53		机床坐标系设定
G54		选择工件坐标系 1
G55		选择工件坐标系 2
G56	14	选择工件坐标系 3
G57		选择工件坐标系 4
G58		选择工件坐标系 5
G59		选择工件坐标系 6
G65	00	宏程序调用
G66	12	宏程序模态调用
G67		宏程序模态调用取消
G70		精加工循环
G71		粗车外圆
G72		粗车端面
G73	00	多重车削循环
G74		排屑钻端面孔
G75		外径/内径钻孔
G76		多线螺纹循环

（续）

指　令	组　别	功　能　介　绍
G90		外径/内径车削循环
G92	01	螺纹切削循环
G94		端面车削循环
G96		恒表面切削速度控制
G97	02	恒表面切削速度控制取消
G98		每分钟进给
G99	05	每转进给

注：1. 当机床电源开启或者按复位键时，机床默认状态为 G00、G18、G22、G40、G54、G67、G97、G99。

2. 可以在同一个程序段中指令多个不同组的 G 代码。如果是在同一程序段中指令了两个或者两个以上同组的 G 代码，系统仅执行最后一个 G 代码。

3. G 代码按组号显示。

4. 由于电源打开或者复位，使系统被初始化时，已指定的 G20 或 G21 代码保持有效。

5. 00 组的 G 代码为非模态 G 代码（除了 G10 和 G11 外）。

6. 当指定了没有列在 G 代码表中的 G 代码时，系统显示 P/S 报警（010 号）。

7. 如果是在固定循环中指定了 01 组的 G 代码，就像指定了 G80 指令一样取消固定循环。指令固定循环的 G 代码不影响 01 组的 G 代码。

1. 工件坐标系设定指令 G50

格式：G50　X __ 　Z __ ；

功能：建立一个以工件原点为坐标原点的工件坐标系。

说明：该指令是规定刀具起点（或换刀点）到工件原点的距离，X、Z 为刀尖起刀点在工件坐标系中的坐标。如图 3-95 所示，假定刀尖起始点距工件坐标系的坐标值为（D，L），则执行程序段 G50　XD　ZL 后，系统内部对（D，L）进行记忆，并建立了工件坐标系 $X_pO_pZ_p$。

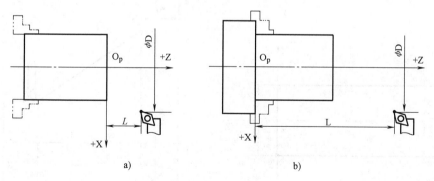

a)　　　　　　　　　　　　　　　b)

图 3-95　设定工件坐标系

例：如图 3-96 所示，在配有 FANUC 0i 数控系统的数控车床上，分别设 O_1、O_2、O_3 为工件零点时，工件坐标系的建立。

解：设 O_1 为坐标原点时：G50　X70　Z70；

设 O_2 为坐标原点时：G50　X70　Z60；

设 O_3 为坐标原点时：G50　X70　Z20；

2. 绝对值编程与增量编程

1）在编程时一般采用的是绝对值编程。但在实际的加工中，可以根据工件图样上的尺寸选择绝对编程（绝对坐标值）和增量编程（相对坐标值），也可混合使用。例如：①采用绝对编程时用（X，Z）设定绝对坐标值；②采用增量编程时用（U，W）设定相对坐标值；③混合编程时为（X，W）或（U，Z）。

2）绝对尺寸由绝对坐标产生，相对尺寸由相对坐标系产生。

所有坐标点的坐标值均从某一个固定坐标原点（一般为工件原点）计量的坐标

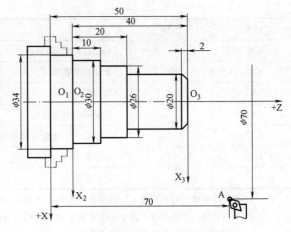

图 3-96 工件零点设定示例

系，称为绝对坐标系。如图 3-97 所示，点 A、B 都以工件原点 O 为参考点，点 A 的绝对坐标值为（35，0），点 B 的绝对坐标值为（35，−100）。

增量方式的描述方法是刀具（或车床）运动轨迹的终点坐标是以起点坐标开始计算的，这样的坐标系称为增量（相对）坐标系。在图 3-97 中，点 B 以点 A 为起始点，即点 B 相对点 A 的增量（相对）坐标值为（0，−100）。

例：如图 3-98 所示，试用绝对、相对、混用的编程方式写出直线 AB 的程序。

解：绝对编程：G01　X100.0　Z50.0；

相对编程：G01　U60.0　W−100.0；

混用编程：G01　X100.0　W−100.0；

　　　　或　G01　U60.0　Z50.0；

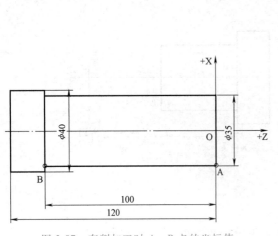

图 3-97　车削加工时 A、B 点的坐标值

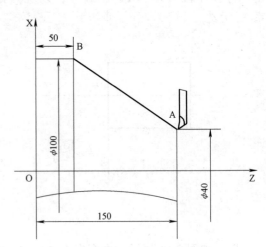

图 3-98　编程方式示例

3. 直径编程与半径编程

在数控车床上进行加工的工件多为回转体，其 X 轴向尺寸可以用两种方式加以指定，一种是直径编程，另一种是半径编程，一般机床在出厂时默认的是直径编程模式。

在 FANUC 0i Mate-TC 系统中不用 G 指令指定半径或直径编程模式，其直径或半径编程由 1006 号参数的第三位（DIA）指定，在使用直径编程时需注意的事项见表 3-9。

表 3-9　直径编程时的注意事项（FANUC 0i Mate-TC 系统）

项　　目	注　　释
X 轴指令	用直径指定
增量指令	用直径指定
坐标系设定（G50）	用直径指定坐标值
固定循环中的参数，如沿 X 轴切削深度	指定半径值
圆弧插补中的半径（R、I、K 等）	指定半径值
X 轴位置的显示	按直径值显示

4. 返回参考点指令与由参考点返回指令

手动返回参考点操作：数控装置在通电时并未设定机床零点位置。为了机床工作时能正确地建立机床坐标，在机床起动时要进行返回参考点操作（手动返回）。参考点是机床上的一个固定点，其作用是用于对机床运动进行检测和控制，给机床本身一个定位。

机床参考点由机床制造厂家在每个进给轴上用限位开关设定后，坐标值输入数控系统中，用户不得随意改动，否则将影响机床的精度。通常在数控车床上，参考点是离机床零点最远的正向极限点。图 3-99 所示为数控车床的坐标系统。

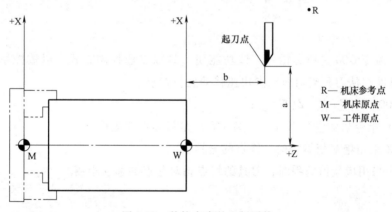

图 3-99　数控车床的坐标系统

机床参考点在以下三种情况下必须设定：①机床关机后重新接通电源开关；②机床解除急停状态后；③机床超程报警信号解除后。

在上述三种情况下，数控系统失去了对机床参考点的记忆，因此必须进行返回参考点的操作。

自动返回参考点：均为非模态指令，该功能是用于接通电源已经进行手动参考点返回后，在程序中需要返回参考点进行换刀时使用的自动参考点返回功能。

（1）自动返回参考点指令 G28

格式：G28　X（U）__　Z（W）__；

说明：X（U）、Z（W）为返回时的中间点，X、Z 为绝对坐标，U、W 为相对坐标。刀具返回路径是先由当前点，经中间点后返回参考点。在执行 G28 前为了安全起见，先消除刀尖半径补偿和刀具偏置。

（2）由参考点返回切削点指令 G29

格式：G29　X（U）＿　Z（W）＿；

说明：X（U）、Z（W）为切削点的坐标，X、Z 为绝对坐标，U、W 为相对坐标。一般 G29 指令是在执行过 G28 指令后使用，其刀具路径是先从参考点运动到先前 G28 指定的中间点，再从中间点运动到 G29 指定的切削点。

注意：为什么要设置中间点？如果不设置中间点而直接返回参考点，如图 3-100 所示，由点 A 移动到点 B，则刀具容易与工件发生碰撞，引起事故。其实际路径应该是 A→C→B，指令如下：

绝对值编程：G28　X54.0　Z-17.0；

增量值编程：G28　U24.0　W9.0；

由参考点到新指定切削点的路径为 B→C→D，其指令如下：

绝对值编程：G29 X30.0　Z-36.0；

增量值编程：G29　U-24.0　W-19.0；

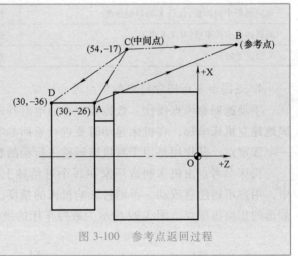

图 3-100　参考点返回过程

5. 快速定位指令 G00

快速定位指令 G00 是模态指令。该功能使刀具以点位控制方式，以数控系统预先设定的最大进给速度，从刀具当前所在点快速移动到目标点。

格式：G00　X（U）＿　Z（W）＿；

说明：1）指令后的参数 X（U）、Z（W）是目标点的坐标。

2）X、Z 采用绝对值编程时，终点的坐标值。

3）U、W 采用增量值编程时，刀具的终点相对起点的移动距离。

注意：

1）在使用 G00 快速定位指令时，其实际的运动路径并不是一条直线，而是一条折线，如图 3-101 所示，特别要注意是否与工件或者夹具发生干涉，以免发生撞刀事故。

2）使用快速定位指令 G00 时，进给量对它没有影响，其速度不能在地址 F 中规定，是数控系统预先设定的，但可通过倍率来调整。使用该指令时只能用于空行程走刀，不能进行数控切削加工，以免造成安全事故。

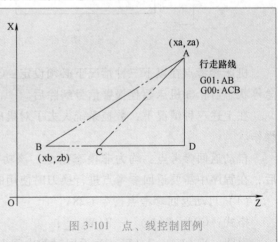

图 3-101　点、线控制图例

在图 3-101 中，刀具从点 A 到点 B 的 G00 编程如下：

绝对值编程：G00　X　xb　Z　zb；

增量值编程：G00　U（xb-xa）　W（zb-za）；

例：如图 3-102 所示，车外圆前，用 G00 将刀具由起点 A 快速定位到终点 B。试用以上所列公式。

解：点 A 坐标（80，20），点 B 坐标（32，2）。

绝对值编程：G00　X32.0　Z2.0；

增量值编程：G00　U-48.0　W-18.0；

6. 直线插补指令 G01

该指令为模态指令，使刀具以指令中 F 指定的进给速度沿直线移动到指定的位置，

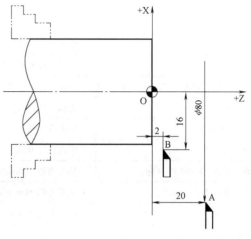

图 3-102　快速定位指令

如图 3-103 所示，F 所指定的速度一直都有效，直到被新的指定值代替，在编程时如果是同一进给速度不需要每个程序段都指定 F 值。

格式：G01　X（U）＿　Z（W）＿　F＿；

说明：1）X、Z 为采用绝对值编程时，终点的坐标值。

2）U、W 为采用增量值编程时，刀具的终点相对起点的移动距离。

3）F 是进给速度。有两种表示方法：①每分钟进给量（mm/min）；②每转进给量（mm/r）；通过 G98 指令选择每分钟进给，G99 指令选择每转进给量，系统默认为每转进给。

> **注意**：F 指令也是模态指令，可以用 G00 指令取消。如在 G01 程序段前或 G01 程序中都没有指定 F 值，则进给速度为 0，机床不做运动，并且数控系统会显示报警。

例：如图 3-103 所示的工件已经进行了粗加工，试用 G01 指令对其轮廓进行精加工。

解：1）工件零点为右端面中心，换刀点 A（80，60），如图 3-103 所示。

2）确定刀具工艺路线。刀具从起点 A（换刀点）出发，加工结束后再回到 A 点，走刀路线为：A→B→C→D→A。

3）计算刀尖运动轨迹坐标值。各节点绝对坐标值为：A（80，60），B（24，2），C（24，-20），D（40，-30）。

4）编程。精加工程序见表 3-10。

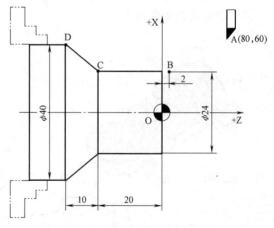

图 3-103　G01 指令加工示例

7. 圆弧插补指令 G02、G03

格式：$\begin{Bmatrix} G02 \\ G03 \end{Bmatrix}$ X（U）＿　Z（W）＿$\begin{Bmatrix} I\_\ \ K\_ \\ R\_ \end{Bmatrix}$ F＿；

表 3-10 G01 车削轮廓程序

绝对值编程	解　释	增量值编程
O3010；	程序号	O3010
N10　G98；	设定为每分钟进给	N10　G98；
N20　G00　X80.0　Z60.0　M08；	快速定位到起刀点 A，切削液开	N20　G00　X80.0　Z60.0　M08；
N30　M03　S1200；	主轴正转，转速 1200r/min	N30　M03　S1200；
N40　T0101；	换 1 号外圆车刀，导入刀补	N40　T0101；
N50　X24.0　Z2.0；	快速到达 B 点	N50　U-56.0　W-58.0；
N60　G01　Z-20.0　F80；	从 B 点以 80mm/min 直线插补到 C 点	N60　G01　W-22.0　F80.0；
N70　X40.0　Z-30.0；	从 C 点以 80mm/min 直线插补到 D 点	N70　U16.0　W-10.0；
N80　G00　X80.0　Z60.0；	快速定位回 A 点	N80　U40.0　W90.0；
N90　M30；	程序结束	N90　M30；

说明：1）X、Z 为采用绝对值编程时，终点的坐标值。

2）U、W 为采用增量值编程时，刀具的终点相对起点的移动距离。

3）I 为圆弧起点到圆心的 X 轴的距离，带正负号，其值为零时可以省略。

4）K 为圆弧起点到圆心的 Z 轴的距离，带正负号，其值为零时可以省略。

5）R 为圆弧半径，圆心角小于或等于 180°时 R 为正，大于 180°时为负，描述整圆时不能用 R，只能用 I 和 K 指定。当用 R 指定中心角接近 180°的圆弧时，中心坐标的计算会产生误差，这时可以用 I 和 K 指定圆弧中心。

6）F 为圆弧插补中的进给速度，圆弧的切线进给速度被控制为指定的进给速度。

7）G02 为顺时针方向圆弧插补；G03 为逆时针方向圆弧插补。

根据不同的刀架位置，G02、G03 的圆弧方向有所改变，如图 3-104 所示，在实际加工中，一般都是用前置刀架加工，那么如何选用 G02、G03 加工所需要的圆弧呢？

圆弧方向的判断见表 3-11。

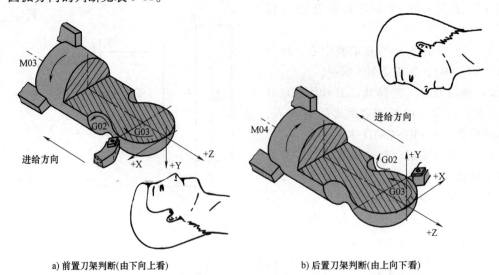

a) 前置刀架判断(由下向上看)　　　　b) 后置刀架判断(由上向下看)

图 3-104　圆弧的方向

表 3-11　圆弧方向的判断

前置刀架	后置刀架
顺圆 G03（CW）	顺圆 G02（CW）
逆圆 G02（CCW）	逆圆 G03（CCW）

例：试编写图 3-105 所示圆弧 AB、BC 的加工程序。

解：设已给定 F 值为 f，圆弧 AB 的编程计算方法如下：

绝对编程：G90　G02　Xx_b　Zz_b　Rr_1　Ff；（R 编程）

或　　　　　G90　G02　Xx_b　Zz_b　I(x_1-x_a)/2　K(z_1-z_a)　Ff；

增量编程：G91　G02　X(x_b-x_a)　Z(z_b-z_a)　Rr_1　Ff；

或　　　　　G91　G02　X(x_b-x_a)　Z(z_b-z_a)　I(x_1-x_a)/2　K(z_1-z_a)　Ff；

圆弧 BC 的编程计算方法如下：

绝对编程：G90　G03　Xx_cZ　z_c　Rr_2　Ff；（R 编程）

或　　　　　G90　G03　Xx_c　Zz_c　I(x_2-x_b)/2　K(z_2-z_b)　Ff；

增量编程：G91　G03　X(x_c-x_b)　Z(z_c-z_b)　Rr_2　Ff；

或　　　　　G91　G03　X(x_c-x_b)　Z(z_c-z_b)　I(x_2-x_b)/2　K(z_2-z_b)　Ff；

如图 3-106 所示，其圆弧段加工程序为：

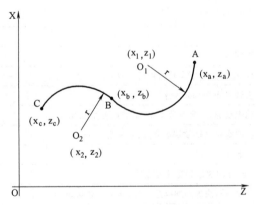

图 3-105　圆弧的控制

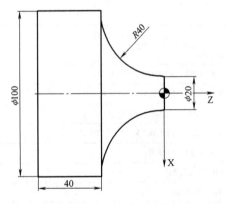

图 3-106　圆弧加工示例

绝对值编程：G02　X100　Z-40　I40　K0　F0.2；

或　　　　　　G02　X100　Z-40　R40　F0.2；

增量值编程：G02　W80　U-40　I40　K0　F0.2；

或　　　　　　G02　W80　U-40　R40　F0.2；

8. 单段螺纹加工指令 G32

格式：G32　X(U)＿＿　Z(W)＿＿　F(E)＿＿；

说明：1）F 为米制螺纹导程。

2）E 为寸制螺纹导程。

3）X（U）、Z（W）为螺纹切削的终点坐标值。

4）起点和终点的 X 坐标值相同时为直螺纹车削。

5）X 省略时为圆柱螺纹车削，Z 省略时为端面螺纹车削，X、Z 均不省略时为锥螺纹车削。

6）从粗车到精车用同一轨迹进行螺纹的车削，此时主轴转速要保持一致，避免因主轴转速改变带来的螺纹导程上的误差。在螺纹车削方式下，移动速率控制和主轴速率控制功能将被忽略。

加工螺纹时需注意：

1）主轴转速不应过高，尤其是大导程螺纹，一般推荐的最高转速（r/min）为：主轴转速≤1200/导程。

2）保证在Z轴方向有足够的空切削量，一般情况下：切入空刀量≥2×导程，切出空刀量≥0.5×导程。

3）螺纹切削应注意在两端设置足够的升速进刀段 δ_1 和降速退刀段 δ_2。

4）当螺纹背吃刀量较大时，可以采用多次分层切削。

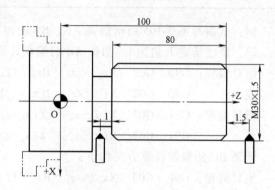

图 3-107　等距圆柱螺纹加工示例

例：用 G32 指令编写如图 3-107 所示螺纹部分的加工程序。

解：如图 3-107 所示，螺纹导程为 1.5mm，$\delta_1 = 1.5$mm，$\delta_2 = 1$mm ，每次背吃刀量（直径值）分别为：0.8mm、0.6mm 、0.4mm、0.16mm。加工程序见表 3-12。

表 3-12　等距圆柱螺纹加工程序

程　序	解　释
O3020;	程序号
N10　G50　X50.0　Z120.0;	设立坐标系,定义对刀点的位置
N20　M03　S300;	主轴以 300r/min 旋转
N30　G00　X29.2　Z101.5;	到螺纹起点,升速段 1.5mm,背吃刀量 0.8mm
N40　G32　Z19.0　F1.5;	切削螺纹到螺纹切削终点,降速段 1mm
N50　G00　X40.0;	X 轴方向快退
N60　Z101.5;	Z 轴方向快退到螺纹起点处
N70　X28.6;	X 轴方向快进到螺纹起点处,背吃刀量 0.6mm
N80　G32　Z19.0　F1.5;	切削螺纹到螺纹切削终点
N90　G00　X40.0;	X 轴方向快退
N100　Z101.5;	Z 轴方向快退到螺纹起点处
N110　X28.2;	X 轴方向快进到螺纹起点处,背吃刀量 0.4mm
N120　G32　Z19.0　F1.5;	切削螺纹到螺纹切削终点
N130　G00　X40.0;	X 轴方向快退
N140　Z101.5;	Z 轴方向快退到螺纹起点处
N150　U-11.96;	X 轴方向快进到螺纹起点处,背吃刀量 0.16mm
N160　G32　W-82.5　F1.5;	切削螺纹到螺纹切削终点
N170　G00　X40.0;	X 轴方向快退
N180　X50.0　Z120.0;	回对刀点
N190　M05;	主轴停
N200　M30;	主程序结束并复位

例：如图 3-108 所示的等距圆锥螺纹，$\delta_1 = 2mm$，$\delta_2 = 1mm$，写出其加工程序。

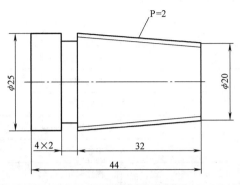

图 3-108　等距圆锥螺纹加工示例

解：加工程序见表 3-13。

表 3-13　等距圆锥螺纹加工程序

程　　　序	解　　　释
O3030；	程序名
N10　G40　G97　G99　S400　M03；	主轴正转，转速为 400r/min
N20　T0404；	螺纹刀 T04
N30　M08；	切削液开
N40　G00　X27.0　Z3.0；	螺纹加工的起点
N50　X18.6；	进第一刀，背吃刀量 0.9mm
N60　G32　X24.4　Z-34.0　F2；	螺纹车削第一刀，螺距为 2mm
N70　G00　X27.0；	X 向退刀
N80　Z3.0；	Z 向退刀
N90　X18.0；	进第二刀，背吃刀量 0.6mm
N100　G32　X23.8　Z-34.0　F2；	螺纹车削第二刀，螺距为 2mm
N110　G00　X27.0；	X 向退刀
N120　Z3.0；	Z 向退刀
N130　X17.4；	进第三刀，背吃刀量 0.6mm
N140　G32　X23.2　Z-34.0　F2；	螺纹车削第三刀，螺距为 2mm
N150　G00　X27.0；	X 向退刀
N160　Z3.0；	Z 向退刀
N170　X17.0；	进第四刀，背吃刀量 0.4mm
N180　G32　X22.8　Z-34.0　F2；	螺纹车削第四刀，螺距为 2mm
N190　G00　X27.0；	X 向退刀
N200　Z3.0；	Z 向退刀
N210　X16.9；	进第五刀，背吃刀量 0.1mm
N220　G32　X22.7　Z-34.0　F2；	螺纹车削第五刀，螺距为 2mm
N230　G00　X27.0；	X 向退刀

（续）

程　序	解　释
N240　Z3.0;	Z 向退刀
N250　X16.9;	光刀,背吃刀量为 0mm
N260　G32　X22.7　Z-34.0　F2;	光刀,螺距为 2mm
N270　G00　X200.0;	X 向退刀
N280　Z100.0;	Z 向退刀,回换刀点
N285　M5;	主轴停
N290　M30;	程序结束

9. 螺纹切削单一固定循环 G92

螺纹循环指令把切削螺纹的"快速进刀→螺纹车削→快速退刀→返回起点"四步动作作为一个循环,能在螺纹切削结束时进行螺纹收尾倒角,可在没有退刀槽的情况下进行螺纹的切削。

（1）直螺纹切削循环

格式: G92　X(U)__　Z(W)__　F __;

说明: 1) X、Z 表示螺纹的终点坐标,U、W 表示螺纹终点相对于循环起点的移动量。

2) F 表示螺纹导程。

3) 如图 3-109a 所示,指令执行时,刀具路径为 1→2→3→4,其中 1、3、4（R）为快速移动,2（螺纹切削段）为按指定的指令速度移动。

4) 在使用 G92 前,只将刀具放置在一个合理的起点位置,此时刀具的 X 轴向处于退刀位置,指令执行时系统会自动将刀具定位到指定的背吃刀量位置。

例: 试用 G92 指令编写如图 3-109b 所示圆柱螺纹的加工程序。

解: 如图 3-109b 所示,螺纹导程 P = 1.5mm,起点坐标为（35,104）。其螺纹切削段加工程序见表 3-14。

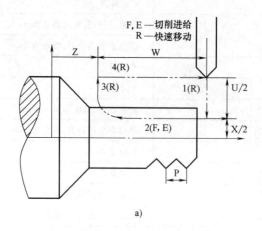

a)

图 3-109　螺纹切削循环示例

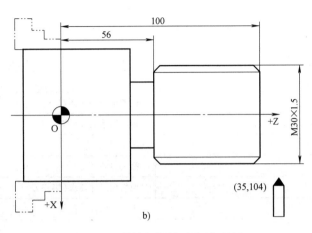

图 3-109 螺纹切削循环示例（续）

表 3-14 螺纹切削段加工程序

程　　序	解　　释
O3040；	程序号
……	
G00　X35.0　Z104.0　；	快速到达起刀点
G92　X29.2　Z53.0　F1.5；	建立螺纹切削循环（第一刀）
X28.6；	第二刀
X28.2；	第三刀
X28.04；	切削到尺寸要求（第四刀）
G00　X200.0　Z200.0；	快速返回换刀点
……	

（2）锥螺纹切削循环

格式：G92　X(U)__　Z(W)__　R __　F __；

说明：如图 3-110 所示。

1）X、Z 表示螺纹的终点坐标，U、W 表示螺纹终点相对于循环起点的移动量。

2）F 表示螺纹导程。

3）R 表示螺纹半径差，即螺纹的切削起始点与螺纹切削终点的半径差。

例：试编写如图 3-111 所示的锥螺纹加工程序，螺纹导程为 1.5mm。

解：锥螺纹加工程序见表 3-15。

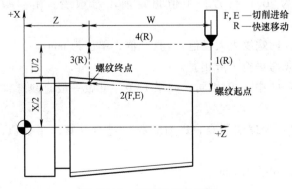

图 3-110 锥螺纹切削循环

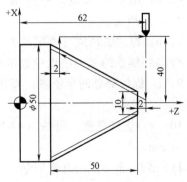

图 3-111 锥螺纹切削循环示例

表 3-15　锥螺纹加工程序

程　序	解　释
O3050;	程序号
……	
G00 X80.0　Z62.0;	快速定位到循环起点
G92 X49.2　Z12.0　R-20.0　F1.5;	螺纹切削循环（第一刀）
X48.6;	第二刀
X48.2;	第三刀
X47.04;	切削到尺寸要求（第三刀）
G00 X200.0 Z200.0;	快速返回换刀位置
……	

10. 螺纹切削复合循环指令 G76

格式：

G00　X(α)　Z(β);

G76　P(m)(r)(a)　Q(Δd_{min})　R(d);

G76　X(u)Z(w)　R(i)　P(k)　Q(Δd)　F(L);

说明：1）α、β：螺纹切削循环起始点坐标。X 向，在切削外螺纹时，应比螺纹大径稍大 1~2mm；在切削内螺纹时，应比螺纹小径稍小 1~2mm。在 Z 向必须考虑空刀导入量。

2）m：精加工重复次数（1~99）；本指定是状态指定，在另一个值指定前不会改变；由 FANUC 系统参数（NO.5142）指定。

3）r：倒角量，螺纹收尾长度，其值为螺纹导程 L 的倍数（在 0~99 中选值，取 01 则退 0.11×导程）；本指定是状态指定，在另一个值指定前不会改变；由 FANUC 系统参数（No.5130）指定。

4）a：刀尖角度（螺纹牙型角），可选择 80°、60°、55°、30°、29°、0°，用 2 位数指定；本指定是状态指定，在另一个值指定前不会改变；由 FANUC 系统参数（No.5143）指定。

5）Δd_{min}：最小切削深度，半径值，单位为 μm；本指定是状态指定，在另一个值指定前不会改变；由 FANUC 系统参数（No.5140）指定。

6）d：精加工余量，半径值，单位为 μm；在另一个值指定前不会改变，由参数（No.5141）指定。

7）u：螺纹底径值（外螺纹为小径值，内螺纹为大径值），直径值，单位为 mm。

8）w：螺纹的 Z 向终点位置坐标，必须考虑空刀导出量。

9）i：螺纹部分的半径差；其含义与 G92 中的 R 相同，如果 i=0，可做一般直线螺纹切削；

10）k：螺纹高度；可按 h=649.5P（h 为螺纹牙高，P 为螺距）进行计算，半径值，单位为 μm。

11）Δd：第一次的背吃刀量，半径值，单位为 μm。

12）L：螺纹导程，单位为 mm。

注意：拥有 X（u）、Z（w）的 G76 指令段才能实现循环加工。该循环下，可进行单边切削，减少刀尖受力，如图 3-112 所示。第一次背吃刀量为 Δd，第 n 次背吃刀量为 $\Delta d \sqrt{n}$，使每次切削循环的切削量保持恒定，如图 3-113 所示。

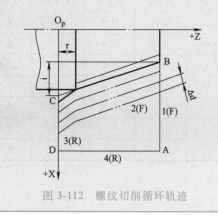

图 3-112　螺纹切削循环轨迹

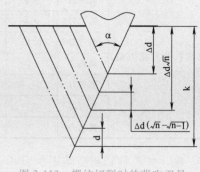

图 3-113　螺纹切削时的背吃刀量

例：试编写图 3-114 所示圆柱螺纹复合循环的加工程序，导程为 6mm。

解：加工程序如下：

G76　P　010060　Q200　R0.1;

G76　X60.64　Z23.0　R0　P3680　Q1800 F6.0;

比较 G32、G92、G76 三个螺纹加工指令，G32 编程比较复杂且程序段较长，G76 虽然程序简单，但是需要设定的参数比较多，一般在加工螺纹时用得比较多的是 G92 指令，在螺纹加工时要注意采用分层加工，避免背吃刀量过大带来的影响。常用螺纹的进给次数与背吃刀量见表 3-16。

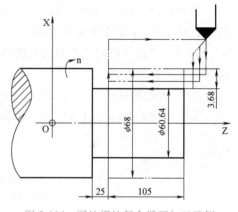

图 3-114　圆柱螺纹复合循环加工示例

表 3-16　常用螺纹的进给次数与背吃刀量

米制螺纹								
螺距/mm		1	1.5	2	2.5	3	3.5	4
牙深（半径值）/mm		0.649	0.974	1.299	1.624	1.949	2.273	2.598
切削次数及背吃刀量（直径值）/mm	第一刀	0.7	0.8	0.9	1.0	1.2	1.5	1.5
	第二刀	0.4	0.6	0.6	0.7	0.7	0.7	0.8
	第三刀	0.2	0.4	0.6	0.6	0.6	0.6	0.6
	第四刀		0.16	0.4	0.4	0.4	0.6	0.6
	第五刀			0.1	0.4	0.4	0.4	0.4
	第六刀				0.15	0.4	0.4	0.4
	第七刀					0.2	0.2	0.4
	第八刀						0.15	0.3
	第九刀							0.2

（续）

寸制螺纹							
每英寸牙数	24	18	16	14	12	10	8
牙深（半径值）/mm	0.678	0.904	1.016	1.162	1.355	1.626	2.033
切削次数及背吃刀量（直径值）/mm　第一刀	0.8	0.8	0.8	0.8	0.9	1.0	1.2
第二刀	0.4	0.6	0.6	0.6	0.6	0.7	0.7
第三刀	0.16	0.3	0.5	0.5	0.6	0.6	0.6
第四刀		0.11	0.14	0.3	0.4	0.4	0.5
第五刀				0.13	0.21	0.4	0.5
第六刀						0.16	0.4
第七刀							0.17

11. 内（外）径切削循环指令 G90

（1）圆柱面内（外）径切削循环

格式：G90　X(U)__　Z(W)__　F __；

说明：1）如图 3-115 所示，执行该指令刀具刀尖从循环起点开始，经 1→2→3→4 四段轨迹，其中 1、4 段按快速 R 移动；2、3 段按指令速度 F 移动；

2）X、Z 值在绝对指令时为切削终点的坐标值；在增量指令时，U、W 为切削终点相对循环起点的移动距离。

3）F 为进给速度。

例：应用圆柱面内（外）径切削循环指令加工图 3-116 所示工件。

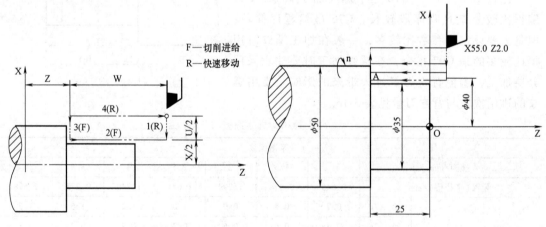

图 3-115　直线切削循环　　　　图 3-116　圆柱面内（外）径切削循环示例

解：加工程序见表 3-17。

表 3-17　圆柱面内（外）径切削循环加工程序

绝对值编程	解　释	增量值编程
O3050；	程序号	O3050；
N10　T0101；	换一号刀	N10　T0101；

（续）

绝对值编程	解　释	增量值编程
N20　M03　S1000;	主轴正转，转速 1000r/min	N20　M03　S1000;
N30　G00　X55.0　Z2.0;	快速定位到循环起点	N30　G00　X55.0　Z2.0;
N40　G90　X45.0　Z-25.0　F0.2;	切削循环（第一刀）	N40　G90　U-10.0　W-27.0　F0.2;
N50　X40.0;	第二刀	N50　U-5.0;
N60　X35.0;	切削到尺寸要求	N60　U-5.0;
N70　G00　X200.0　Z100.0;	快速返回换刀位置	N70　G00　X200.0　Z100.0;
N80　M05;	主轴停转	N80　M05;
N90　M30;	程序结束	N90　M30;

（2）带锥度的内（外）径切削循环

格式：G90　X ___　Z ___　R ___　F ___;

说明：1）如图 3-117 所示，刀具刀尖从循环起点开始，经 1→2→3→4 四段轨迹。

2）X、Z 值在绝对指令时为切削终点的坐标值；在增量指令时，U、W 为切削终点相对循环起点的移动距离。

3）R 值为切削始点与切削终点的半径差，即 r 始-r 终。当算术值为正时，R 取正值；为负时，R 取负值。即 $R = (D_1 - D_2)/2$，当 $D_1 < D_2$ 时（正锥），R 为负值；当 $D_1 > D_2$ 时（反锥），R 为正值；R 的正负判断如图 3-118 所示。

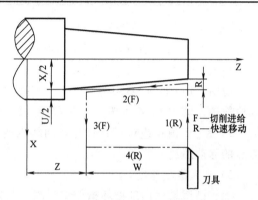

图 3-117　带锥度内（外）径切削循环

4）F 为进给速度。

例：试编写如图 3-119 所示工件外锥面的加工程序。

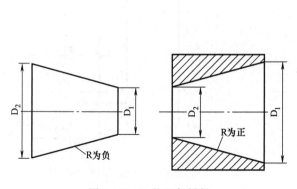

图 3-118　R 的正负判断

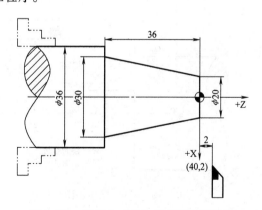

图 3-119　锥度内（外）径切削循环示例

解：1）$R = (20-30) mm/2 = -5mm$，起刀点坐标为（40，2）。

2）直径方向 3 次切削，每次 2mm。

3）加工程序见表 3-18。

表 3-18　锥度内（外）径切削循环加工程序

绝对值编程	解　释	增量值编程
O3060;	程序号	O3060;
……		……
G00　X40.0　Z2.0;	快速定位到起刀点	G00　X40.0　Z2.0;
G90　X34.0　Z-36.0　R-5　F0.3;	切削循环（第一刀）	G90　U-6.0 W-38.0 R-5 F0.3;
X32.0;	第二刀	U-8.0;
X30.0;	第三刀	U-10.0;
G00 X100.0 Z100.0;	快速返回换刀位置	G00 X100.0 Z100.0;
……		……

12. 端面切削循环指令 G94

（1）平台阶切削循环（端面切削）

格式：G94　X(U)__　Z(W)__　F__;

说明：1）如图 3-120 所示，执行该命令时，刀具刀尖从循环始点开始，经 1→2→3→4 四段轨迹，其中 1、4 段按快速 R 移动，2、3 段按指令速度 F 移动。

2）X、Z 值在绝对指令时为切削终点的坐标值，在增量指令时为切削终点相对于循环起点的移动距离。

3）F 为进给速度。

例：试用端面切削循环指令编写图 3-121 所示工件的加工程序。

解：1）起刀点（循环起点）的坐标为（35，2）。

2）分三次切削每次 Z 轴向进给 2mm。

3）加工程序见表 3-19。

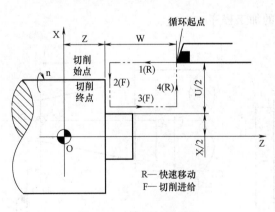

图 3-120　端面切削循环

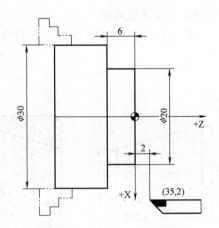

图 3-121　端面切削循环示例

表 3-19　端面切削循环加工程序

绝对值编程	解　释	增量值编程
O3070;	程序号	O3070;
……		……

（续）

绝对值编程	解　释	增量值编程
G00　X35.0　Z2.0;	快速到达起刀点	G00　X35.0　Z2.0;
G94　X20.0　Z-2.0　F0.2;	端面循环切削（第一刀）	G94　U-15.0　W-4.0　F0.2;
Z-4.0;	第二刀	W-6.0;
Z-6.0;	第三刀	W-8.0;
G00　X100.0　Z100.0;	快速返回换刀位置	G00　X100.0　Z100.0;
……		……

（2）锥台阶切削循环（带锥度的端面切削）

格式：G94　X__　Z__　R__　F__;

说明：1）如图 3-122 所示，执行该命令时，刀具刀尖从循环始点开始，经 1→2→3→4 四段轨迹，其中 1、4 段按快速 R 移动，2、3 段按指令速度 F 移动。

2）X、Z 值在绝对指令时为切削终点的坐标值，在增量指令时为切削终点相对于循环起点的移动距离；

3）R 值为切削始点相对于切削终点在 Z 轴向的移动距离，当起始点 Z 轴向坐标小于终点 Z 轴向坐标时 R 为负值，反之为正值。

4）F 为进给速度。

例：试编写如图 3-123 所示工件的带锥度端面切削循环加工程序。

解：1）循环起点坐标为（45，2）。

2）分四次切削，每次 Z 轴向进给 2mm。

3）加工程序见表 3-20。

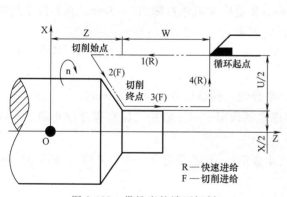

图 3-122　带锥度的端面切削

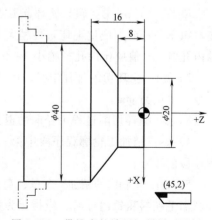

图 3-123　带锥度的端面切削循环示例

表 3-20　带锥度的端面切削加工程序

绝对值编程	解　释	增量值编程
O3080;	程序号	O3080;
……		……
G00　X45.0　Z2.0;	快速定位到循环起点	G00　X45.0　Z2.0;
G94　X20.0　Z-2.0　R8　F0.3;	切削循环（第一刀）	G94　U-25.0　W-4.0　R8　F0.3;
Z-4.0;	第二刀	W-6.0;

（续）

绝对值编程	解　释	增量值编程
Z-6.0;	第三刀	W-8.0;
Z-8.0;	切削到尺寸要求（第四刀）	W-10.0;
G00　X100.0　Z100.0;	快速返回换刀位置	G00　X100.0　Z100.0;
……		……

13. 精加工指令 G70

G70 用于 G71、G72、G73 粗车削加工后的精加工。

格式：G70　P（ns）　Q（nf）;

说明：1）ns 为精加工轮廓程序段中第一段程序段号。

2）nf 为精加工轮廓程序段中最后一段程序段号。

14. 外径/内径粗车复合循环指令 G71

G71 用于多次 Z 轴向走刀进行圆钢坯料的粗加工，为精加工做好准备，如图 3-124 所示。

格式：G00　X（α）　Z（β）;

G71　U（Δd）　R（e）;

G71　P（ns）　Q（nf）　U（Δu）　W（Δw）　F（f）S（s）　T（t）;

N（ns）　……;

……（沿 A A′B 的程序段号）

N（nf）……

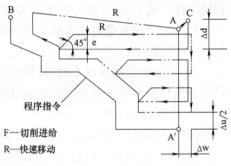

图 3-124　外径/内径粗车复合循环

说明：1）α、β：粗车循环起刀点位置坐标。α 值确定切削的起始直径。α 值在圆柱毛坯料粗车外径时，应比毛坯直径稍大 1~2mm；β 值应离毛坯右端面 2~3mm。在圆筒毛坯粗镗内孔时，α 值应比内孔径稍小 1~2mm，β 值应离毛坯右端面 2~3mm。

2）Δd：循环切削过程中径向的背吃刀量，半径值，无符号，其方向由 AA′决定，模态指令，单位为 mm。

3）e：循环切削过程中径向的退刀量，半径值，模态指令，单位为 mm。

4）ns：精加工轮廓程序段中第一个程序段的段号；nf：精加工轮廓程序段中最后一个程序段的段号；

5）Δu：X 轴向的精加工余量，直径值（半径值），有正负之分（表示方向），单位为 mm。在圆筒毛坯料粗镗内径时，应指定为负值。

6）Δw：Z 轴向的精加工余量，有正负之分（表示方向），单位为 mm。

7）f，s、t：F、S、T 代码。

> **注意：**
>
> 1）Δu、Δw 精加工余量的正负判断，如图 3-125 所示。
>
> 2）在 ns→nf 程序段中的 F、S、T 功能无效，当执行 G70 精加工指令时有效；恒线速无效；无法进行子程序调用。
>
> 3）零件轮廓 AB 必须符合 X 轴、Z 轴方向同时单调增大或单调减少。

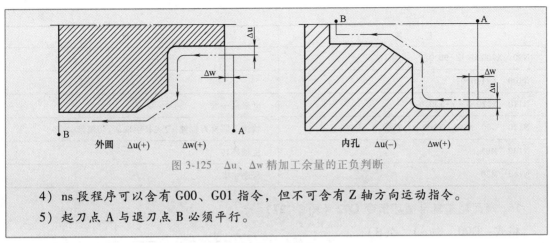

图 3-125 Δu、Δw 精加工余量的正负判断

4）ns 段程序可以含有 G00、G01 指令，但不可含有 Z 轴方向运动指令。

5）起刀点 A 与退刀点 B 必须平行。

例：编写图 3-126 所示工件的粗切循环加工程序。

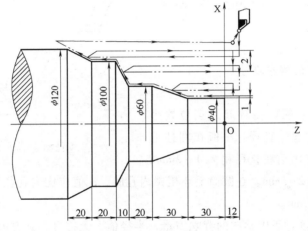

图 3-126 外径/内径粗车复合循环指令示例

解：1）设循环起点坐标为（121，10）。

2）加工程序见表 3-21。

表 3-21 外径/内径粗车复合循环加工程序

程　序	解　释
O3090;	程序号
N10　T0101　M03　S450;	换 1 号刀，主轴正转，转速 450r/min
N20　G42　G00　X121.0　Z10.0　M08;	刀尖左补偿，快速定位到循环起点，切削液开
N30　G71　U2.0　R0.5;	外圆粗车复合循环
N40　G71　P50　Q110　U2.0　W2.0　F0.2;	
N50　G00　X40.0;	ns 第一段不允许有 Z 轴方向的定位
N60　G01　Z-30.0;	
N70　X60.0　Z-60.0;	
N80　Z-80.0;	

（续）

程　序	解　释
N90　X100.0　Z-90.0;	
N100　Z-110.0;	
N110　X120.0　Z-130.0;	nf 最后一段
N120　G00　G40　X200.0　Z140.0　M09;	快速返回换刀位置,刀尖补偿取消,切削液关
N130　M05;	主轴停转
N140　M30;	程序结束

15. 端面粗车复合循环指令 G72（图 3-127）

格式：G00　X(α)　Z(β);

　　　G72　U(Δd)　R(e);

　　　G72　P(ns)　Q(nf)　U(Δu)　W(Δw)
F(f)　S(s)　T(t);

　　　N(ns)……

　　　……(沿 A A′B 的程序段号)

　　　N(nf)……

说明：1) α、β：粗车循环起刀点位置坐
标。α 值确定切削的起始直径。α 值在圆柱毛
坯料粗车外径时，应比毛坯直径稍大 1~2mm;

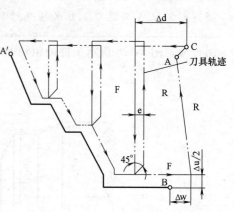

图 3-127　端面粗车复合循环

β 值应离毛坯右端面 2~3mm。在圆筒毛坯粗镗内孔时，α 值应比内孔径稍小 1~2mm，β 值
应离毛坯右端面 2~3mm。

2) Δd：循环切削过程中轴向的背吃刀量，半径值，无符号，其方向由 AA′决定，模态
指令，单位为 mm。

3) e：循环切削过程中轴向的退刀量，半径值，模态指令，单位为 mm。

4) ns：精加工轮廓程序段中第一个程序段的段号；nf：精加工轮廓程序段中最后一个
程序段的段号。

5) Δu：X 轴向的精加工余量，直径值（半径值），有正负之分（表示方向），单位为 mm。
在圆筒毛坯料粗镗内径时，应指定为负值。

6) Δw：Z 轴向的精加工余量，有正负之分（表示方向），单位为 mm。

7) f、s、t：F、S、T 代码。

注意：G72 除了刀路是平行于 X 轴向多次走刀外，其他的基本与 G71 一样，在 ns 段
程序可以含有 G00、G01 指令，但不可含有 X 轴方向运动指令。

例：试用端面粗车复合循环指令对图 3-128 所示工件进行粗加工。

解：1) 如图 3-128 所示循环起点坐标为（105,2）。

2) 采用端面粗车循环加工程序见表 3-22。

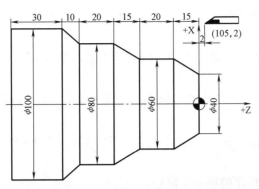

图 3-128　端面粗车复合循环示例

表 3-22　端面粗车循环加工程序

程　　　序	解　　　释
O3100；	程序号
N10　T0101；	换 1 号刀
N20　M03　S600；	主轴正转，转速 600r/min
N30　G00　G41　X105.0　Z2.0　M08；	快速定位到循环起点，刀尖右补偿，切削液开
N40　G72　W3.0　R1.0；	端面粗车循环
N50　G72　P60　Q130　U1.0　W1.0　F0.2；	ns 第一段不允许有 X 轴向定位
N60　G00　Z-110.0；	
N70　G01　X100.0　F0.15；	
N80　Z-80.0；	
N90　X80.0　Z-70.0；	
N100　Z-50.0；	
N110　X60.0　Z-35.0；	
N120　Z-15；	
N130　X40.0　Z0；	nf 最后一段
N140　G00　G40　X200.0　Z200.0　M09；	快速返回换刀位置，刀尖补偿取消，切削液关
N150　M05；	主轴停转
N160　M30；	程序结束

16. 成形加工复合循环指令 G73

该功能在切削工件时刀具轨迹为一闭合回路，刀具逐渐进给，使封闭的切削回路逐渐向零件最终形状靠近，完成工件的加工。此指令能有效地对铸造、锻造初步成形的工件进行粗加工。成形加工复合循环如图 3-129 所示。

格式：G73　U(Δi)　W(Δk)　R(d)；

　　　G73　P(ns)　Q(nf)　U(Δu)　W(Δw)

F(f)　S(s)　T(t)；

N(ns)······

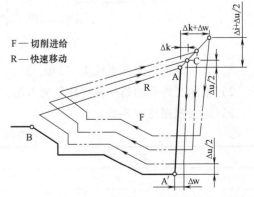

F —切削进给
R —快速移动

图 3-129　成形加工复合循环

……（沿 AA′B 的程序段号）

N（nf）……

说明：1）Δi：X 轴方向退刀距离（加工余量，半径指定），由 FANUC 系统参数（No. 5135）指定。

2）Δk：Z 轴方向退刀距离（加工余量，半径指定），由 FANUC 系统参数（No. 5136）指定。

3）d：分割次数，这个值与粗加工重复次数相同，由 FANUC 系统参数（No. 5137）指定。

4）ns：精加工形状程序的第一个段号。

5）nf：精加工形状程序的最后一个段号。

6）Δu：X 方向精加工预留量的距离（直径/半径）及方向。

7）Δw：Z 方向精加工预留量的距离及方向。

> **注意**：加工余量的计算：加工余量=（毛坯直径−工件最小直径）/2−1mm，减 1mm 是为了减少一刀空刀。

在 ns～nf 程序段中，F、S、T 功能无效，但在 G70 精加工程序段中 F、S、T 功能有效。

例：用成形加工复合循环指令编写图 3-130 所示工件的加工程序。

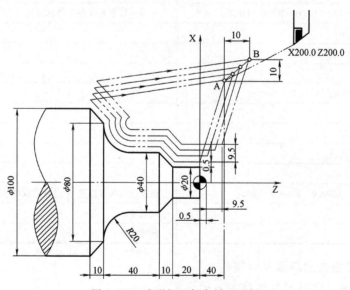

图 3-130　成形加工复合循环示例

解：1）设循环起点坐标为（140，5）。

2）精加工外形的第一段程序号为 N70，精加工最后一段程序号为 N130。

3）加工程序见表 3-23。

表 3-23　成形加工复合循环加工程序

程　　　序	解　　　释
O3110；	程序号
N10　T0101；	换 1 号刀

（续）

程　序	解　释
N20　M03　S800;	主轴正转,转速800r/min
N30　G00　G42　X140.0　Z5.0　M08;	快速定位到循环起点,刀尖左补偿,切削液开
N40　G73　U9.5　W9.5　R3;	复合循环,X、Z轴向退刀量为9.5mm,循环三次
N50　G73　P70　Q130　U1.0　W0.5　F0.3;	精加工余量X轴向1mm,Z轴向0.5mm
N60　G00　X20.0　Z0;	ns第一段程序
N70　G01　Z-20.0　F0.15;	
N80　X40.0　Z-30.0;	
N90　Z-50.0;	
N100　G02　X80.0　Z-70.0　R20.0;	
N110　G01　X100.0　Z-80.0;	nf最后一段程序
N120　X105.0;	
N130　G00　G40　X200.0　Z200.0　M09;	快速返回换刀位置,刀尖补偿取消,切削液关
N140　M05;	主轴停转
N150　M30;	程序结束

17. 外圆切槽循环指令 G75（图 3-131）

格式：G75　R(e);

G75　X(u)　Z(w)　P(Δi)　Q(Δk)　R(Δd)　F(f);

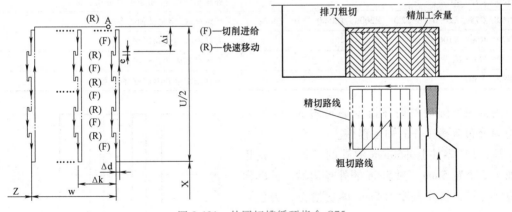

图 3-131　外圆切槽循环指令 G75

说明：1）e：每次沿 Z 轴方向切削 Δi 后的退刀量。

2）u：X 轴方向的绝对坐标量。

3）w：Z 轴方向的绝对坐标量。

4）Δi：X 轴方向每次循环的切削量（单位 0.001mm）。

5）Δk：Z 轴方向每次切削的移动量（单位 0.001mm），移动距离必须小于刀宽。

6）Δd：切削到终点时 Z 轴的退刀量，通常不指定。Δd 的符号一定是正。省略 X（u）及 Δl，则视为 0。

7）f：进给速度。

例：用外圆切槽循环指令编写图 3-132 所示的宽槽工件的加工程序。

解：1）零件上 φ32mm 的外圆已加工，这里只加工 φ26mm×10mm 的外径沟槽。此槽不深但较宽，用宽度为 3mm 的车槽刀，刀位点设在右刀尖。

2）在加工过程中，刀具先是到达点（45.0，-15.0），G75 运行时，在 Z-15.0 的位置，执行一次车槽加工，退回到 X45.0 时，向 Z 轴的负方向移动一个 Q 指定的 Δk（2.5mm）值，再执行一次车槽

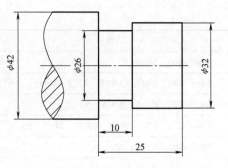

图 3-132 外圆切槽循环示例（一）

加工，又退回到 X45.0 时，再向 Z 轴的负方向移动一个 Q 指定的 Δk（2.5mm）值，再执行一次车槽加工，如此循环进行槽加工，直至达到槽宽后，刀具退回到 X45.0 时，不再进行槽加工，刀具快速退回到点（45.0，-15.0），整个循环结束。在槽底不执行 Δd，故 Δd＝0。

3）加工程序见表 3-24。

表 3-24 宽槽循环加工指令 G75 编程

程 序	注 释
O5016；	程序名
N10 G99 G21；	指定转进给，米制编程
N20 M03 S500；	主轴正转，转速为 500r/min
N30 T0202；	换 2 号车槽刀，导入 2 号刀补（刀宽 3mm）
N40 G00 X45.0 Z-15.0；	快速到达车槽起始点
N50 G75 R0.5；	外圆车槽循环，指定退刀量 0.5mm
N60 G75 X26.0 Z-22.0 P2000 Q2500 R0 F0.2；	指定槽底、槽宽及加工参数
N70 G00 X100.0；	刀具沿径向快速退出
N80 Z200.0；	刀具沿轴向快速退出
N90 M30；	主程序结束并返回程序起点

例：用外圆切槽循环指令编写图 3-133 所示的均匀分布多槽工件的加工程序。

解：1）零件上 φ50mm 的外圆已加工，这里只加工 3 个宽 5mm、深 5mm 的外径沟槽。此非深槽也非宽槽，选用宽度为 5mm 的切槽刀，刀位点设在右刀尖。

2）在加工过程中，刀具先是到达点（55.0，-10.0），G75 运行时，在 Z-10.0 的位置，执行一次车槽加工，退回到 X55.0 时，向 Z 轴的负方向移动一个 Q 指定的 Δk（10mm）值，再执行一

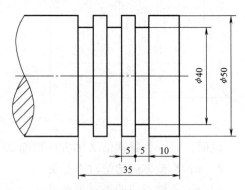

图 3-133 外圆切槽循环示例（二）

次车槽加工，又退回到 X55.0 时，再向 Z 轴的负方向移动一个 Q 指定的 Δk（10mm）值，再执行一次切槽加工，刀具退回到 X55.0，因此时刀具已到 Z-30.0 的位置，故不再进行车槽加工，刀具快速退回到点（55.0，-10.0），整个循环结束。在槽底不执行 Δd，故 Δd＝0。

3）加工程序见表 3-25。

表 3-25　均匀分布多槽循环加工指令 G75 编程

程　序	注　释
O5017；	程序名
N10　G99　G21；	指定转进给,米制编程
N20　M03　S500；	主轴正转,转速为 500r/min
N30　T0202；	换 2 号车槽刀,导入 2 号刀补(刀宽 5mm)
N40　G00　X55.0　Z-10.0；	快速到达切槽起始点
N50　G75　R1.0；	外径车槽复合循环,指定径向退刀量 1mm
N60　G75　X40.0　Z-30.0　P2000　Q10000　F0.2；	指定槽底,槽宽及加工参数
N70　G00　X100.0；	刀具沿径向快速退出
N80　Z200.0；	刀具沿轴向快速退出
N90　M30；	主程序结束并返回程序起点

18. 刀尖半径补偿功能 G40、G41、G42

（1）刀补的由来　在编程时,一般把刀尖看成一个点来考虑,但在实际中刀尖位置是有圆弧的,如图 3-134 所示。当用理论刀尖点编出的程序进行外圆、内圆、端面等与轴线平行或垂直的表面切削时,是不会产生形状误差的。可是在进行倒角、锥度、圆弧等加工时,如果不考虑刀尖的圆弧,就会出现少切、过切现象,工件产生形状误差。若工件要求不高或留有精加工余量,可忽略此误差,否则应考虑刀尖圆弧半径对工件形状的影响。具有刀尖半径补偿

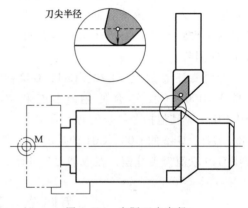

图 3-134　实际刀尖半径

功能的数控系统,可以根据刀尖半径计算出刀尖补偿量,避免进行倒角、锥度、圆弧等加工时的少切、过切现象。

（2）补偿方向　对于前置刀架,顺着刀具沿工件表面运动的方向看,工件在刀具的右边,称右刀补;顺着刀具沿工件表面运动的运动方向看,工件在刀具的左边,称左刀补。

工件是在刀尖的左边还是右边,根据前、后刀架的不同是变化的,当车削方向都是从轴向正向到负向运动时,如图 3-135、表 3-26 所示。

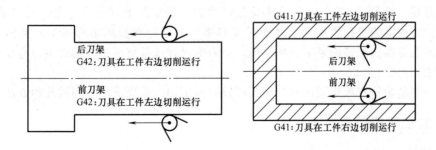

图 3-135　前、后刀架工件与刀尖的位置

表 3-26　前、后刀架时的刀尖补偿方向

指　　令	前刀架	后刀架
G40	取消补偿	取消补偿
G41	右补偿(内圆)	左补偿(内圆)
G42	左补偿(外圆)	右补偿(外圆)

（3）刀尖补偿的设置　补偿的原则取决于刀尖中心的运动方向，补偿的基准点是刀尖中心点。把这个原则运用到刀具补偿中，应该与 X、Z 的基准点来测量刀具长度刀尖半径值 R，以及用于假想刀尖半径补偿所需的刀尖方向代码 0~8，如图 3-136 所示。

这些内容应该在加工前输入刀具偏置表中，进入刀具偏置界面，将刀尖半径值输入 R 地址中，将刀尖方向代码输入 T 地址中。

特别要注意的是，G40、G41、G42只能与 G00、G01 结合使用，不能和G01、G02 等其他指令结合编程，在使用

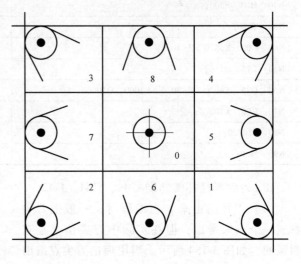

图 3-136　刀尖方向代码

G40、G41、G42 的 G00、G01 前后的程序段中 X、Z 至少有一值变化；在启用新的刀具时，要用 G40 取消刀尖补偿，在取消刀尖补偿时，刀尖必须已经离开工件加工表面。

第四节　数控车床对刀

一、数控车床对刀概念

对刀是数控加工必不可少的一个过程。数控车床刀架上安装的刀具，在对刀前刀尖点在工件坐标系下的位置是无法确定的，而且各把刀的位置差异也是未知的。对刀的实质就是测出各把刀的位置差，将各把刀的刀尖统一到同一工件坐标系下的某个固定位置，以使各刀尖点均能按同一工件坐标系指定的坐标移动。

对于采用相对式测量的数控车床，开机后不论刀架在什么位置，显示器上显示的 X、Z坐标值均为零。回参考点后，刀架上不论是什么刀，显示器上都会显示出一组固定的 X、Z坐标，但此时显示的坐标值是刀架基准点（刀架参考点）在机床坐标系下的坐标，而不是所选刀具刀尖点在机床坐标系下的坐标值。对刀的过程就是将所选刀的刀尖点与显示器上显示的坐标统一起来。

不同类型的数控车床采用的对刀形式可以有所不同，这里介绍常用的几种方法。

二、数控车床对刀方法

1. 试切法

试切法是数控车床普遍采用的一种简单且实用的对刀方法，如图 3-137 所示。但对于不

同的数控机床，由于测量系统和计算系统的差别（主要在于闭环或开环），具体实施时又有所不同。

1）对于经济型数控机床，一般采用开环控制。试切法对刀过程如下：

返回参考点后，试切工件外圆，测得直径为 φ52.384mm（刀尖的实际位置），但此时显示器上显示的坐标却为 X255.364（刀架基准点在机床坐标系下的 X 坐标）；然后刀具移开外圆试切端面，此时刀尖的实际位置可认为是 Z0.0（工件原点在右端面），但此时显示器上显示的

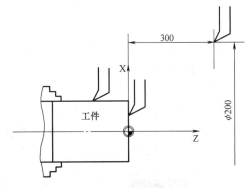

图 3-137　试切法确定工件坐标系

坐标为 Z295.478（刀架基准点在机床坐标系下的 Z 坐标）。为了将刀尖调整到图示工件坐标系下的 X200.0、Z300.0（起刀点）位置，即相当于刀尖要从 X52.384、Z0.0 移动到 X200.0、Z300.0，刀尖在 X 和 Z 方向分别需要移动 147.616(=200.0-52.384)mm 和 300.0(=300.0-0.0)mm 的距离。移动 X、Z 轴，使显示器上显示的坐标变为 X402.980(= 255.364+147.616)、Z595.478(=295.478+300)，这时刀尖恰在 X200.0、Z300.0 处，此时执行程序 G50　X200.0　Z300.0，刀架不移动，显示器上的显示值则立即变为 X200.0、Z300.0，至此刀尖的实际位置与显示器上的显示值统一了，且统一在工件坐标系下。

利用上述方法确定 G50 存在一定问题，机床断电后，G50 的位置无法记忆，必须人为记忆（记忆"G50　X200.0　Z300.0"位置下显示器显示的 X402.980、Z595.478）。为了克服以上问题，常用的 G50 确定方法如下：

/G00　G91　X-10.0　Z-10.0;
/G28　U0　W0;
G50　X…　Z…

其中，X、Z 坐标在编程时暂时不填入，待基准刀对刀后再填入。回参考点后显示器上显示 X546.815、Z673.270，然后触碰 X52.384 外圆和 Z0 端面，显示器上相应坐标为 X255.364、Z295.478，则 G50 要填入的 X = 546.815-255.364+52.384 = 343.835，Z = 673.270-295.478+0=377.798，即 G50　X343.835　Z377.798。这样断电后回参考点就确定了 G50 的位置（将参考点作为 G50 的位置，参考点的位置由系统记忆）。试件加工合格后，标有"/"的程序段跳过（开机后只回一次参考点即可）。

上述是一把刀（基准刀）的对刀过程。当使用多把刀具加工时，在确定 G50 位置前，应先利用系统的测量功能测出各把刀在 X、Z 方向的偏移量（各把刀触碰同一外圆及端面，由显示器上的坐标变化即能反映各把刀的尺寸差异），将其作为刀具补偿值输入系统内，然后选中一把基准刀确定 G50 的位置，建立一个统一的工件坐标系。在实际工作中为了"保住"这把基准刀（保留基准，以便能准确测量其他刀具的磨损量），基准刀常常不使用，有时也会选一标准轴（心轴）做基准刀。

2）对于全功能数控机床，多采用闭环或半闭环控制。试切法对刀过程如下：

将所有刀具（包括基准刀）进行如图 3-137 所示的试切（在手动状态下），每把刀试切时将实际测得的 X 值和 Z 值（Z 值通常设为 0）在刀具调整界面下直接输入，系统会自动计算出每把刀的位置差，而不必人为计算后再输入。

2. 机外对刀仪对刀

机外对刀的本质是测量出刀具假想刀尖点到刀具台基准之间 X 及 Z 方向的距离。利用机外对刀仪可将刀具预先在机床外校对好，以便装上机床后将对刀长度输入相应刀具补偿号即可以使用，如图 3-138 所示。

3. 自动对刀

自动对刀是通过刀尖检测系统实现的，刀尖以设定的速度向接触式传感器接近，当刀尖与传感器接触并发出信号，数控系统立即记下该瞬间的坐标值，并自动修正刀具补偿值。自动对刀过程如图 3-139 所示。

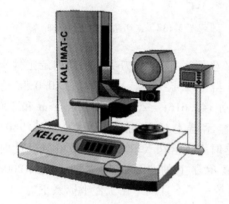

图 3-138 机外对刀仪对刀

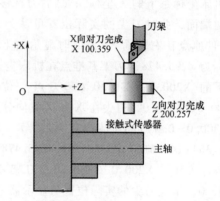

图 3-139 自动对刀过程

第五节 数控车削加工实例

例 3-1 如图 3-140 所示，根据图样进行外圆车削加工。

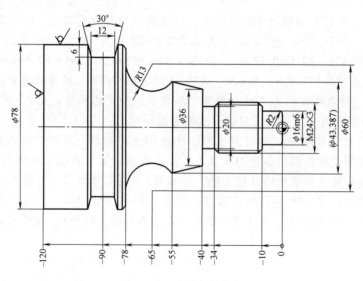

图 3-140 外圆车削零件

1）外圆车削零件加工工艺卡见表 3-27。

表 3-27　外圆车削零件加工工艺卡

数控车削工艺卡

零件名称:轴	材料:45	程序号:
图样:	毛坯尺寸:φ80mm×120mm	日期:

序号	内　容	刀具	备　注
1	车左端面,粗车左端外圆,预留精加工余量	外圆粗车刀	55°菱形刀,左端外圆长度需能够满足重新装夹要求
2	精车左端外圆至尺寸要求	外圆精车刀	35°菱形刀
3	车右端面,粗车右端外圆轮廓,预留精加工余量	外圆粗车刀	55°菱形刀
4	精车右端外圆轮廓至尺寸要求	外圆精车刀	35°菱形刀
5	车削 M24×3 普通外螺纹	螺纹车刀	60°普通螺纹刀
6	粗车外圆槽	径向车槽刀	3mm 宽车槽刀
7	精车外圆槽	径向车槽刀	3mm 宽车槽刀

2）外圆车削零件数控编程见表 3-28。

表 3-28　外圆车削零件数控编程

数控编程（FANUC）

程　序	工步说明	简　图
O0001； N10　G54　G50　S3000；	设定工件坐标系零点 设置最高主轴转速	

（续）

程 序	工步说明	简 图
N30 T0101； N40 M04 S800； N50 G00 X81 Z0.1 M08； N60 G01 X-1.6； N70 G00 X81 Z1； N80 G73 U8 W5 R12； N90 G73 P100 Q240 U0.5 W0.5 F200； N100 G00 X14.013； N110 G01 Z0 F150； N120 G03 X16.013 Z-2 R2； N130 G01 Z-10； N140 X22； N150 X24 Z-12； N160 Z-32； N170 X20 Z-34； N180 Z-40； N190 X36； N200 X43.387 Z-55； N210 G02 X60 Z-78 R13； N220 G01 X76； N230 X78 Z-80； N240 Z-102； N250 G00 X100； N260 Z100； N270 M05 M09；	换 T1 号外圆车刀, 车端面,粗车外圆	
N410 T0303； N420 M04 S1200； N430 G00 X81 Z1 M08； N440 G42 G70 P100 Q240； N450 G40； N460 G00 X100 Z100 M05 M09	换 T3 号外圆车刀, 精车外圆	
N470 T0505； N480 M04 S600 M08； N490 G00 X26 Z-4； N500 G76 P030060 Q50 R200； N510 G76 X22.05 Z-34.5 R0 P1950 Q300 F3； N520 G00 X100 Z100 M05 M09	换 T5 号螺纹车刀, 车削 M24×3 外螺纹, 牙深为 1.95mm	
N530 T0707； N540 M04 S450 M08； N550 G00 X82 Z-87； N560 G75 R0.5； N570 G75 X66.5 Z-96 P2000 Q1286 F200； N580 G00 X82 Z-87； N590 G42 G01 X78 Z-85.39 F150 S700； N600 X66 Z-87； N610 Z-96； N620 X78 Z-97.6； N630 G40； N640 G00 X100 Z100； N650 M05 M09	换 T7 号刀宽 3mm 径向车槽刀,粗精车 外槽	
N660 M30；	程序结束	

例 3-2 如图 3-141 所示，根据图样进行内外圆车削加工。

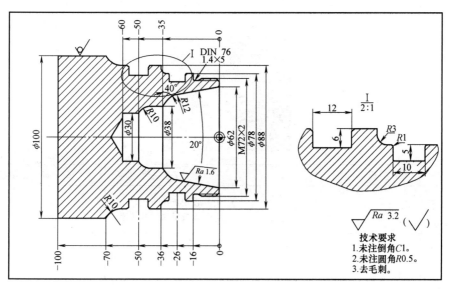

图 3-141 内外圆车削加工零件

1）内外圆加工零件加工工艺卡见表 3-29。

表 3-29 内外圆加工零件加工工艺卡

数控车削工艺卡		
零件名称:数控车削工作任务 2	材料:45	程序号:
图样:	毛坯尺寸:φ100mm×100mm	日期:

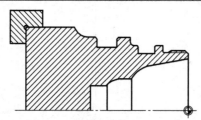

序号	内　　　容	刀具	备　　　注
1	设定进给方式,设置最高主轴转速		进给方式 mm/r,最高转速 3000r/min
2	车端面,粗车外圆	T01	55°硬质合金外圆车刀
3	精车外圆	T02	35°硬质合金外圆车刀
4	钻中心孔	T03	A4/8.5 中心孔钻
5	钻孔 φ20mm,孔深 60mm	T04	HSS 麻花钻
6	粗车内孔	T05	硬质合金内孔车刀
7	精车内孔	T06	硬质合金内孔车刀
8	车削 M72×2 外螺纹	T07	硬质合金螺纹车刀,牙深 1.227mm
9	粗、精车外槽	T08	高速钢切断刀,刀宽为 3mm,左刀尖为对刀点

2）内外圆加工零件数控编程见表 3-30。

表 3-30 内外圆加工零件数控编程

数控程序(FANUC)

程　序	工步说明	简　图
O0002； N10　G99； N20　G50　S3000；	设定进给方式 设置最高主轴转速	
N30　S1000　M3　T0101； N40　G0　X102　Z0.1　M8； N50　G1　X18　F0.2； N60　Z1； N70　G0　X100； N80　G71　U2　R1； N90　G71　P100　Q220　U0.5　W0　F0.3； N100　G0　X62； N110　G1　Z0　F0.1； N120　X69； N130　U3　Z-1.5； N140　Z-9； N150　X69.2　W-1.98； N160　Z-16； N170　X78； N180　Z-33； N190　G2　X84　Z-36　R3； N200　G1　X88； N210　Z-60.83； N220　G2　X100　Z-70　R10； N230　G0　X150　Z150　M5； N240　M9； N250　M0	换T01号外圆车刀， 车端面,粗车外圆	
N260　S2000　M3　T0202； N270　G0　X60　Z1　M8； N280　G70　P100　Q220　F0.1； N290　G0　X150　Z150　M5； N300　M9； N310　M0	换T02号外圆车刀， 精车外圆	
N320　S800　M3　T0303； N330　G0　X0　Z2　M8； N340　G1　Z-7.5　F0.1； N350　G0　Z150　M5； N360　X150　M9； N370　M0	换T03号A4中心孔 钻头,钻中心孔	

（续）

程　序	工步说明	简　图
N380　S500　M3　T0404； N390　G0　X0　Z2　M8； N400　G74　R1； N410　G74　X0　Z-66　P1000　Q10000　F0.3； N420　G0　Z150　M5； N430　X150　M9； N440　M0	换 T04 号 φ20mm 钻头，钻孔，孔深 60mm	
N450　S800　M3　T0505； N460　G0　X30　Z1　M8； N470　G71　U1　R1； N480　G71　P490　Q570　U-0.5　F0.2； N490　G0　X62； N500　G1　Z0　F0.1； N510　X53.20　Z-24.96； N520　G3　X44.99　Z-32.07　R12； N530　G1　X38　Z-35； N540　Z-41.06； N550　G3　X30　Z-50　R10； N560　G1　Z-60； N570　X20； N580　G0　X150　Z150　M5； N590　M9； N600　M0	换 T05 号内孔车刀，粗车内孔	
N610　S1000　M3　T0606； N620　G0　X30　Z1　M8； N630　G70　P490　Q570　F0.1； N640　G0　X150　Z150　M5； N650　M9； N660　M0	换 T06 号内孔车刀，精车内孔	
N680　S500　M3　T0707； N690　G0　X72　Z3　M8； N700　G76　P021060　Q100　R50； N710　G76　X69.546　Z-11　R0　P1227　Q1000　F2； N720　G0　X150　Z150　M5； N730　M9； N740　M0	换 T07 号螺纹车刀，车削 M72×2 外螺纹，牙深为 1.227mm	
N750　S500　M3　T0808； N760　G0　X80　Z-24　M8； N770　G72　W2.5　R0； N780　G72　P790　Q810　U0.3　W0.1　F0.1； N790　G0　Z-31； N800　G1　X68　F0.05； N810　Z-24； N820　G70　P790　Q810； N830　G0　X90； N840　Z-47.1； N850　G75　R1； N860　G75　X76.3　Z-55.9　P2000　Q2800　F0.05； N870　G0　Z-47； N880　G1　X76　F1； N890　Z-55； N900　G0　X90； N910　Z-56； N920　G1　X76　F1； N930　Z-54； N940　G0　X100； N950　G0　X150　Z150　M5； N960　T0100　M9	换 T08 号径向外圆车槽刀，粗精车外槽	
N970　M30	程序结束	

例 3-3   如图 3-142 所示，根据图样进行掉头车削外圆加工。

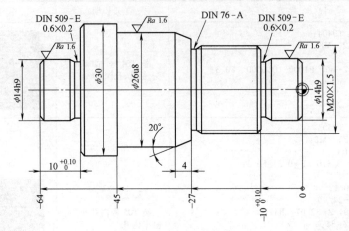

图 3-142   掉头车削外圆零件

1）掉头车削外圆零件加工工艺卡见表 3-31。

表 3-31   掉头车削外圆零件加工工艺卡

数控车削工艺卡				
零件名称：		材料:45		程序号：
图样：		毛坯尺寸:φ32mm×66mm		日期：

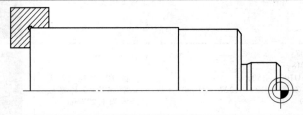

序号	内　　容	刀具	备　　注
1	外轮廓粗加工	T0101	55°外圆菱形刀，刀尖 R0.4mm
2	外轮廓精加工	T0202	55°外圆菱形刀，刀尖 R0.2mm
3	外轮廓切槽	T0303	0.6mm 宽车槽刀

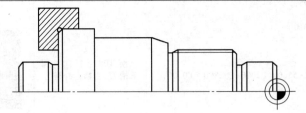

序号	内　　容	刀具	备　　注
1	外轮廓粗加工	T0101	55°外圆菱形刀，刀尖 R0.4mm
2	外轮廓精加工	T0202	55°外圆菱形刀，刀尖 R0.2mm
3	外轮廓切槽	T0303	0.6mm 宽车槽刀
4	外螺纹加工	T0404	外螺纹刀

2）掉头车削外圆零件数控编程见表 3-32。

表 3-32 掉头车削外圆零件数控编程

数控编程(FANUC)

程　　序	工步说明	简　图
O0001； G21； G99　G97； G0　X100　Z100； M08　T0101； M03　S1000； G0　X34　Z2	设定 FANUC 系统加工前准备:每转进给量、恒转速切削 设置换刀点、换 T1 号外圆车刀、设置加工安全点	
G0　Z-0.5 G1　X-1. F0.08	车端面主轴转速为 1000r/min,进给量为 0.08mm/r,车端面 0.5mm 厚	
G0　X34　Z2； G71　U1. R0.2； G71　P1　Q2　U0.5　W0.08　F0.16； N1　G0　X13.0　G41； G1　Z-0.5　F0.08； X14　Z-1.； Z-9.9； X13.6　Z-10.1； Z-10.5； X29； X30　Z-12； Z-21； N2　G40　X32； G0　X100　Z100	粗车外圆主轴转速 1000r/min,进给量为 0.16mm/r,每刀单边背吃刀量 1mm,刀尖圆弧左补偿,最后多加工 1mm,避免掉头加工有接刀痕	

（续）

程 序	工步说明	简 图
T0202 M08； G0 X34 Z2； M03 S1200； G70 P1 Q2 F0.08； G0 X100 Z100	换 T2 号外圆车刀, 精车外圆	
T0303 M08； G0 X34 Z2； M03 S500； Z-11； G75 R0.2； G75 X13.6 P3000 F0.08； G0 X100 Z100； M30	换 T3 号外圆车槽刀, 加工槽深 0.2mm 的避空槽	
O0002； G21； G99 G97； G0 X100 Z100； M08 T0101； M03 S900； G0 X34 Z2	掉头加工。设定 FANUC 系统加工前准备: 每转进给量、恒转速切削设置换刀点、换 T1 号外圆车刀、设置加工安全点	

（续）

程　　序	工步说明	简　　图
G71　U1. R0. 2； G71　P3　Q4　U0.5　W0. 08　F0. 16； N3　G0　X-1　G41； G1　Z-1. 5　F0. 08； X13； X14　Z-2. ； Z-10. 9； X13. 6　Z-11. 5； X17. 8； X19. 8　Z-12. 5； Z-28. 5； X25； X28　Z-32. 5； Z-46. 5； N4　G40　X30； G0　X100　Z100	车端面主轴转速 900r/min，切 1.5mm 端面，保证总长 64mm。粗车外圆主轴转速 900r/min，进给量 0.16mm/r，每刀单边背吃刀量 1mm	
T0202　M08； G0　X34　Z2； M03　S1200； G70　P3　Q4　F0. 08； G0　X100　Z100	换 T2 号外圆车刀，精车外圆，主轴转速 1200r/min，进给量 0.08mm/r	
T0303　M08； G0　X34　Z2； M03　S500； Z-11. 5； G75　R0. 2； G75　X13. 6　P3000　F0. 08； Z-27. 6； G75　R0. 2； G75　X18　Z-28. 5　P3000　Q3000　F0. 08； G0　X100　Z100	换 T3 号外圆切槽刀，加工槽深 0.2mm 的避空槽。加工槽宽 2mm、深 2mm 的螺纹退刀槽	

（续）

程　序	工步说明	简　图
T0404　M08； G0　X34　Z2； M03　S500； G32　X19.6　Z-28.5　F1.5； X19.4； X19.2； X19.0； X18.8； X18.6； X18.4； X18.2； X18.05； X18.05； X18.05； X18.05； G0　X100； Z100	换 T4 号螺纹车刀，车削 M20×1.5 外螺纹，牙深 0.92mm	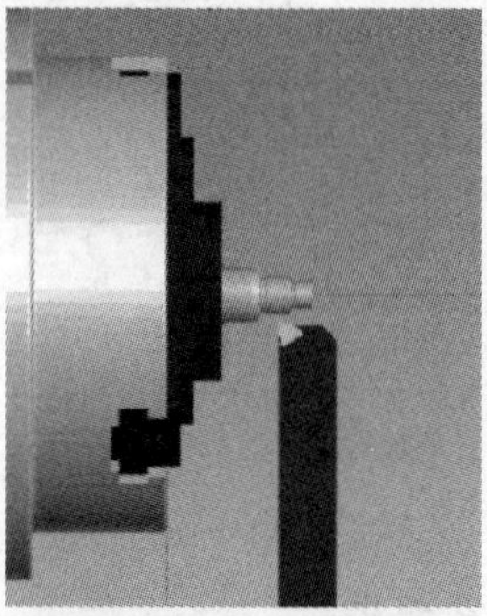 
T0202　M08； G0　X34　Z2； M03　S1200； G70　P3　Q4　F0.08； G0　X100　Z100	换 T2 号外圆车刀，精车外圆第 2 次，保证螺纹没有毛刺	 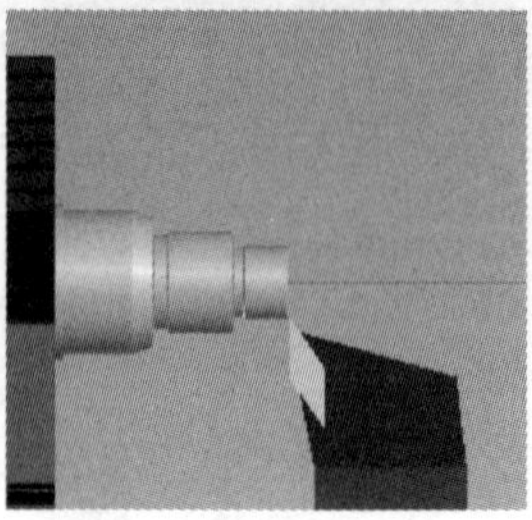
M05　M30	程序结束	

例 3-4　如图 3-143 所示，根据图样进行掉头车削内外圆加工。

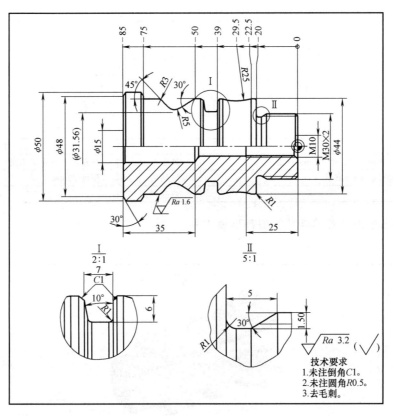

图 3-143　掉头车削内外圆零件

1）掉头车削内外圆零件加工工艺卡见表 3-33。

表 3-33　掉头车削内外圆零件加工工艺卡

数控车削工艺卡		
零件名称：	材料：	程序号：
图样：	毛坯尺寸：ϕ50mm×87mm	日期：

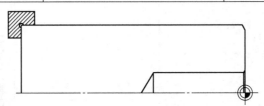

序号	内　容	刀具、夹具	备　注
1	装夹工件，采用一夹一顶	卡盘、顶尖	
2	粗精车外圆	外圆车刀	
3	切削螺纹退刀槽	成形车刀	或者尖刀
4	切削工艺槽	成形车刀	手轮进给
5	车削 M30 外螺纹	外螺纹刀	
6	使用 ϕ9mm 的钻头钻削底孔	钻头	深度为 50mm
7	倒角刀倒斜角	倒角刀	
8	使用 M10 丝锥攻螺纹	丝锥	深度为 25mm
9	掉头装夹工件，手动切削端面	卡盘、外圆车刀	确保总长 85mm

（续）

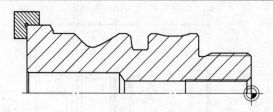

序号	内　　容	刀具	备　　注
1	车削 ϕ50mm 外圆, 倒 C2mm 斜角	外圆车刀	注意不要存在接刀痕
2	端面钻削 ϕ13mm 底孔	钻头	深度 35mm
3	镗内孔	内孔镗刀	

2）掉头车削内外圆零件数控编程见表 3-34。

表 3-34　掉头车削内外圆零件数控编程

数控编程（FANUC）

程　　序	工步说明	简　图
N1　G54; N2　G92　S3000	装夹工件, 采用一夹一顶设定工件坐标系零点, 设置最高主轴转速	
O0001; G97 G99 G40 S500 M03; T0101; G0 X52 Z2; G71 U2 R0.5; G71 P10 Q20 U0.3 W0 F0.2; N10 G42 G01 X-1 F0.1; Z0; X29.8 C1; Z-20; X44 R1; Z-22; G02 X44 Z-37 R25; G01 Z-50; X36.56 Z-62.44; G02 X31.56 Z-67.44 R5; G01 X41 Z-71.16; X44 R3; Z-75; X50 C1; Z-77; N20 G40 X52; G70 P10 Q20 S1200; G0 X150 Z150; M05; M30;		

（续）

程　　序	工步说明	简　　图
O0002； G97　G99　S300　M03； T0101； G0　X32　Z-15； G01　X29.8　F0.2； X27　Z-17.6； Z-18； X29　R1； X46； G0　X150　Z150； M05； M30；	切削螺纹退刀槽,使用成形车刀,使用手轮进给,背吃刀量为1.5mm 用尖刀车削	
	切削工艺槽,使用成形车刀,手轮进给	
O0003； G97　G99　G40　S400　M03； T0202； G0　X32　Z2； G92　X29.8　Z-17.5　F2； X29.3； X29.2； X28.8； X28.7 X28.2； X28.1； X27.6； X27.5； X27.4； X27.4； G0　X150　Z150； M05； M30；	车削 M30 外螺纹	
	使用 ϕ9mm 的钻头钻削底孔,深度为50mm,倒角刀倒斜角,再使用 M10 丝锥攻螺纹,深度为25mm	

（续）

程　序	工步说明	简　图
	掉头装夹工件,手动切削端面,确保总长85mm	
O0004； G99　G97　S500　M03； T0101； G0　X52　Z2； G01　X-1　F0.2； Z0； X50　C2； Z-7； X52； G0　X150　Z150； M05； M30；	车削 φ50mm 外圆,倒 C2mm 斜角,注意不要存在接刀痕	
	端面钻削 φ13mm 底孔,深度 35mm	
O0005； G97　G99　G40　M03　S500； G0　X13　Z2； G71　U1.5　R0.5； G71　P10　Q20　U-0.3　W0　F0.15； N10　G41　G01　X18　F0.1； X15　C1； Z-35； N20　G40　X13； G70　P10　Q20　S800； G0　Z150； X150； M05； M30；	镗内孔	

例 3-5 如图 3-144 所示，根据图样进行装配件加工。

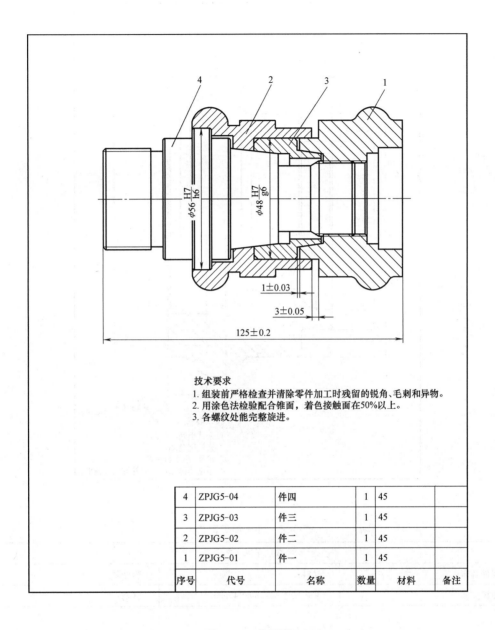

技术要求
1. 组装前严格检查并清除零件加工时残留的锐角、毛刺和异物。
2. 用涂色法检验配合锥面，着色接触面在50%以上。
3. 各螺纹处能完整旋进。

序号	代号	名称	数量	材料	备注
4	ZPJG5-04	件四	1	45	
3	ZPJG5-03	件三	1	45	
2	ZPJG5-02	件二	1	45	
1	ZPJG5-01	件一	1	45	

图 3-144 装配件

1）件一加工，如图 3-145 所示。

① 件一加工工艺卡见表 3-35。

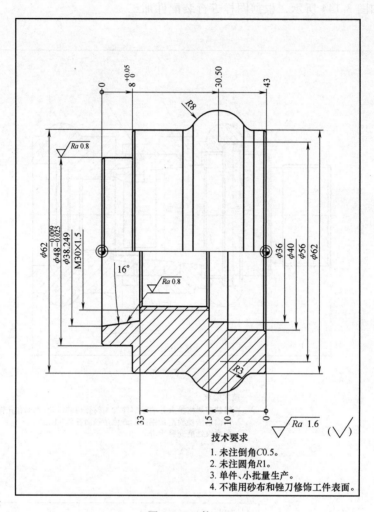

图 3-145 件一

表 3-35 件一加工工艺卡

数控车削工艺卡

零件名称:	材料:	程序号:
图样:	毛坯尺寸:φ75mm×45mm	日期:

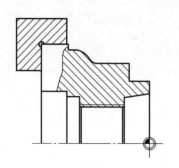

（续）

序号	内　容	刀　具	备　注
1	夹住工件左端,伸出 32mm 左右		
2	车端面	T1 号外圆车刀	
3	粗车外轮廓	T3 号外圆车刀	
4	钻 ϕ25mm 孔	T10 号 ϕ25mm 钻头	
5	粗车内轮廓	T2 号内孔车刀	
6	精车外轮廓	T5 号外圆车刀	
7	精车内轮廓	T4 号内孔车刀	

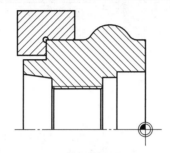

序号	内　容	刀　具	备　注
1	掉头夹住工件右端,伸出 25mm 左右		
2	车端面,控制总长	T1 号外圆车刀	
3	粗车外轮廓	T3 号外圆车刀	
4	粗车内轮廓	T2 号内孔车刀	
5	精车外轮廓	T5 号外圆车刀	
6	精车内轮廓	T4 号内孔车刀	
7	车螺纹	T6 号内螺纹车刀	
8	拆下工件、检测		

② 件一加工数控编程见表 3-36。

表 3-36　件一加工数控编程

FANUC 数控编程

（续）

程　序	工步说明	简　图
O0001； N10　G99；	指定进给方式（每转进给）	
N20　M4　S1000　T0101； N30　G0　X77　Z0　M8； N40　G1　X0　F0.1； N50　G0　Z100； N60　X100； N70　M05	换 T1 号外圆车刀，车端面	
N80　T0303　M8； N90　M4　S560； N100　G0　X77　Z3； N110　G71　U1　R0.5； N120　G71　P130　Q220　U0.5　W0　F0.25； N130　G42　G0　X47； N140　G01　Z0　F0.1； N150　X48　Z-0.5； N160　Z-8； N170　X61； N180　X62　Z-8.5； N190　Z-21.28； N200　G02X68　W-2.51　R3； N210　G03　X72　Z-30.5　R8； N220　G1　Z-31； N230　G40　G0　X100　Z100； N240　M05；	换 T3 号外圆车刀，粗车外圆	
N250　T1010　M8； N260　M4　S400； N270　G0　X0　Z5； N280　G01　Z-50　F0.08； N290　G0　Z100； N300　X100； N310　M05	换 T10 号 ϕ25mm 钻头，钻孔	
N320　T0202　M8； N330　M4　S560； N340　G0　X23　Z3； N350　G71　U1　R0.5 N360　G71　P370　Q410　U-0.5　W0　F0.2； N370　G41　G0　X38.249； N380　G1　Z0　F0.1； N390　X36.02　Z-8； N400　X32.5； N410　X28.5　Z-10； N420　G40　G0　X100　Z100； N430　M05；	换 T2 号内孔车刀，粗车内孔	

（续）

程　序	工步说明	简　图
N440　T0505　M8； N450　M4　S1120； N460　G0　X77　Z3； N470　G70　P130　Q220； N480　G40　G0　X100　Z100 N490　M05	换 T5 号外圆车刀，精车外圆	
N500　T0404　M8； N510　M4　S1000； N520　G0　X23　Z3； N530　G70　P370　Q410； N540　G40　G0　X100　Z100； N550　M05； N560　M30；	换 T4 号内孔车刀，精车内孔	
O0002；	掉头加工	
N10　G99；	指定进给方式（每转进给）	
N20　T0101　M8； N30　G0　X100　Z100； N40　M4　S1000； N50　G0　X77　Z0； N60　G1　X23　F0.1； N70　Z100； N80　G0　X100； N90　M05；	换 T1 号外圆车刀，车端面	
N100　T0303　M8； N110　M4　S560； N120　G0　X77　Z3； N130　G71　U1　R0.5； N140　G71　P150　Q210　U0.5　W0　F0.2； N150　G42　G0　X61； N160　G01　Z0　F0.1； N170　X62　Z-0.5　F0.1； N180　Z-3.28； N190　G02　X68　W-2.51　R3； N200　G03　X72　Z-12.5　R8； N210　G1　Z-13； N220　G40　G0　X100　Z100； N230　M05；	换 T3 号外圆车刀，粗车外圆	

（续）

程　　序	工步说明	简　图
N240　T0202　M8 N250　M4　S560 N260　G0　X23　Z3 N270　G71　U1　R0.5 N280　G71　P290　Q380　U-0.5　W0　F0.2 N290　G41　G0　X41 N300　G01　Z0　F0.1 N310　G1　X40　Z-0.5F0.1 N320　Z-10 N330　X37 N340　X36　Z-10.5 N350　Z-15 N360　X32.5 N370　X28.5　Z-17 N380　Z-35 N390　G0　X100　Z100 N400　M05	换 T2 号内孔车刀,粗车内孔	
N410　T0505　M8； N420　M4　S1120； N430　G0　X77　Z3； N440　G70　P150　Q210； N450　G40　G0　X100　Z100； N460　M05；	换 T5 号外圆车刀,精车外圆	
N470　T0404　M8； N480　M4　S1000； N490　G0　X23　Z3； N500　G70　P290　Q380； N510　G40　G0　X100　Z100； N520　M05；	换 T4 号内孔车刀,精车内孔	
N530　T0606　M8； N540　G0　X25； N550　Z-10　M8； N560　G76　P010060　Q50　R0.05； N570　G76　X30　Z-35　P975　Q250　F1.5； N580　G0　Z100； N590　X100； N600　M05；	换 T6 号内螺纹车刀,车削 M30×1.5 内螺纹	
N610　M30	程序结束	

2）件二加工,如图 3-146 所示。

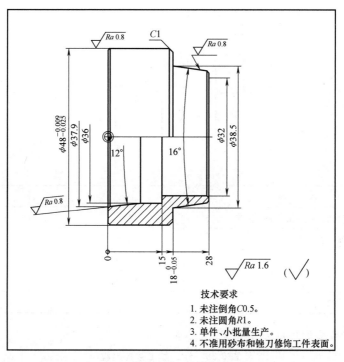

图 3-146 件二

① 件二加工工艺卡见表 3-37。

表 3-37 件二加工工艺卡

数控车削工艺卡

零件名称：		材料：		程序号：	
图样：		毛坯尺寸：$\phi50mm \times 30mm$		日期：	

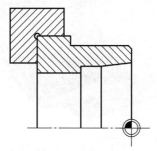

序号	内 容	刀 具	备 注
1	夹住工件左端,伸出 21mm 左右		
2	车端面	T1 号外圆车刀	
3	粗、精车外轮廓	T3 号外圆车刀	
4	钻 $\phi25mm$ 孔	T10 号 $\phi25mm$ 钻头	
5	粗车内轮廓	T2 号内孔车刀	
6	精车内轮廓	T4 号内孔车刀	

（续）

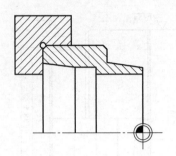

序号	内　容	刀　具	备　注
1	掉头夹住工件右端,伸出 13mm 左右		
2	车端面,控制总长	T1 号外圆车刀	
3	粗车外轮廓	T3 号外圆车刀	
4	精车外轮廓	T5 号外圆车刀	
5	拆下工件、检测		

② 件二加工数控编程见表 3-38。

表 3-38　件二加工数控编程

FANUC 数控编程

程　序	工步说明	简　图
O0003; N10　G99;	指定进给方式(每转进给)	
N20　M4　S1000　T0101; N30　G0　X52　Z0　M8; N40　G1　X0　F0.1; N50　G0　Z100; N60　X100; N70　M05;	换 T1 号外圆车刀,车端面	

（续）

程　序	工步说明	简　图
N80　T0303　M8； N90　M4　S1120； N100　G0　X52　Z3； N110　G90　X48.5　Z-19　F0.25； N120　G0　X47； N130　G01　Z0　F0.1； N140　X48　Z-0.5； N150　Z-19； N160　G0　X100　Z100； N170　M05；	换 T3 号外圆车刀,精车外圆	
N180　T1010　M8； N190　M4　S400； N200　G0　X0　Z5； N210　G01　Z-35　F0.08； N220　G0　Z100； N230　X100； N240　M05；	换 T10 号 φ25mm 钻头,钻孔	
N250　T0202　M8； N260　M4　S560； N270　G0　X23　Z3； N280　G71　U1　R0.5； 　　　G71　P290　Q350　U-0.5　W0　F0.2； N290　G41　G0　X37.9； N300　G01　Z0　F0.1； N310　G1　X36　Z-9.04　F0.1； N320　Z-15； N330　X31； N340　X32　Z-15.5； N350　Z-30； N360　G0　X100　Z100； N370　M05；	换 T2 号内孔车刀,粗车内孔	
N380　T0404　M8； N390　M4　S1000； N400　G0　X23　Z3； N500　G70　P290　Q350； N510　G40　G0　X100　Z100； N520　M05； N530　M30；	换 T4 号内孔车刀,精车内孔	
O0004；	掉头	
N10　G99；	指定进给方式(每转进给)	
N20　M4　S1000　T0101； N30　G0　X52　Z0　M8； N40　G1　X16　F0.1； N50　G0　Z100； N60　X100； N70　M05；	换 T1 号外圆车刀,车端面	

(续)

程　　序	工步说明	简　　图
N80　T0303　M8； N90　M4　S560； N100　G0　X52　Z3； N110　G71　U1　R0.5； N120　G71　P130　Q180　U0.5　W0　F0.2； N130　G42　G0　X29.15； N140　G01　Z0　F0.1； N150　X30.15　Z-0.5　F0.1； N160　X38.5　Z-10； N170　X46； N180　X48　Z-11； N190　G40　G0　X100　Z100； N200　M05；	换 T3 号外圆车刀，粗车外圆	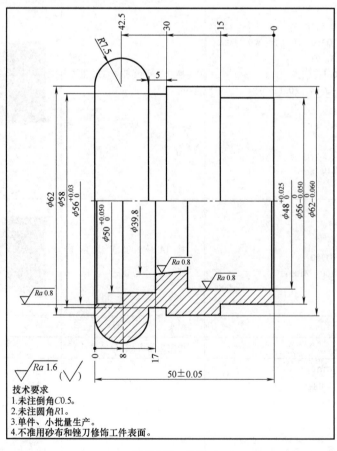
N210　T0505　M8； N220　M4　S1120； N230　G0　X52　Z3； N240　G70　P130　Q180； N250　G40　G0　X100　Z100； N260　M05；	换 T5 号外圆车刀，精车外圆	
N270　M30	程序结束	

3）件三加工，如图 3-147 所示。

技术要求
1. 未注倒角C0.5。
2. 未注圆角R1。
3. 单件、小批量生产。
4. 不准用砂布和锉刀修饰工件表面。

图 3-147　件三

① 件三加工工艺卡见表 3-39。

表 3-39　件三加工工艺卡

数控车削工艺卡

零件名称:	材料:	程序号:
图样:	毛坯尺寸:ϕ75mm×52mm	日期:

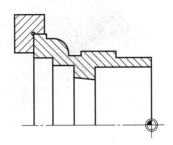

序号	内　容	刀　具	备　注
1	夹住工件左端,伸出44mm 左右		
2	车端面	T1 号外圆车刀	
3	粗车外轮廓	T3 号外圆车刀	
4	钻 ϕ25mm 孔	T10 号 ϕ25mm 钻头	
5	粗车内轮廓	T2 号内孔车刀	
6	车槽	T9 号 3mm 宽外车槽刀	
7	精车外轮廓	T5 号外圆车刀	
8	精车内轮廓	T4 号内孔车刀	

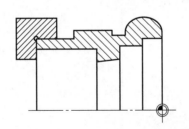

序号	内　容	刀　具	备　注
1	掉头夹住工件右端,伸出 10mm 左右		
2	车端面,控制总长	T1 号外圆车刀	
3	粗车外轮廓	T3 号外圆车刀	
4	粗车内轮廓	T2 号内孔车刀	
5	精车外轮廓	T5 号外圆车刀	
6	精车内轮廓	T4 号外圆车刀	
7	拆下工件、检测		

② 件三加工数控编程见表 3-40。

表 3-40　件三加工数控编程

FANUC 数控编程

程　　序	工步说明	简　图
O0005； N10　G99；	指定进给方式（每转进给）	
N20　M4　S600　T0101； N30　G0　X77　Z0　M8； N40　G1　X0　F0.1； N50　G0　Z100； N60　X100； N70　M05；	换 T1 号外圆车刀，车端面	
N80　T0303　M8； N90　M4　S560； N100　G0　X77　Z3； N110　G71　U1　R0.5； N120　G71　P130　Q210　U0.5　W0　F0.2； N130　G0　X55； N140　G01　Z0　F0.1； N150　X56　Z-0.5； N160　Z-15； N170　X61； N180　X62　Z-15.5； N190　Z-35； N200　G3　X72.432　Z-42.5　R8； N210　G1　Z-43； N220　G40　G0　X100　Z100； N230　M05；	换 T3 号外圆车刀，精车外圆	
N240　T1010　M8； N250　M4　S400； N260　G0　X0　Z5； N270　G01　Z-55　F0.08； N280　G0　Z100； N290　X100； N300　M05；	换 T10 号 ϕ25mm 钻头，钻孔	

（续）

程　　序	工步说明	简　　图
N310　T0202　M8； N320　M4　S560； N330　G0　X23　Z3； N340　G71　U1　R0.5； N350　G71　P360　Q400　U-0.5　W0　F0.2； N360　G41　G0　X49； N370　G01　Z0　F0.1； N380　G1　X48　Z-0.5　F0.1； N390　Z-24； N400　X23； N410　G40　G0　X100　Z100； N420　M05；	换 T2 号内孔车刀,粗车内孔	
N430　T0909　M8； N440　M3S500； N450　G0X65； N460　Z-35； N470　G94　X58.2　F0.05； N480　Z-33； N490　G0　Z-32.5； N500　G01　X62　F0.05； N510　X61　Z-33； N520　X58； N530　Z-35； N540　G0　X100； N550　Z100； N560　M05；	换 T9 号 3mm 宽外车槽刀,车外槽	
N570　T0505　M8； N580　M4　S1120； N590　G0　X77　Z3； N600　G70　P130　Q210； N610　G40　G0　X100　Z100； N620　M05；	换 T5 号外圆车刀,精车外圆	
N630　T0404　M8； N640　M4　S1000； N650　G0　X23　Z3； N660　G70　P360　Q400； N670　G40　G0　X100　Z100； N680　M05； N690　M30；	换 T4 号内孔车刀,精车内孔	
O0006；	掉头	
N10　G99；	指定进给方式(每转进给)	
N20　M4　S1000　T0101； N30　G0　X77　Z0　M8； N40　G1　X22　F0.1； N50　G0　Z100； N60　X100； N70　M05；	换 T1 号外圆车刀,车端面	

（续）

程　　序	工步说明	简　　图
N80　T0303　M8； N90　M4　S560； N100　G0　X77　Z3； N110　G71　U1　R0.5； N120　G71　P130　Q160　U0.5　W0　F0.2； N130　G42　G0　X62； N140　G01　Z0　F0.1； N150　G03　X72.432　Z-7.5　R7.5　F0.1； N160　G01　Z-8； N170　G40　G0　X100　Z100； N180　M05；	换 T3 号外圆车刀，粗车 外圆	
N190　T0202　M8； N200　M4　S560； N210　G0　X23　Z3； N220　G71　U1　R0.5； N230　G71　P240　Q320　U-0.5　W0　F0.2； N240　G41　G0　X57； N250　G01　Z0　F0.1； N260　G1　X56　Z-0.5　F0.1； N270　Z-8； N280　X51； N290　X50　Z-8.5； N300　Z-17； N310　X39.8； N320　X37.91　Z-26； N330　G0　X100　Z100； N340　M05；	换 T2 号内孔车刀，粗车 内孔	
N350　T0505　M8； N360　M4　S1120； N370　G0　X77　Z3； N380　G70　P130　Q160； N390　G40　G0　X100　Z100； N400　M05；	换 T5 号外圆车刀，精车 外圆	
N410　T0404　M8； N420　M4　S1000； N430　G0　X23　Z3； N440　G70　P240　Q320； N450　G40　G0　X100　Z100；	换 T4 号内孔车刀，精车 内孔	
N460　M30；	程序结束	

4）件四加工，如图 3-148 所示。

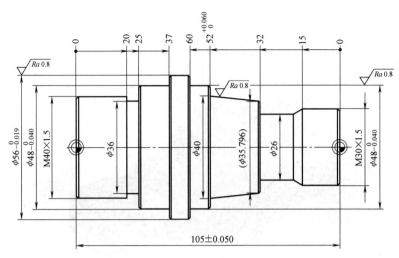

图 3-148 件四

① 件四加工工艺卡见表 3-41。

表 3-41 件四加工工艺卡

数控车削工艺卡		
零件名称:	材料:	程序号:
图样:	毛坯尺寸:$\phi60\text{mm}\times107\text{mm}$	日期:

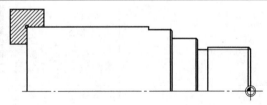

序号	内容	刀具	备注
1	夹住工件左端,伸出 50mm 左右		
2	车端面	T1 号外圆车刀	
3	粗车外轮廓	T3 号外圆车刀	
4	精车外轮廓	T5 号外圆车刀	
5	车螺纹	T7 号外螺纹车刀	

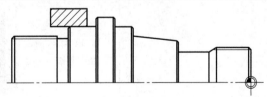

序号	内容	刀具	备注
1	夹住工件左端,伸出 65mm 左右		
2	车端面	T1 号外圆车刀	
3	粗车外轮廓	T3 号外圆车刀	
4	精车外轮廓	T5 号外圆车刀	
5	车螺纹	T7 号外螺纹车刀	
6	拆下工件、检测		

② 件四加工数控编程见表 3-42。

表 3-42　件四加工数控编程

FANUC 数控编程

程　　序	工步说明	简　图
O0007； N10　G99；	指定进给方式（每转进给）	
N20　M4　S1000　T0101； N30　G0　X62　Z0　M8； N40　G1　X0　F0.1； N50　G0　Z100； N60　X100； N70　M05；	换 T1 号外圆车刀，车端面	
N80　T0303　M8； N90　M4　S560； N100　G0　X62　Z3； N110　G71　U1　R0.5； N120　G71　P130　Q240　U0.5　W0　F0.2； N130　G42　G0　X36.8； N140　G01　Z0　F0.1； N150　X39.8　Z-1.5　F0.1； N160　Z-18； N170　X36　Z-20； N180　Z-25； N190　X47； N200　X48　Z-25.5； N210　Z-37； N220　X55； N230　X56　Z-37.5； N240　Z-46； N250　G40　G0　X100　Z100； N260　M05；	换 T3 号外圆车刀，粗车外圆	

（续）

程　序	工步说明	简　图
N270　T0505　M8； N280　M4　S1120； N290　G0　X62　Z3； N300　G70　P130　Q240； N310　G40　G0　X100　Z100； N320　M05；	换 T5 号外圆车刀,精车外圆	
N330　T0707　M8； N340　G0　X42； N350　Z5　M8； N360　G76　P010060　Q50　R0.05； N370　G76　X38.05　Z-21　P975　Q250　F1.5； N380　G0　X100　Z100； N390　M05； N400　M30；	换 T7 号外螺纹车刀,车外螺纹 M40×1.5	
O0008；	掉头加工	
N10　G99；	指定进给方式（每转进给）	
N20　T0101　M8； N30　G0　X100　Z100； N40　M4　S1000； N50　G0　X62　Z0； N60　G1　X0　F0.1； N70　Z100； N80　G0　X100 N90　M05；	换 T1 号外圆车刀,车端面	
N100　T0303　M8； N110　M4　S560； N120　G0　X62　Z3； N130　G71　U1　R0.5； N140　G71　P150　Q290　U0.5　W0　F0.25； N150　G42　G0　X26.8； N160　G01　Z0　F0.1； N170　X29.8　Z-1.5； N180　Z-15； N190　X26　Z-17； N200　Z-32； N220　X34.796； N230　X35.796　Z-32.5； N240　X40　Z-52； N250　X47； N260　X48　Z-52.5； N270　Z-60； N280　X55； N290　X57　Z-61； N300　G40　G0　X100　Z100； N310　M05；	换 T3 号外圆车刀,粗车外圆	

（续）

程　序	工步说明	简　图
N320　T0505　M8; N330　M4　S1120; N340　G0　X62　Z3; N350　G70　P150　Q290; N360　G40　G0　X100　Z100; N370　M05;	换 T5 号外圆车刀,精车外圆	
N380　T0707　M8; N390　G0　X32; N400　Z5　M8; N410　G76　P010060　Q50　R0.05; N420　G76　X28.05　Z-17　P975　Q250　F1.5; N430　G0　X100　Z100; N440　M05;	换 T7 号外螺纹车刀,车外螺纹 M30×1.5	
N450　M30	程序结束	

习　题

一、选择题

1. 数控机床在开机后,须进行回零操作,使 X、Y、Z 各坐标轴运动回到（　　）。

A. 机床参考点　　　　B. 编程原点　　　　C. 工件零点　　　　D. 坐标原点

2. （　　）不是零点偏置指令。

A. G55　　　　B. G57　　　　C. G54　　　　D. G53

3. 沉孔底面或阶梯孔底面对精度要求高时,编程时应编制延时（　　）指令。

A. G10　　　　B. G04　　　　C. G07　　　　D. G14

4. 下列关于 G54 与 G92 指令说法中不正确的是（　　）。

A. G54 与 G92 都是用于设定工件加工坐标系的

B. G92 是通过程序来设定加工坐标系的,G54 是通过 CRT/MDI 在设置参数方式下设定工件加工坐标系的

C. G92 设定的加工坐标原点与当前刀具所在位置无关

D. G54 设定的加工坐标原点与当前刀具所在位置无关

5. 设 H01=6mm,则"G91　G43　G01　Z-15.0;"执行后的实际移动量为（　　）。

A. 9mm　　　　B. 1mm　　　　C. 15mm　　　　D. 6mm

6. 采用半径编程方法填写圆弧插补程序段时,当其圆弧所对应的圆心角（　　）180°时,该半径 R 取负值。

A. 大于　　　　　　B. 小于　　　　　　C. 大于或等于　　　D. 小于或等于

7. 整圆编程时,应采用（　　）编程方式。

A. 半径、终点　　　　　　　　　　B. 圆心、终点

C. 圆心、起点　　　　　　　　　　D. 半径、起点

8. 标准麻花钻的锋角为（　　）。

A. 118°　　　　　B. 35°~40°　　　　　C. 50°~55°　　　　　D. 112°

9. 钻小孔或长径比较大的孔时，应取（　　）的转速钻削。

A. 较低　　　　　B. 中等　　　　　C. 较高　　　　　D. 不一定

10. FANUC 系统中，程序段 G51　X0　Y0　P1000 中，P 指令是（　　）。

A. 子程序号　　　B. 缩放比例　　　C. 暂停时间　　　D. 循环参数

11. 若要加工规格为"M30×2"的螺纹，则螺纹底径为（　　）mm。

A. 27.4　　　　　B. 28　　　　　C. 27　　　　　D. 27.6

12. 精车时的切削用量，一般以（　　）为主。

A. 提高生产率　　　B. 降低切削功率　　　C. 保证加工质量

13. 数控车床能进行螺纹加工，其主轴上一定安装了（　　）。

A. 测速发电机　　　B. 脉冲编码器　　　C. 温度控制器　　　D. 光电管

14. 刀具硬度最低的是（　　）。

A. 高速钢刀具　　　　　　　　　　　　B. 陶瓷刀具

C. 硬质合金刀具　　　　　　　　　　　D. 立方氮化硼刀具

15. 车床数控系统中，用（　　）指令进行恒线速控制。

A. G00　S __　　B. G96　S __　　C. G01　F __　　D. G98　S __

二、判断题

1. 判断顺逆圆弧时，沿与圆弧所在平面相垂直的另一坐标轴的正方向看去，顺时针为 G02，逆时针为 G03。顺时针圆弧可用 CW 表示，逆时针圆弧用 CCW 表示。（　　）

2. 建立刀具半径补偿必须在指定平面中进行。（　　）

3. G81 和 G82 的区别在于，G82 在孔底加进给暂停动作。（　　）

4. 子程序一般用相对坐标编程，用 G90 会使程序在同一位置重复加工。（　　）

5. 若子程序内无 M99，则执行程序时，可能会报警或出错。（　　）

6. 切断实心工件时，工件半径应小于切断刀刀头长度。（　　）

7. 数控车床可以车削直线、斜线、圆弧、米制和寸制螺纹、圆柱管螺纹、圆锥螺纹，但是不能车削多线螺纹。（　　）

8. 数控车床的零点必须设在工件的右端面上。（　　）

9. 螺纹指令"G32　X41.0　W-43.0　F1.5；"是以 1.5mm/min 的速度加工螺纹。（　　）

10. 锥螺纹"R __"参数的正负由螺纹起点与目标点的关系确定，若起点坐标比目标点的 X 坐标小，则 R 应取负值。（　　）

11. 数控机床用恒线速度控制加工端面、锥度和圆弧时，必须限制主轴的最高转速。（　　）

12. G90　G01　X0　Y0 与 G91　G01　X0　Y0 意义相同。（　　）

13. 刀具补偿寄存器内只允许存入正值。（　　）

14. G00 和 G01 的运行轨迹都一样，只是速度不一样。（　　）

15. 在编制加工程序时，程序段号可以不写或不按顺序书写。（　　）

数控编程与操作 第2版

三、简答题

1. 什么是机床坐标系、工件坐标系？

2. 什么是模态、非模态指令？举例说明。

3. 一个完整的加工程序由哪几部分组成？

4. 数控加工编程的主要内容有哪些？

5. 数控加工工艺分析的目的是什么？它包括哪些内容？

6. 何谓对刀点？对刀点的选取对编程有何影响？

7. 何谓机床坐标系和工件坐标系？其主要区别是什么？

8. 简述刀位点、换刀点和工件坐标原点。

9. 刀具补偿有何作用？有哪些刀具补偿指令？

10. 什么叫粗、精加工分开？它有什么优点？

四、编程题

编制如图 3-149 和图 3-150 所示零件的数控加工程序。

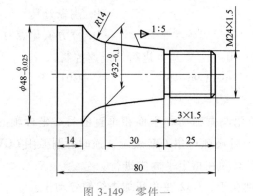

图 3-149 零件一

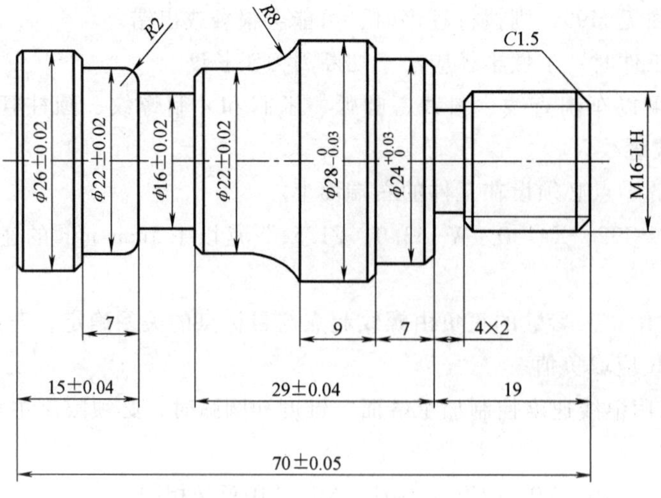

图 3-150 零件二

第四章

数控铣削编程与操作

【教学提示】

数控铣床是一种功能很强的数控机床，它加工范围广、工艺复杂、涉及的技术问题多。目前迅速发展的加工中心、柔性制造系统等都是在数控铣床的基础上产生和发展起来的。数控铣床主要用于加工平面和曲面轮廓的零件，还可用于加工复杂型面的零件，如凸轮、样板、模具、螺旋槽等；同时也可对零件进行钻、铰和镗孔加工，但因数控铣床不具备自动换刀功能，所以不能完成复杂的孔加工要求。

【教学要求】

本章主要介绍数控铣床概述，重点介绍常用数控铣床的操作面板和控制面板。要求学生能够熟练掌握 FANUC 0i 、GSK983M、HNC-21/22M 数控系统的准备功能、手动操作和程序输入；会用已经编好的程序进行空运行和首件试切削；能够熟练掌握手动操作和自动加工的过程，并且通过综合实例学习编程方法和技巧。

第一节　数控铣床概述

数控铣床是一类很重要的数控机床，在数控机床中所占的比例最大，在航空航天、汽车制造、一般机械加工和模具制造业中应用非常广泛。数控铣床一般指规格较小的升降台数控铣床，其工作台宽度多在 630mm 以下，规格较大的数控铣床（例如工作台宽度在 500mm 以上的）多属于床身式布局或龙门式布局。数控铣床可进行钻孔、镗孔、攻螺纹、外形轮廓铣削、平面铣削、平面型腔铣削及三维复杂型面的铣削加工。加工中心、柔性加工单元是在数控铣床的基础上产生和发展的，其主要加工也是铣削加工。

一、数控铣床的基本组成

如图 4-1 所示，数控铣床一般由数控系统、主传动系统、进给伺服系统和冷却润滑系统等几大部分组成。

1. 主轴箱

主轴箱包括主轴箱体和主轴传动系统，用于装夹刀具并带动刀具旋转，主轴转速范围和输出转矩对加工有直接的影响。

2. 进给伺服系统

进给伺服系统由进给电动机和进给执行机构组成，按照程序设定的进给速度实现刀具和工件之间的相对运动，包括直线进给运动和旋转运动。

3. 控制系统

控制系统是数控铣床运动控制的中心，执行数控加工程序，控制机床进行加工。

4. 辅助装置

辅助装置包括液压、气动、润滑、冷却系统和排屑、防护装置等。

5. 机床基础件

机床基础件通常是指底座、立柱、横梁等，是整个机床的基础和框架。

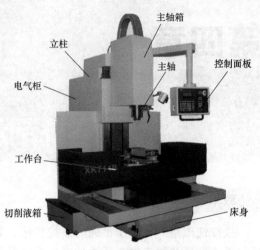

图 4-1　数控铣床的组成

二、数控铣床的布局形式

图 4-2 所示为 XK5040A 型数控铣床的布局，床身 6 固定在底座 1 上，用于安装与支承机床各部件。操纵台 10 上有 CRT 显示器、机床操作按钮和各种开关及指示灯。纵向工作台 16、横向溜板 12 安装在升降台 15 上，通过纵向进给伺服电动机 13、横向进给伺服电动机 14 和垂直升降进给伺服电动机 4 的驱动，完成 X、Y、Z 轴向的进给。强电柜 2 中装有机床电气部分的接触器、继电器等。变压器箱 3 安装在床身立柱的后面。数控柜 7 内装有机床数控系统。保护开关 8、11 可控制纵向行程硬限位。挡铁 9 为纵向参考点设定挡铁。主轴变速手柄和按钮板 5 用于手动调整主轴的正转、反转、停止及切削液开/停等。

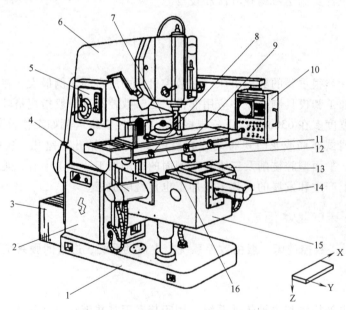

图 4-2　XK5040A 型数控铣床的布局

1—底座　2—强电柜　3—变压器箱　4—垂直升降进给伺服电动机　5—按钮板　6—床身　7—数控柜
8、11—保护开关　9—挡铁　10—操纵台　12—横向溜板　13—纵向进给伺服电动机
14—横向进给伺服电动机　15—升降台　16—纵向工作台

三、数控铣床的分类

1. 按机床主轴的布置形式及机床的布局特点分类

按机床主轴的布置形式及机床的布局特点，数控铣床通常可分为立式数控铣床、卧式数控铣床和立卧两用式数控铣床三种。

（1）立式数控铣床　立式数控铣床的主轴轴线垂直于水平面，是数控铣床中最常见的一种布局形式，应用范围最广泛，其中以三轴联动铣床居多。立式数控铣床主要用于水平面内的型面加工，增加数控分度头后，可在圆柱表面上加工曲线沟槽，如图 4-3 所示。

（2）卧式数控铣床　卧式数控铣床的主轴轴线平行于水平面，主要用于垂直平面内的各种型面加工，配置万能数控转盘后，还可以对工件侧面上的连续回转轮廓进行加工，并能在一次安装后加工箱体零件的四个表面，通常采用增加数控转盘来实现四轴或五轴加工，如图 4-4 所示。

图 4-3　立式数控铣床

图 4-4　卧式数控铣床

（3）立卧两用式数控铣床　立卧两用式数控铣床的主轴轴线方向可以变换，既可以进行立式加工，又可以进行卧式加工，使用范围更大，功能更强。若采用数控万能主轴（主轴头可以任意转换方向），就可以加工出与水平面成各种角度的工件表面；若采用数控回转工作台，还能对工件实现除定位面外的五面加工。

2. 按数控系统的功能分类

（1）简易型数控铣床　简易型数控铣床是在普通铣床的基础上，对机床的机械传动结构进行简单的改造，并增加简易数控系统后形成的。这种数控铣床成本较低，自动化程度和功能都较差，一般只有 X、Y 两轴联动功能，加工精度也不高，可以加工平面曲线类和平面型腔类零件。

（2）普通数控铣床　普通数控铣床可以三轴联动，用于各类复杂的平面、曲面和壳体类零件的加工，如各种模具、样板、凸轮和连杆等。

（3）数控仿形铣床　数控仿形铣床主要用于各种复杂型腔模具或工件的铣削加工，特别是对不规则的三维曲面和复杂边界构成的工件更显示出其优越性。

（4）数控工具铣床　数控工具铣床在普通工具铣床的基础上，对机床的机械传动系统进行了改造，并增加了数控系统，从而使工具铣床的功能大大增强。这种铣床适用于各种工装、刀具对各类复杂的平面、曲面零件的加工。

（5）高速铣削数控铣床 一般把主轴转速在 8000~40000r/min 的数控铣床称为高速铣削数控铣床，其进给速度可达 10~30m/min。高速铣削是数控加工的一个发展方向。目前，该技术正日趋成熟，并逐渐得到广泛应用，但该类机床价格昂贵，使用成本较高。

（6）多轴联动数控机床 多轴联动数控机床能同时控制四个以上坐标轴的联动。多轴联动数控机床的结构复杂，精度要求高，程序编制复杂，适于加工形状复杂的零件。通常三轴机床可以实现两轴、两轴半、三轴加工；五轴机床也可以只用到三轴联动加工，而其他两轴不联动。多轴联动加工如图 4-5 所示。

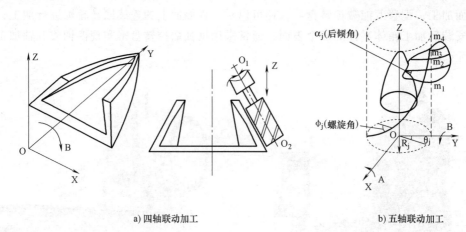

a) 四轴联动加工　　　　b) 五轴联动加工

图 4-5　多轴联动加工

四、数控铣床的系统

1. 数控系统

数控系统是数字控制系统（numerical control system）的简称，早期又是由硬件电路构成的称为硬件数控（NC），1970 年以后，硬件电路元件逐步由专用的计算机代替称为计算机数控（computerized numerical control，CNC）系统，是由计算机控制加工功能，实现数字控制的系统。CNC 系统是根据计算机存储中的控制程序，执行部分或全部数字控制功能，并配有接口电路和伺服驱动装置的专用计算机系统。

CNC 系统由数控程序、输入装置、输出装置、计算机数控装置（CNC 装置）、可编程控制器（PLC）、主轴驱动装置和进给（伺服）驱动装置（包括检测装置）等组成，如图 4-6 所示。

CNC 系统的核心是 CNC 装置。由于使用了计算机，系统具有了软件功能，又用 PLC 代替了传统的机床电器逻辑控制装置，使系统更小巧，其灵活性、通用性、可靠性更好，易于实现复杂的数控功能，使用、维护也更方便，并具有与上位机连接及进行远程通信的功能。

2. 主轴传动系统

主轴部件是数控机铣床上的重要部件之一，它带动刀具旋转完成切削，其精度、抗振性和抗热变形性对加工质量有直接的影响。

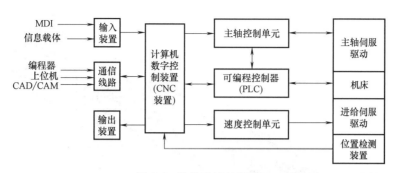

图 4-6　数控系统的组成

如图 4-7 所示，数控铣床的主轴为一中空轴，其前端为锥孔，与刀柄相配，在其内部和后端装有刀具自动夹紧机构，用于刀具装夹。

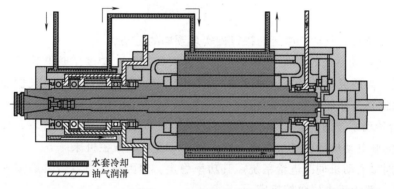

图 4-7　主轴结构及其润滑

主轴在结构上要保证良好的润滑，尤其是在高转速场合，通常采用循环式润滑系统。其结构及润滑如图 4-7 所示。对于电主轴而言，往往设有温控系统，且主轴外表面有槽结构，以确保散热冷却，如图 4-8 所示。

在数控铣床上多采用气压或液压装夹刀具，常见的刀具自动夹紧机构由拉杆、拉杆端部的夹头、碟形弹簧、活塞、气缸等组成。夹紧状态时，碟形弹簧通过拉杆及夹头，拉住刀柄的尾部，使刀具锥柄和主轴锥孔精密配合；松刀时，通过气缸活塞推动拉

图 4-8　电主轴

杆，压缩碟形弹簧，使夹头松开，夹头与刀柄上的拉钉脱离，即可拔出刀具，进行新旧刀具的交换，新刀装入后，气缸活塞后移，新刀具又被碟形弹簧拉紧。

3. 进给伺服系统

数控铣床的进给传动装置多采用伺服电动机直接带动滚珠丝杠旋转，在电动机轴和滚珠丝杠之间用锥环无键连接或高精度十字联轴器结构，以获得较高的传动精度，如图 4-9 所示。

（1）进给传动系统的作用　数控机床的进给传动系统负责接收数控系统发出的脉冲指

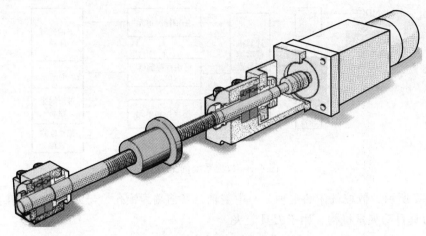

图 4-9　进给传动装置

令，并经放大和转换后驱动机床运动执行件实现预期的运动。

（2）对进给传动系统的要求　为保证数控机床高的加工精度，要求其进给传动系统有高的传动精度、高的灵敏度（响应速度快）、工作稳定、高的构件刚度及长的使用寿命、小的摩擦及运动惯量，并能消除传动间隙。

（3）进给传动系统的种类

1）步进伺服电动机伺服进给系统。它一般用于经济型数控机床。

2）直流伺服电动机伺服进给系统。其功率稳定，但因采用电刷，其磨损导致在使用中需进行更换，一般用于中档数控机床。

3）交流伺服电动机伺服进给系统。其应用极为普遍，主要用于中高档数控机床。

4）直线电动机伺服进给系统。它无中间传动链，精度高，进给快，无长度限制；但散热差，防护要求特别高，主要用于高速机床。

（4）进给系统传动部件

1）滚珠丝杠副。数控加工时，需将旋转运动转变成直线运动，故采用丝杠螺母传动机构。数控机床上一般采用滚珠丝杠副，如图 4-10 所示，它可将滑动摩擦变为滚动摩擦，满足进给系统减少摩擦的基本要求。该传动副传动效率高，摩擦力小，并可消除间隙，无反向空行程；但制造成本高，不能自锁，尺寸也不能太大，一般用于中小型数控机床的直线进给。

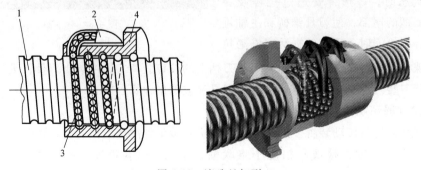

图 4-10　滚珠丝杠副

1—丝杠　2—回珠管　3—滚珠　4—螺母

2）回转工作台。为了扩大数控机床的工艺范围，数控机床除了沿 X、Y、Z 三个坐标轴做直线进给外，往往还需要有绕 Y 或 Z 轴的圆周进给运动。数控机床的圆周进给运动一般由回转工作台来实现，对于加工中心，回转工作台已成为一个不可缺少的部件。

数控机床中常用的回转工作台有分度工作台和数控回转工作台。

① 分度工作台。分度工作台只能完成分度运动，不能实现圆周进给，它是按照数控系统的指令，在需要分度时将工作台连同工件回转一定的角度。分度时也可以采用手动分度。分度工作台一般只能回转规定的角度，如 90°、60°和 45°等。

② 数控回转工作台。数控回转工作台外观上与分度工作台相似，但内部结构和功用大不相同。数控回转工作台的主要作用是根据数控装置发出的指令脉冲信号，完成圆周进给运动，进行各种圆弧加工或曲面加工，它也可以进行分度工作。

3）导轨。导轨是进给传动系统的重要环节，是机床基本结构的要素之一，它在很大程度上决定了数控机床的刚度、精度与精度保持性。目前，数控机床上的导轨形式主要有滑动导轨、滚动导轨等。

① 滑动导轨。滑动导轨具有结构简单、制造方便、刚度好、抗振性高等优点，在数控机床上应用广泛，目前多数使用金属对塑料形式，称为贴塑滑动导轨。贴塑滑动导轨的特点：摩擦特性好，耐磨性好，运动平稳，工艺性好，速度较低。

② 滚动导轨。滚动导轨是在导轨面之间放置滚珠、滚柱或滚针等滚动体，使导轨面之间为滚动摩擦而不是滑动擦擦。

滚动导轨与滑动导轨相比，其灵敏度高，摩擦系数小，且动、静摩擦系数相差很小，因而运动均匀，尤其是在低速移动时，不易出现爬行现象；定位精度高，重复定位精度可达 $0.2\mu m$；牵引力小，移动轻便；磨损小，精度保持性好，使用寿命长。但滚动导轨的抗振性差，对防护要求高，结构复杂，制造困难，成本高。

4. 液压润滑系统

数控铣床在实现自动化控制中，除数控系统外，还需要配备液压或气压装置来辅助实现机床的自动运行功能。

润滑对数控铣床的正常运行也起着重要的作用，它能减少零件的磨损并带走运行中产生的热量。机床不同部位的润滑方式及所需的润滑油（或脂）的量是不同的。数控铣床进给导轨等一般采用自动润滑站的电动机间歇润滑泵集中供油润滑的方式。

润滑系统的液压传动原理如图 4-11 所示。图 4-11 中，杠杆 1、活塞 2、液压缸 3 和单向阀 4、5 组成手动液压泵；液压缸 6 和活塞 7 组成升降液压缸。千斤顶工作时，向上提起杠杆 1，则活塞 2 被提起，液压缸 3 下腔中压力减小，单向阀 5 关闭，单向阀 4 导通，油箱里的油液被吸入液压缸 3 中，这是吸油过程；随后，压下杠杆 1，活塞 2 下移，液压

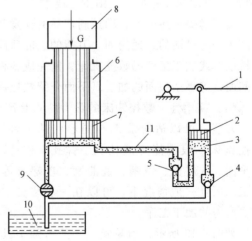

图 4-11　润滑系统的液压传动原理
1—杠杆　2、7—活塞　3、6—液压缸　4、5—单向阀
8—重物　9—控制阀　10—油箱　11—油管

缸 3 下腔中压力增大，迫使单向阀 4 关闭，单向阀 5 导通，高压油液经油管 11 流入液压缸 6 的下腔中，推动活塞 7 向上移动，这是压油过程。如此反复操作便可将重物 8 提升到需要的高度。在此过程中，控制阀 9 始终处于截止状态。若打开控制阀 9，则液压缸 6 下腔中的油液将在重物的重力作用下排回油箱。

5. 机床机械部件

数控铣床的机械部件包括床身、立柱、横梁和工作台等。

数控铣床的机械部件都是采用焊接结构和合理的结构形式，在减小机床自重的条件下，获得了高结构刚度和抗振性，改善了动态特性。与普通的铣床相比，数控铣床机械部件有如下几个特点：

1）采用了高性能的主轴及进给伺服驱动装置，机械传动结构得到简化，传动链较短。

2）机械结构具有较高的动态特性、动态刚度、阻尼刚度、耐磨性以及抗热变形性能。

3）较多地采用高效传动件，如滚珠丝杠螺母副、直线滚动导轨等。

4）还有一些配套部件（如冷却、排屑、防护、润滑、照明、储运等一系列装置）和附属设备（编程机和对刀仪等）。

五、数控铣床的特点及加工对象

1. 数控铣床的特点

随着科学技术和市场经济的不断发展，对机械产品的质量、生产率和新产品的开发周期提出了越来越高的要求。虽然许多生产企业（如汽车、拖拉机、家用电器等制造厂）已经采用了自动机床和专用自动生产线，可以提高生产率、提高产品质量、降低生产成本，但是由于市场竞争日趋激烈，企业必须不断开发新产品。在频繁的开发新产品的生产过程中，使用"刚性"（不可变）的自动化设备，由于其工艺过程的改变极其复杂，因此刚性自动化设备的缺点暴露无遗。另外，在机械制造业中，并不是所有产品零件都具有很大的批量。据统计，单件、小批量生产占加工总量的 75%~80%。对于单件、小批量复杂零件的加工，若用"刚性"自动化设备加工，则生产成本高、生产周期长，而且加工精度也很难符合要求。

为了解决上述问题，满足新产品的开发和多品种、小批量生产的自动化，国内外已研制生产了一种灵活的、通用的、万能的、能适应产品频繁变化的数控铣床。数控铣床是主要采用铣削方式加工工件的数控机床，能完成各种平面、沟槽、螺旋槽、成形表面、平面曲线和空间曲线等复杂型面的加工。下面介绍数控铣床的主要特点。

（1）高柔性 数控铣床的最大特点是高柔性，即可变性。所谓"柔性"即是灵活、通用、万能，可以适应加工不同形状的工件。数控铣床一般都能完成钻孔、镗孔、铰孔、铣平面、铣斜面、铣槽、铣曲面、攻螺纹等加工，而且一般情况下，可以在一次装夹中完成所需的加工工序。

如图 4-12 所示，齿轮箱上一般有两个具有较高位置精度要求的孔，孔周围有安装端盖的螺孔，按照传统加工方法，步骤如下：

1）划线。划底面线 A，划 φ47JS7 孔、

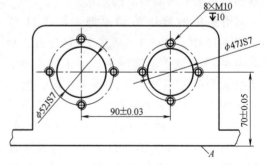

图 4-12　齿轮箱

ϕ52JS7 孔及（90±0.03）mm 中心线。

　　2）刨（或铣）底面 A。

　　3）平磨（或刮削）底面 A。

　　4）镗削加工（用镗模）。铣端面，镗 ϕ52JS7 孔、ϕ47JS7 孔，保持中心距（90±0.03）mm。

　　5）划线（或用钻模）。划 8×M10 孔线。

　　6）钻孔攻螺纹。钻攻 8×M10 螺孔。

　　以上工件至少需要六道工序才能完成。如果用数控铣床加工，只需把工件的基准面 A 加工好，可在一次装夹中完成铣端面、镗 ϕ52JS7 孔、ϕ47JS7 孔及钻攻 8×M10 螺孔，也就是将以上 4)~6) 工序合并为一道工序，而且再也无须做划线工作。更重要的是，如果开发新产品或更改设计需要将齿轮箱上 2 个孔改为 3 个孔，8×M10 螺孔改为 12×M10 螺孔，采用传统加工方法必须重新设计制造镗模和钻模，则生产周期长。如果采用数控铣床加工，只需将工件程序指令改变一下（一般只需 0.5~1h），即可根据新的图样进行加工。这就是数控机床高柔性带来的特殊优点。

　　（2）高适应性　在机械加工中，经常遇到各种平面轮廓和立体轮廓的零件，如凸轮、模具、叶片、螺旋桨等。其母线形状除直线和圆弧外，还有各种曲线，如以数学方程表示的抛物线、双曲线、阿基米德螺线等曲线和以离散点表示的列表曲线，而其空间曲面可以是解析曲面，也可以是以列表点表示的自由曲面。由于各种零件的型面复杂，需要多轴联动加工，用普通机床手工操作基本上不可能生产出合格产品。因此，采用数控铣床加工的优越性就特别显著。

　　（3）高精度　目前数控装置的脉冲当量（即一个脉冲后滑板的移动量）一般为 0.001mm/脉冲，高精度的数控系统可达 0.0001mm/脉冲。因此，一般情况下，绝对能保证工件的加工精度。另外，数控加工还可避免工人操作所引起的误差，一批加工零件的尺寸一致性特别好，产品质量能得到保证。

　　（4）高效率　数控机床的高效率主要是由数控机床高柔性带来的。如数控铣床，一般不需要使用专用夹具和工艺装备。在更换工件时，只需调用存储于计算机中的加工程序、装夹工件和调整刀具数据即可，可大大缩短生产周期。更主要的是数控铣床的万能性带来了高效率，如一般的数控铣床都具有铣床、镗床和钻床的功能，工序高度集中，提高了劳动生产率，并减少了工件的装夹误差。另外，数控铣床的主轴转速和进给量都是无级变速的，因此有利于选择最佳切削用量。数控铣床都有快进、快退、快速定位功能，可大大减少机动时间。据统计，采用数控铣床比普通铣床可提高生产率 3~5 倍。对于复杂的成形面加工，生产率可提高十几倍，甚至几十倍。

　　（5）采用半封闭或全封闭式防护　经济型数控铣床多采用半封闭式防护；全功能型数控铣床会采用全封闭式防护，防止切削液、切屑溅出，保证安全。

　　（6）主轴无级变速且变速范围宽　主传动系统采用伺服电动机（高速时采用无传动方式——电主轴）实现无级变速，且调速范围较宽，这既保证了良好的加工适应性，同时也为小直径铣刀工作形成了必要的切削速度。

　　（7）采用手动换刀，刀具装夹方便　数控铣床没有配备刀库，采用手动换刀，刀具安装方便。

（8）一般为三轴联动　数控铣床多为三轴（即 X、Y、Z 三个直线运动坐标轴）联动的机床，以完成平面轮廓及曲面的加工。

（9）可大大减轻操作者的劳动强度　数控铣床对零件加工是按事先编好的程序自动完成的。操作者除了操作键盘、装卸工件、中间测量及观察机床运行外，不需要进行频繁的重复性手工操作，可大大减轻劳动强度。

（10）应用广泛　与数控车床相比，数控铣床有着更为广泛的应用范围，能够进行外形轮廓铣削、平面或曲面型腔铣削及三维复杂型面的铣削，如各种凸轮、模具等，若再添加回转工作台等附件（此时变为四坐标轴），则应用范围将更广，可用于加工螺旋桨、叶片等空间曲面零件。此外，随着高速铣削技术的发展，数控铣床可以加工形状更为复杂的零件，精度也更高。

2. 数控铣床的加工对象

数控铣床进行铣削加工主要是以零件的平面、曲面为主，还能加工孔、内圆柱面和螺纹面。它可以使各个加工表面的形状及位置获得很高的精度。数控铣床的加工对象主要有平面类零件、变斜角类零件、曲面类零件和孔类零件。

第二节　数控铣床的基本操作

一、FANUC 0i 数控系统铣床面板介绍与机床的基本操作

（一）FANUC 0i 数控系统铣床面板简介

由于数控铣床类型不同，操作面板形式不同，操作方法也各不同，因此操作铣床应严格按照铣床操作手册的规定执行，但不论何种数控系统，其基本结构和基本操作方法大体一致。一般数控铣床的操作界面都包括数控系统工作界面（由屏幕和键盘组成，也称为 CRT/MDI 面板）和铣床控制面板（包括按钮和旋钮等开关及仪表）两部分。下面介绍 FANUC 0i 系统。

1. 铣床控制面板

FANUC 0i 系统的控制面板由下面两部分组成。

（1）铣床操作面板　铣床操作面板主要用于控制铣床的运动和选择铣床的工作方式，包括手动进给方向按钮、主轴手控按钮、工作方式选择按钮、程序运行控制按钮、进给倍率调节旋钮、主轴倍率调节旋钮等，如图 4-13 所示。

（2）数控系统铣床操作面板　数控系统铣床操作面板主要用于与显示器结合来操作与控制数控系统，以完成数控程序的编辑与管理、用户数据的输入、屏幕显示状态的切换等功能，如图 4-14 所示。

2. 数控系统工作界面

数控系统的工作状态不同，数控系统显示的界面也不同，一般数控系统操作面板上都设置工作界面切换按钮，工作界面包括加工界面、程序编辑界面、参数设定界面、诊断界面、通信界面等。特别注意：有时只有选择特定的工作方式，并进入特定的工作界面，才能完成特定的操作。

（1）加工界面　用于显示在手动、自动、回参考点等方式下机床的运行状态，包括各

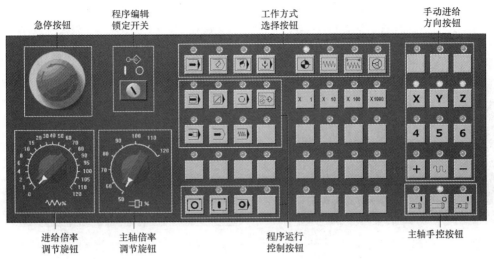

图 4-13 FANUC 0i 铣床操作面板

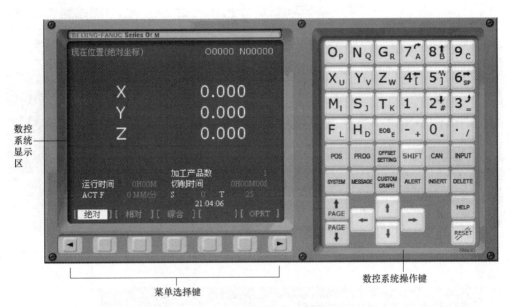

图 4-14 FANUC 0i 数控系统铣床操作面板

进给轴的坐标、主轴速度、进给速度、运行的程序段等，如图 4-15 所示。

（2）程序编辑界面 用于编辑数控程序并对数控程序文件进行相应的文件管理，包括编辑、保存、打开等功能，如图 4-16 所示。

（3）参数设定界面 用于完成对机床各种参数的设置，包括刀具参数、机床参数、用户数据、显示参数、工件坐标系设定等，如图 4-17 所示。

（二）FANUC 0i 数控系统铣床操作面板介绍

FANUC 0i 数控系统铣床操作面板除显示屏以外，还包括以下几个键区：菜单选择键、数字/字母键等。数控系统铣床操作面板是 FANUC 0i 数控系统铣床的主要人机界面，主要完成操作人员对数控系统的操作、数据的输入和程序的编制等工作。FANUC 0i 数控系统铣床操作面板如图 4-18 所示。它主要包括以下部分：

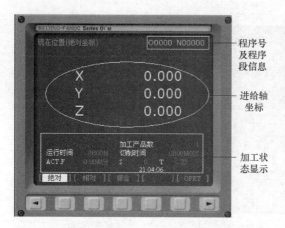

图 4-15　FANUC 0i 数控铣床加工界面

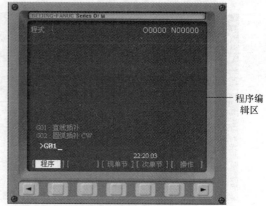

图 4-16　FANUC 0i 数控铣床程序编辑界面

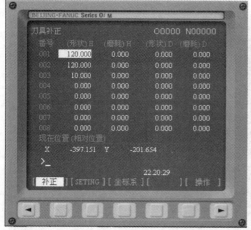

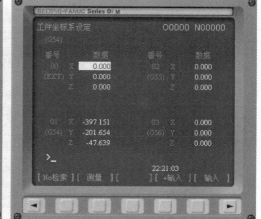

图 4-17　FANUC 0i 数控铣床参数设定界面

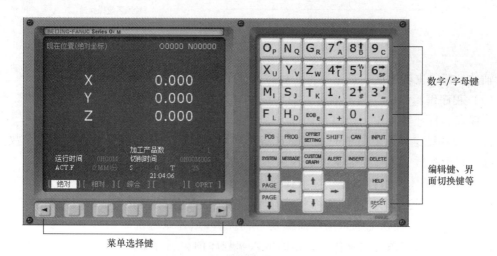

图 4-18　FANUC 0i 数控系统铣床操作面板

1. 菜单选择键

数控系统在不同的工作界面下，其显示的功能菜单不尽相同，但任何界面下菜单的数量都为 5 个，系统设置对应的 5 个菜单键，完成菜单项选择功能。若同一界面下，菜单数量超过 5 个，则可使用◄或►键进行菜单翻面。

2. 数字/字母键

数字/字母键用于输入数据到输入区，系统自动判别取字母还是取数。字母和数字键通过<SHIFT>键切换输入不同的字符，如 G/R、9/C、F/L。

3. 编辑键

编辑键的名称及用途见表 4-1。

表 4-1　编辑键的名称及用途

按　键	名　称	用　途
ALERT	替换键	用输入的数据替换光标所在的数据
DELETE	删除键	删除光标所在的数据，或者删除一个程序，或者删除全部程序
INSERT	插入键	把输入区中的数据插入当前光标之后的位置
CAN	取消键	消除输入区内的数据
EOB E	单节键	结束一行程序的输入并切换到下一行
SHIFT	上档键	用来切换数字和字母
RESET	复位键	用于程序复位停止、取消报警等

4. 界面切换键

界面切换键的名称及说明见表 4-2。

表 4-2　界面切换键的名称及说明

按　键	名　称	说　明
POS	位置显示键	位置显示有 3 种方式，用翻面键选择
PROG	程序键	程序显示与编辑界面

（续）

按　钮	名　称	说　明
OFFSET SETTING	偏置键	参数输入界面。按第一次进入刀具参数补偿界面,按第二次进入坐标系设置界面。进入不同的界面以后,用翻面/键切换
SYSTEM	系统键	机床参数设置,一般禁止改动,显示自诊断数据
MESSAGE	信息键	显示各种信息,如报警
CUSTOM GRAPH	图形显示键	刀具路径图形显示

5. 翻面键

↑PAGE：向上翻面。

PAGE↓：向下翻面。

6. 光标移动键

↑：向上移动光标；↓：向下移动光标；←：向左移动光标；→：向右移动光标。

7. 输入键

INPUT：输入键,把输入区内的数据输入参数界面。

（三）FANUC 0i 铣床操作面板介绍

FANUC 0i 铣床操作面板如图 4-19 所示。

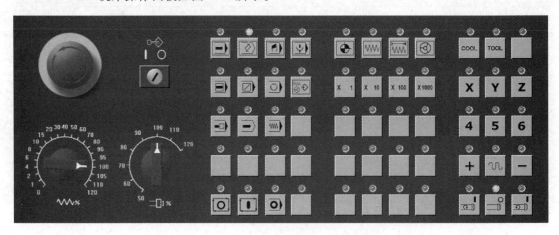

图 4-19　FANUC 0i 铣床操作面板

1）工作方式选择按钮见表 4-3。

2）程序运行控制按钮见表 4-4。

3）手动控制按钮见表 4-5。

表 4-3 工作方式选择按钮

按钮图标	按钮名称	用途
	自动加工模式（AUTO）	执行已在内存里的程序
	程序编辑模式（EDIT）	用于检索、检查、编辑与新建加工程序
	手动数据输入（MDI）	输入程序并可以执行，程序为一次性
	计算机直接运行（DNC）	用 RS-232 电缆线连接个人计算机和数控机床，选择程序传输加工
	回参考点（REF）	回机床参考点
	手动模式（JOG）	手动连续移动机床
	增量（点动）进给（INC）	移动一个指定的距离
	手轮模式（HND）	根据手轮的坐标、方向、进给量进行移动

表 4-4 程序运行控制按钮

按钮图标	名称	用途
	单步执行	每按一次此按钮，执行一条程序指令
	程序段跳读	在自动方式下按此按钮，跳过程序开头带有"/"符号的程序
	程序停止	在自动方式下，遇有 M00 命令程序停止
	手动示教	
	程序重新启动	由于机床外部的种种原因自动停止，程序可以从指定的程序段重新启动
	机床锁定	机床各轴会被锁住，只能运行程序
	机床空运行	各轴以固定的速度运动
	程序运行开始	在"AUTO"和"MDI"模式时才有效，其余时间无效
	程序运行停止	在程序运行中，按下此按钮程序停止运行
	程序停止	在自动方式下，遇有 M00 命令程序停止

表 4-5　手动控制按钮

按钮图标	名称	用　途
	主轴手动控制	手动主轴正转
		手动主轴停止
		手动主轴反转
X	手动移动各轴	手动移动 X 轴
Y		手动移动 Y 轴
Z		手动移动 Z 轴
+		手动正方向移动
		在选择移动坐标轴后同时按下此按钮,坐标轴以机床指定的进给速度进行快速移动
—		手动反方向移动
	进给倍率调节	调节程序运行中的进给速度,调节范围为 0~120%。例如,程序中指定的进给速度是 100mm/min,当进给倍率选定为 20%时,刀具实际的进给速度是 20mm/min,常用于改变程序中指定的进给速度,以进行试切削或检查程序
	主轴倍率调节	调节主轴转速运行速度,调节范围为 50%~120%。例如,程序中指定的主轴转速是 1000mm/min,当主轴倍率选定为 50%时,主轴实际的转速是 500mm/min,常用于调整主轴转速,以进行试切削或检查程序
	程序编辑锁定	置于 ⬤ 位置,可编辑或修改程序
	急停	发生意外或紧急情况时的处理

（四）机床的基本操作

1. 开机与关机

开机时，在按起动按钮之前，先要检查急停按钮 <!-- --> 是否压下，在急停按钮压下的条件下，按起动按钮，机床通电，完成开机。

停机时，在按停止按钮之前，先要检查急停按钮 <!-- --> 是否压下，在急停按钮压下的条件下，按停止按钮，机床断电，完成停机。

2. 机床回零

参考点又称机械零点，是机床上的一个固定点，数控系统根据这个点的位置建立机床坐标系。参考点通常设在机床各坐标轴正向运动的极限位置或自动换刀点的位置。开机后，必须利用操作面板上的开关和按钮，将刀具移动到机床的参考点。操作步骤如下：

1）检查操作面板上回零点指示灯是否亮 <!-- -->，若指示灯亮，则已进入回零点模式；若指示灯不亮，则按 <!-- --> 按钮，转入回零点模式。

2）为改变移动速度，按下快速移动倍率选择开关 <!-- -->，可改变快速移动的速度。

3）在回零点模式下，先将 Z 轴回原点（避免主轴在回零过程中与工作台上夹具发生干涉碰撞）。按操作面板上的 <!-- --> 按钮，使 Z 轴方向移动指示灯闪烁 <!-- -->，按 <!-- --> 按钮，此时 Z 轴将回零点，Z 轴回零点灯变亮 <!-- -->，CRT 显示器上 Z 坐标变为 "0.000"。

4）重复上述 2）和 3）的步骤，再分别按 X、Y 轴方向移动按钮 <!-- -->、<!-- -->，使指示灯闪烁，按 <!-- --> 按钮，此时 X、Y 轴回原点灯 <!-- --> 和 <!-- --> 变亮。此时 CRT 显示器界面如图 4-20 所示。

3. 手动

（1）手动连续（JOG）方式

1）按操作面板上的"手动模式"按钮，使其指示灯亮 <!-- -->，机床进入手动模式。

2）分别按 X、Y、Z 按钮，通过进给轴选择开关选择移动的坐标轴。

3）分别按 +、- 按钮，通过进给方向选择按钮控制机床的移动方向。

4）通过手动进给倍率调节 <!-- --> 按

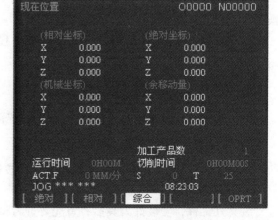

图 4-20　回零点后的 CRT 显示器界面

钮，可以调整进给速度。

5）在选择移动坐标轴后同时按下🔲按钮，坐标轴以机床指定的进给速度快速移动。

（2）手摇脉冲（HANDLE）方式　手摇脉冲发生器又称手轮，在手动/连续加工或在对刀需精确调节机床时，可用手动脉冲方式调节机床。

1）在操作面板上选择操作方式，按🔲或🔲按钮，使🔲指示灯变亮，进入手轮方式。

2）旋转"手动对应的轴"按钮🔲，选择需要移动的坐标轴（每次只能单轴移动）。

3）旋转"手动进给速度"按钮🔲，选择合适的进给倍率。通过倍率选择，手轮每旋转一格，轴向移动的位移可以为 0.001mm、0.01mm、0.1mm 和 1mm。

4）旋转手轮🔲，精确控制机床的移动。手轮旋转一圈，刀具移动的距离相当于 100 个刻度的对应值。手轮顺时针（CW）旋转，所移动轴向该轴的"＋"坐标方向移动，手轮逆时针（CCW）旋转，所移动轴向该轴的"－"坐标方向移动。

4. 主轴手动操作

1）将方式选择置于手动操作方式。

2）可由下列三个按钮控制主轴运转。

主轴正转按钮🔲：主轴正转，同时按钮内的灯亮。

主轴反转按钮🔲：主轴反转，同时按钮内的灯亮。

主轴停止按钮🔲：主轴停止转动，任何时候只要主轴没有转动，这个按钮内的灯就会亮，表示主轴处于停止状态。

5. MDI（手动数据输入）运行模式

在屏幕上，用 MDI 键盘输入一组程序指令，机床可以根据输入的程序运行，这种操作称为 MDI 运行方式。

1）按操作面板上的🔲按钮，使其指示灯变亮，进入 MDI 模式。在 MDI 键盘上按🔲键，进入编辑界面。

2）输写数据指令：在输入键盘上按数字/字母键，可以做取消、插入、删除等修改操作。

3）输入程序号：输入字母"O"，再输入程序编号，但不可以与已有程序的编号重复。输入程序后，用🔲键结束一行的输入后换行。

4）移动光标：按🔲、🔲键翻面。按🔲、🔲、🔲、🔲键移动光标。

5）按🔲键，删除输入区中的数据；按🔲键，删除光标所在的代码。

6）按🔲键，插入所编写的数据指令。

7）输入完整的数据指令后，按循环启动按钮🔲运行程序。按🔲键清除输入的数据。

6. 试切对刀

装夹好工件，安装好刀具后，首先要进行试切对刀。加工编程时，定位一般四面分中，可以选取零件的顶面为 Z 方向的零点。必须使数控机床的坐标系和编程的坐标系一致。

（1）X、Y 轴对刀

1）首先在 X 轴方向对刀。按操作面板上的手动按钮，使其指示灯变亮 ，机床转入手动加工状态。

2）按操作面板上的 或 按钮，控制主轴转动。

3）首先利用操作面板上的 X 、 Y 、 Z 按钮和 ＋ 、 － 按钮，将机床刀具移动到工件附近的大致位置。

4）当刀具移动到工件附近的大致位置后，可以采用手动脉冲方式移动机床，按操作面板上的手动脉冲按钮 或 ，使手动脉冲指示灯变亮 ，采用手动脉冲方式精确移动机床，将手轮对应轴旋钮 置于"X"档，调节手轮进给速度旋钮 ，旋转手轮 精确移动零件，直到刀具开始切削到工件边沿为止。

5）按 MDI 键盘上的 键，使 CRT 显示器界面上显示坐标值。对 X 轴清零。升高刀具，移至工件的另外一边。同样，将手轮对应轴旋钮置于"X"档，调节手轮进给速度旋钮，旋转手轮精确移动零件，直到刀具开始切削到工件边沿为止。记下此时 CRT 显示器界面中的 X 坐标，此为刀具中心的 X 坐标，记为 X1，将刀具直径记为 X2，则工件上表面中心的坐标 X＝（X1+X2）/2，结果记为 X。

6）Y 方向对刀采用相同的方法。得到工件中心的 Y 坐标，结果记为 Y。

（2）Z 轴对刀

1）按操作面板上的 或 按钮，控制主轴转动。

2）首先利用操作面板上的 X 、 Y 、 Z 按钮和 ＋ 、 － 按钮，将机床刀具移动到工件附近的大致位置。

3）按操作面板上的 Z 和 － 按钮，直到刀具开始切削到工件的表面为止，记下此时 Z 的坐标值，记为 Z。此 Z 值即为工件表面一点处 Z 的坐标值。

通过对刀得到的坐标值（X，Y，Z）即为工作坐标系原点在机床坐标系中的坐标值。

7. 坐标系参数设置

数控加工前，须在工件坐标系设定界面上确定工件零点相对于机床零点的偏移量，并将数值存入数控系统中。确定工件与机床坐标系的关系有两种方法，一种是通过 G54～G59 设定，另一种是通过 G92 设定。

（1）G54～G59 参数设置　将刀具得到的工件原点在机床坐标系上的坐标数据（X，Y，Z），输入为 G54 工件坐标系原点。

1）按 键，使用 CRT/MDI 面板，打开工件坐标系设定界面，切换屏幕界面，可以显示每个工件坐标系的工件零点偏移值。

2）按软键"WORK"，显示工件坐标系设定界面。

3）按软键"PAGE"，切换界面，找出所需的界面，或按 MDI 键盘上的数字/字母键，输入"0×"（01 表示 G54，02 表示 G55，以此类推），按软键"No 检索"，光标停留在选定的坐标系参数设定区域，如图 4-21 所示（设定 G54）。用 ↑、↓、←、→ 键选择所需的坐标系和坐标轴。

4）先设定 X 的坐标值，如利用 MDI 键盘输入 "-500.0"，按软键 "输入"，则 G54 中 X 的坐标值变为-500.0。

5）用 ↓ 键，将光标移至 "Y" 的位置，如输入 "-415.00"，按软键 "输入"。

6）再将光标移至 "Z" 的位置，如输入 "-404.0"，按软键 "输入"，即完成了 G54 参数的设定。此时 CRT 界面如图 4-21 所示。

（2）G92 参数设定　通过对刀得到的 X、Y、Z 值即为工件坐标系 G92 的原点值。如果程序是使用工件坐标系 G92，则每次更换工件都要重新对刀。因为 G92 的坐标原点与对刀时的刀位点密切相关，不同的刀位点将会得到不同坐标原点的 G92 坐标系。故推荐使用工件坐标系 G54~G59。

8. 输入刀具直径补偿参数

FANUC 0i 的刀具直径补偿包括形状直径补偿和磨耗直径补偿两种。

1）在起始界面下，按 MDI 界面的 ^{OFFSET} 键，进入补正参数设定界面。

2）利用 ↑、↓、←、→ 键将光标移到对应刀具的 "形状（D）" 栏，按 MDI 键盘上的数字/字母键，如输入 "4.000"，按软键 "输入"，把输入域中的补偿值输入所指定的位置。如图 4-22 所示，此时已将选择的刀具半径 4.00mm 输入。

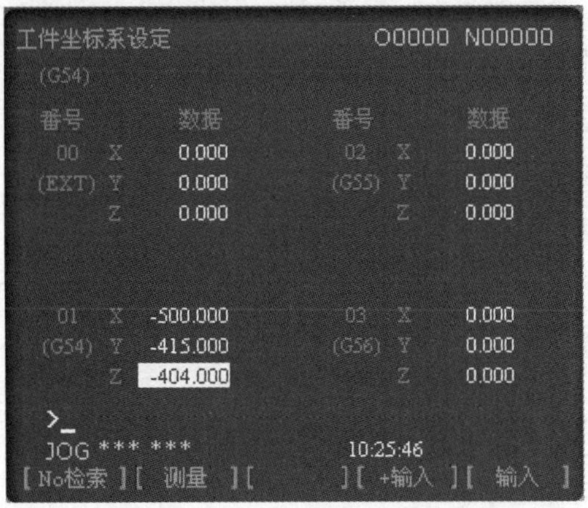

图 4-21　G54 坐标系参数设定 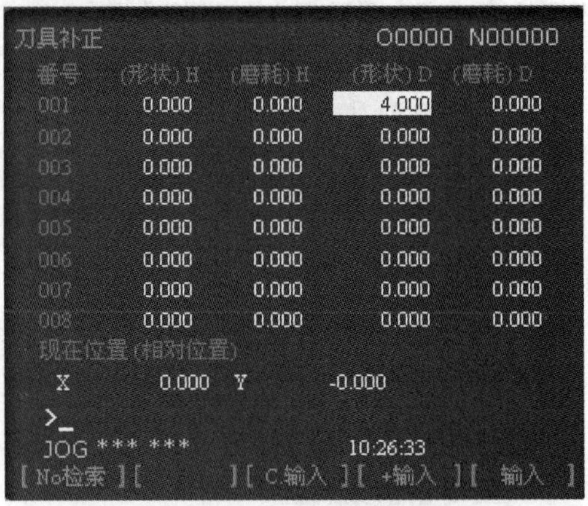　　　　图 4-22　刀具补偿对话框

3）按 ^{CAN} 键逐字删除输入域中的字符。

> **注意**：直径补偿参数若为 4mm，在输入时需输入 "4.000"，如果只输入 "4" 则系统默认为 "0.004"。

9. 输入刀具长度补偿参数

铣刀可以根据需要抬高或降低，通过在数控程序中调用长度补偿实现。长度补偿参数在刀具表中按需要输入。FANUC 0i 的刀具长度补偿包括形状长度补偿和磨耗长度补偿两种。

1）在起始界面下，按 MDI 界面的 ^{OFFSET} 键，进入补正参数设定界面，如图 4-22 所示。

2）用 ↑、↓、←、→ 键选择所需的编号，并确定需要设定的长度补偿是形状补偿还是磨耗补偿，将光标移到相应的区域。按 MDI 键盘上的数字/字母键，输入刀具长度补偿参数。按软键"输入"或按 INPUT 键，参数输入指定区域。

3）按 CAN 键逐字删除输入域中的字符。

10. 运行数控加工程序（自动加工）

（1）存储器运行（也称自动运行）　程序存到 CNC 存储器中，机床可以按程序指令运行，称为存储器运行方式。

1）检查机床是否回零，若未回零，先将机床回零。

2）检查"自动运行"指示灯是否亮，若未亮，按操作面板上"自动运行"按钮，使其指示灯变亮 ⬛。

3）按 PROG 键，系统显示程序屏幕界面。

4）按 POS 键，输入程序号的地址。

5）按操作面板上的启动循环按钮 ⬛，程序开始运行。同时，循环启动指示灯闪亮，当自动运行结束时，指示灯熄灭。

6）数控程序在运行过程中可根据需要暂停、停止、急停和重新运行。数控程序在运行时，按暂停按钮 ⬛，进给暂停指示灯亮，运行指示灯熄灭，程序停止执行。再按 ⬛ 按钮，程序从暂停位置开始执行。

7）数控程序在运行时，按暂停按钮 ⬛，程序停止执行。再按 ⬛ 按钮，程序重新从开头执行。

8）数控程序在运行时，按下急停按钮 ⬤，数控程序中断运行，继续运行时，先将急停按钮松开，再按 ⬛ 按钮，余下的数控程序从中断行开始作为一个独立的程序执行。

9）自动/单段方式，按操作面板上的"单步执行"按钮 ⬛。按操作面板上的 ⬛ 按钮，程序开始执行。自动/单段方式执行每一行程序，均需按一次 ⬛ 按钮。

10）按"程序段跳读"按钮 ⬛，则程序运行时跳过符号"/"有效，该行成为注释行，不执行。

11）按"程序停止"按钮 ⬛，则程序中 M01 有效。

12）可以通过主轴倍率调节旋钮 ⬛ 和进给倍率调节旋钮 ⬛ 来调节主轴旋转的速度和移动的速度。

13）在程序运行过程中按下 RESET 键，自动运行将被终止，并进入复位状态。

（2）计算机联机自动加工（DNC 运行）　数控系统经 RS-232 接口读入外设上的数控程序，同步进行数控加工，称为 DNC 运行。工厂中进行模具加工生产时，程序通常很大，不需要存入 CNC 的存储器中，广泛采用这种方式。

1）选用一台计算机，安装专用的程序传输软件，根据数控系统对数控程序传输的具体要求，设置传输参数。

2）通过 RS-232 串行端口，将计算机和数控系统连接起来。

3）检查机床是否回零，若未回零，先将机床回零。

4）将操作方式置于 DNC 方式，按 按钮，选择 DNC 运行方式。

5）在计算机上选择要传输的加工程序。

6）按操作面板上的循环启动按钮 ，启动自动运行，同时循环启动指示灯亮，当自动运行结束时，指示灯熄灭。

二、GSK983M 数控系统铣床面板介绍与机床的基本操作

（一）GSK983M 数控系统控制操作面板的基本组成

GSK983M 数控系统控制操作面板如图 4-23 所示。工作方式选择按钮见表 4-6。界面切换键见表 4-7。

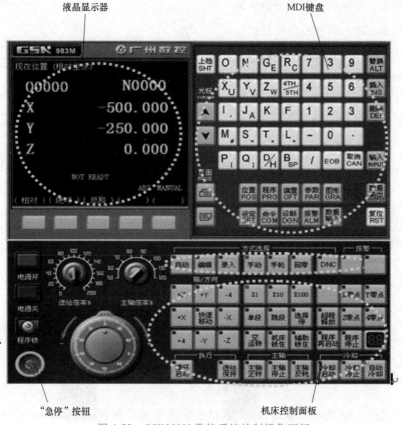

图 4-23　GSK983M 数控系统控制操作面板

表 4-6　工作方式选择按钮

按钮图标	功　能
编辑（EDIT）	适用于下面的操作： 1)程序记录存储器 2)程序的修改、插入和删除 3)存储器内程序输出和编辑其他程序

（续）

按钮图标	功　　能
自动（MEMORY）	1）可执行存储器内存的程序 2）可执行存储器内程序的顺序号检索
录入（MDI）	通过 MDI 键盘和机床操作面板可以实现手动数据输入
手动（JOG）	可执行点动进给
手轮（HANDLE）	可执行手摇进给
回零（HOME）	回机床零点

表 4-7　界面切换键

按　　键		说　　明
位置 POS	按第 1 次	现在位置显示和复位
设定 SET	按第 1 次	设定数据的显示和设定
	按第 2 次	用户宏程序变量的显示和设定
	按第 3 次	菜单开关的显示和设定
程序 PRG	按第 1 次	在编辑方式显示程序内容 在编辑方式外的其他方式下显示正在执行或已执行过的程序段和后续程序段
	按第 2 次	显示程序编号一览表
参数 PAR	按第 1 次	数控参数的显示和设定
	按第 2 次	PLC 参数的显示和设定
偏置 OFT	按第 1 次	偏移量的显示和设定
	按第 2 次	工件坐标系中工件原点偏移量的显示和设定
报警 ALM	按第 1 次	显示报警内容
	按第 2 次	显示外部报警和外部信息
命令 COM	按第 1 次	显示指令值和由 MDI 输入的指令
	按第 2 次	显示程序再启动的信息
诊断 DGN	按第 1 次	显示系统诊断数据
	按第 2 次	显示刀具寿命管理的信息

1. 状态显示

系统的状态标记在界面的右下部分显示，如图 4-24 所示。

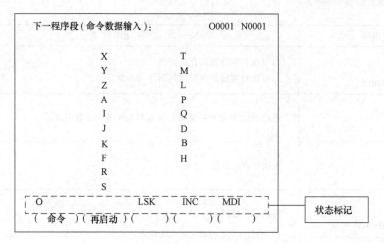

图 4-24 系统状态显示

NOT READY 表示控制装置或伺服系统不能运转。LSK 表示电源接通或在 MDI 方式以外控制装置复位时形成的标记跳过（LABEL SKIP）状态。BUF 表示已读进程序段，但尚未执行。在 MDI 方式以外实现复位时，未执行的程序段还未消失。ABS 表示 MDI 指令是绝对指令。按 SHT 键则成为 INC 状态。INC 表示 MDI 指令是增量指令。再按 SHT 键则成为 ABS 状态。ALM 表示出现报警。按报警键显示该报警形式（此标记闪烁）。EDIT 表示正在执行编辑功能（此标记闪烁）。停止编辑操作要在标记存在时进行。SRCH 表示正在进行顺序号检索功能（此标记闪烁）。RESTR 表示由程序重新启动到返回最后走完了周期（此标记闪烁）。

2. 键输入

由地址键或数字键的输入在界面下部显示，如图 4-25 所示。

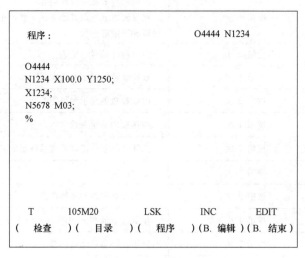

图 4-25 程序输入显示

按 POS 或 ALM 键显示界面时不能再输入数据。

按一次 D/H 键输入 D，再按一次 D/H 键输入 H。

不进行程序编辑时，只能输入 1 个地址和数字组成 1 个字。按 CAN 键取消 1 个字。

在程序编辑中，可以用键输入 1 个字、几个字、1 个程序段和最多 32 个字符以内的任意字符串。

按 <kbd>取消 CAN</kbd> 键，取消最后键入的字符。如果连续按 <kbd>取消 CAN</kbd> 键，则键入的字符就一个一个地被取消。

3. 程序号和顺序号显示

程序号和顺序号显示在界面上方如图 4-26 所示。

显示的程序号和顺序号的含义见表 4-8。

```
程序：                        O0001 N0007

O0001;
N0001 G00 X123.45 Z345.678;
N0002 X0 Y0 Z0;
N0003 G04 P3000;
N0004 G00 X−123.45  Y−234.56
  Z−300.00;
N0005 X0 Y0 Z0;
N0006 G04 P3000;
N0007 G04 X110.0 Y−122.30;
N0008 Y−222.2 Z11.00;
N0009 X200.0 Z200.0

                 LSK     INC     EDIT
（ 检查 ）（ 目录 ）（ 程序 ）(B.编辑)(B.结束)
```

图 4-26　程序显示

表 4-8　显示的程序号和顺序号的含义

方　　式	操　　作	显　示　内　容
自动方式时（MEMORY）	编辑以外的方式时	显示最后执行的顺序号
	顺序号检索时	检索中，时刻显示顺序号
自动方式时（MEMORY）	功能按钮处于程序状态下，按光标↑键时	返回程序段的开头。显示这段程序
编辑（EDIT）	功能按钮处于程序状态下，按光标↓键时	由存储器现位置沿+方向查看程序。显示最先遇到的 N 值
	功能按钮处于程序状态下，按光标↑键时	由存储器现位置沿-方向查看程序。显示最先遇到的 N 值
	按复位执行复位状态	返回程序段的开关。显示这段程序
自动方式时（MEMORY）	程序号检索	显示检索的程序号

4. 现在位置显示和复位

1）按 <kbd>位置 POS</kbd> 键。

2）按 <kbd>▤</kbd> 键。数据将按下面三种方式之一显示。

① 采用相对坐标系的位置显示，如图 4-27 所示。

操作者把复位位置置零后显示相对位置。

复位：在进行复位时，按 <kbd>X U</kbd>、<kbd>Y V</kbd>、<kbd>Z W</kbd> 或 <kbd>4TH 5TH</kbd> 键，按过的地址字符将不断闪烁。再按 <kbd>上挡 SHT</kbd> 键，闪烁地址相对位置即被复位置零。

② 采用绝对坐标系的位置显示，如图 4-28 所示。

用 G92 自动坐标系设定或下面的复位操作来设定程序坐标系的现在值并进行显示。对于 T 轴，显示的是现在选择的刀具编号。

复位（程序保护锁打开）：在进行复位时，按 <kbd>X U</kbd>、<kbd>Y V</kbd>、<kbd>Z W</kbd>、或 <kbd>4TH 5TH</kbd> 键，按过的地址字符将不断闪烁。再按

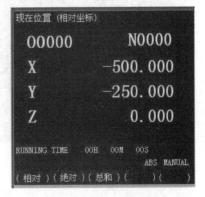

图 4-27　相对坐标显示

键，闪烁地址的现在位置即被复位置零。

③ 综合坐标位置显示，如图 4-29 所示。

用下面的坐标系同时显示现在位置：

a. 相对坐标系位置（RELATIVE）。

b. 绝对坐标系位置（ABSOLUTE）。

c. 机床坐标系位置（MACHINE）。

d. 剩余距离（DISTANCE TO GO）。

图 4-28　绝对坐标显示　　　　图 4-29　综合坐标显示

剩余距离表示一个程序段指令剩下的移动距离。在进行综合坐标位置显示时，各坐标系的位置不能复位。机床坐标系的单位与机床系统的单位相同。

5. 指令值的显示

1）按键。

2）按键。数据将以下面的两种方式显示。

① 执行指令值时，显示以前设定的模态值，如图 4-30 所示。

在图 4-30 中，接在字符%后面的数字表示进给速度。

② 显示由 MDI 输入的指令值或下次要执行的指令值，如图 4-31 所示。

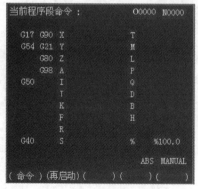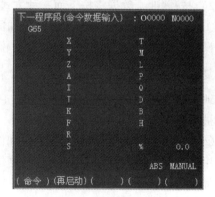

图 4-30　模态显示　　　　图 4-31　MDI 方式显示

6. 用 MDI 操作

由 MDI 和 DPL 面板可以输入要执行的一个程序指令。

1）例如：X10.5　Y200.5。

① 将选择开关扳到 MDI 位置。

② 按键。

③ 按键，在界面左上方显示：下一个程序段（命令数据输入），如图 4-32 所示。

④ 依次按 X 、 1 、 0 、 · 、 5 键和输入键，如果按输入键前输入的数字有错，则按取消按钮并再次输入正确的数字。如果按了输入键后发现有错误，则要从头开始重新输入数字。

⑤ 依次按 Y 、 2 、 0 、 0 、 · 、 5 键和输入键，如果发现输入数字有错误，按照上述同样的办法处理。输入显示如图 4-33 所示。

⑥ 按机床操作面板上的循环启动按钮。

```
下一个程序段（命令数据输入）：O0000  N0000

   X                T
   Y                M
   Z                L
   A                P
   I                Q
   J                D
   K                B
   F                H
   R
   S

X              LSK        ABS
```

图 4-32　程序段显示

```
下一个程序段（命令数据输入）：O0000  N0000

   X    10.500     T
   Y    200.500    M
   Z                L
   A                P
   I                Q
   J                D
   K                B
   F                H
   R
   S

X              LSK        INC
```

图 4-33　输入显示

2）在按循环启动按钮前，删除 X10.5 Y200.5 中的 Y200.5。

① 依次按 Y 、 取消CAN 、 输入INPUT 键。

② 按操作面板上的循环启动按钮。

③ 删除模态数据。由于不能删除模式 G 代码，以及 F、D 和 H 数据，因此要重新输入正确的模态数据来修正。

7. 复位（RESET）

按键，一般情况下这样可以解除报警状态。

8. 刀具位置偏移量

1）按键。

2）按键。显示所需要的界面，如图 4-34 所示。

3）把光标移到要改变的位置偏移号码的位置上。

方法 1：连续按光标移动按键，光标将按顺序移动。移动的光标超过此界面，界面将转到下一个界面。

方法 2：输入 N+位置偏移号后，按键。

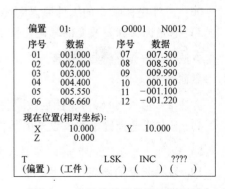

```
偏置   01：            O0001   N0012
序号    数据      序号    数据
01     001.000    07     007.500
02     002.000    08     008.500
03     003.000    09     009.990
04     004.400    10     000.100
05     005.550    11    −001.100
06     006.660    12    −001.220

现在位置（相对坐标）：
   X     10.000        Y     10.000
   Z      0.000

T              LSK      INC    ????
（偏置）（工件）（  ）（  ）（  ）
```

图 4-34　位置偏移量的第 1 页显示

4）把方式选择置于编辑以外的其他位置。

5）输入 P+位置偏移量后，按 [输入INPUT]键。

例如，在位置偏移编号为 19 时，依次按 [P]、[1]、[5]、[·]、[4] 和 [输入INPUT]键时显示的界面如图 4-35 所示。

9. 工件原点偏移量的设定和显示（选择）

1）按两次 [偏置OFT]键，显示工件偏移界面，如图 4-36 所示。

偏置	02:		O0001	N0000
序号	数据	序号	数据	
13	001.130	19	015.400	
14	002.140	20	000.000	
15	003.150	21	000.000	
16	000.016	22	022.220	
17	000.017	23	023.000	
18	000.000	24	024.240	

现在位置(相对坐标):
X   100.000   Y   100.000
Z   −150.000

P   LSK   INC

图 4-35　位置偏移量显示

工件坐标偏置	01:		O0001	N0000
NO.	DATA	NO.	DATA	
00 X	0.000	02 X	50.000	
Y	2.200	Y	50.000	
Z	3.330	Z	50.000	
01 X	10.000	03 X	60.000	
Y	20.000	Y	60.000	
Z	30.000	Z	60.000	

r   LSK   INC

图 4-36　工件偏移界面

2）按界面按钮。在两个界面中显示需要的界面。每个界面显示的内容如下：

① 界面 1（工件坐标偏置 01）。

00：工件坐标系偏移量。

01：工件坐标系 1 的工件原点偏移量（G54）。

02：工件坐标系 2 的工件原点偏移量（G55）。

03：工件坐标系 3 的工件原点偏移量（G56）。

② 界面 2（工件坐标偏置 02）。

04：工件坐标系 4 的工件原点偏移量（G57）。

05：工件坐标系 5 的工件原点偏移量（G58）。

06：工件坐标系 6 的工件原点偏移量（G59）。

3）把光标移到要改变的号码位置上。

方法 1：按光标 [▲]或 [▼]键，使光标顺次移动。移动的光标一旦超过该界面，将转换到下一界面。

方法 2：输入 N+编号，然后按 [输入INPUT]键。

4）把方式选择置于编辑以外的其他位置。

5）按 [Xᵤ]、[Yᵥ]、[Zw]或 [4TH5TH]键和要改变或要设定的偏移量后按 [输入INPUT]键。

10. 刀具长度的测定（图 4-37）

1）按 [偏置OFT]键选择偏移值的界面。

2）选择标准刀具，用手动使其接触机床固定点（或工件固定点）。

3）按 Z_W 和 ⌈SHT⌋ 键，使 Z 轴相对坐标值复位为零。

4）选择要测定的刀具，用手动使其接触同一固定点。此时，在相对位置显示中，标准刀具与要测定刀具之间的差值会被显示出来。

5）与偏移量的设定相同，把光标移动到偏移号的位置，按 Z_W 和 INPUT 键，但不输入数值，此时测得的差值将作为偏移量输入。

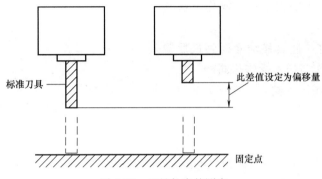

图 4-37 刀具长度的测定

11. 用键输入程序

用 MDI 键盘可以直接把程序存入存储器。

1）选择编辑方式。

2）按 PRG 键，显示现程序。

3）输入要存储程序的程序号。依次按 O、程序号 和 INS 键，则变为新的界面，如图 4-38 所示。

4）输入一段程序。

例如，输入 "G92 X500.0 Y200.0 M12；"，如图 4-39 所示。

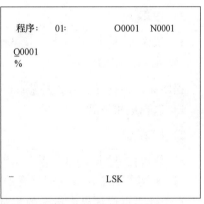

图 4-38 输入程序号

| G | 9 | 2 | X | 5 | 0 | 0 | . | 0 | Y |
| 2 | 0 | 0 | . | 0 | M | 1 | 2 | EOB | |

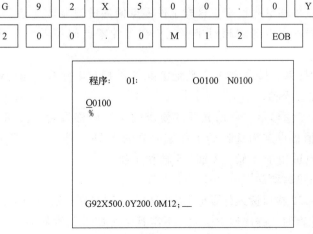

图 4-39 输入一段程序

5）若输入字符有错，按 _{取消}CAN 键，最后输入的字将被取消。连续按 _{取消}CAN 键即可从最后输入的字开始一个接一个地取消已输入的字。若程序段的字符超过 32 个，则该程序段不能输入。此时可用适当的断点分割该程序段。

6）若已输入程序无错，按 _{插入}INS 键，如图 4-40 所示。

7）以这种方法依次输入其他程序段。

8）要改正已输入的程序段，操作方法与程序编辑方法相同。

9）重新启动时，连续移动光标到最后输入的字符位置。该操作与插入操作相同。

10）当全部程序已经输入，操作完成时，若要返回开头按 _{复位}RST 键。

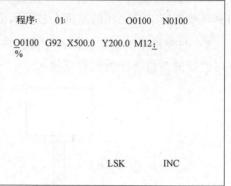

图 4-40　插入一段程序

12. 程序的删除

程序保护锁打开有效，按 _{程序}PRG 键可删除存储器内存储的程序。

1）选择编辑方式。

2）按 _{程序}PRG 键。

3）依次按 O 、程序号 、 _{删除}DEL 键，则将此输入程序号的程序删除。

13. 全部程序的删除

程序保护锁打开有效，按 _{程序}PRG 键可删除存储器内存储的全部程序。

1）选择编辑方式。

2）按 _{程序}PRG 键。

3）依次按 O 、 - 、 9 、 9 、 9 、 9 和 _{删除}DEL 键。

14. 被测量的工件零点偏移量的直接输入

在工件零点偏移界面指示的相对坐标系的坐标值可以作为工件零点偏移量而被设定。使用此功能，在参考点清除相对坐标系然后用手动移动机床到工件零点。此时相对坐标系的坐标值可作为工件零点偏移量来设定。这样工件零点偏移量就容易设定了。

根据下面的操作，可以清除相对坐标系，在工件零点偏移界面上可以设定工件零点偏移量。

1）清除相对坐标系。按 X 键和上档键清除 X 轴相对坐标系。相应地，这个操作也适用于 Y 轴、Z 轴、4 轴和 5 轴。

2）设定工件零点偏移量。移动光标到要求的工件偏移号后，按 X 键和 输入键，相对坐标系的 X 轴坐标值被设定为选择的工件偏移号的 X 轴工件零点偏移量，如图 4-41 所示。相应地，这个操作也适用于 Y 轴、Z 轴、4 轴和 5 轴。

（二）计算机联机自动加工（DNC 运行）

数控系统经 RS-232 接口读入外设上的数控程序，同步进行数控加工，称为 DNC 运行。工厂中进行模具加工生产时，程序通常很大，不需要存入 CNC 的存储器中，广泛采用这种方式。

1）选用一台计算机，安装专用的程序传输软件，根据数控系统对数控程序传输的具体要求，设置传输参数。

2）通过 RS-232 串行端口，将计算机和数控系统连接起来。

3）检查机床是否回零，若未回零，先将机床回零。

4）将操作方式置于 DNC 方式。按 DNC 按钮，选择 DNC 运行方式。

5）在计算机上选择要传输的加工程序。

6）按操作面板上的循环启动按钮 循环启动，启动自动运行，同时循环启动指示灯亮，当自动运行结束时，指示灯熄灭。

工件坐标偏置	01:			O0001 N0001
	序号	数据	序号	数据
00	X	0.000	02 X	0.000
	Y	0.000	Y	0.000
	Z	0.000	Z	0.000
01	X	0.000	03 X	0.000
	Y	0.000	Y	0.000
	Z	0.000	Z	0.000
O		LSK	INC	????
（偏置）	（工件）	（ ）	（ ）	（ ）

图 4-41　设定工件零点偏移量

三、HNC-21M 数控系统铣床面板介绍及机床的基本操作

（一）HNC-21M 数控系统介绍

1. HNC-21M 数控系统的操作面板

HNC-21M 数控系统的操作面板如图 4-42 所示。

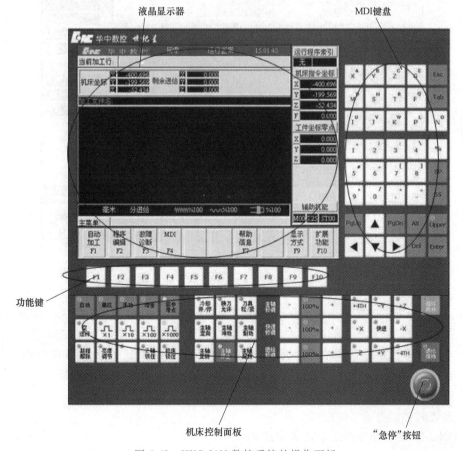

图 4-42　HNC-21M 数控系统的操作面板

2. HNC-21M 数控系统的软件操作界面

HNC-21M 数控系统的软件操作界面如图 4-43 所示，其界面由如下几个部分组成：

（1）显示窗口 可以根据需要，用功能键<F9>设置窗口的显示内容。

（2）倍率修调

1）主轴修调：当前主轴修调倍率。

2）进给修调：当前进给修调倍率。

3）快速修调：当前快进修调倍率。

（3）菜单命令条 通过菜单命令条中的功能键<F1>~<F10>来完成系统功能的操作。

（4）运行程序索引 显示自动加工中的程序名和当前程序段行号。

（5）选定坐标系下的坐标值

1）坐标系可在机床坐标系、工件坐标系和相对坐标系之间切换。

2）显示值可在指令位置、实际位置、剩余进给、跟踪误差、负载电流和补偿值之间切换。

（6）工件坐标零点 显示工件坐标系零点在机床坐标系下的坐标。

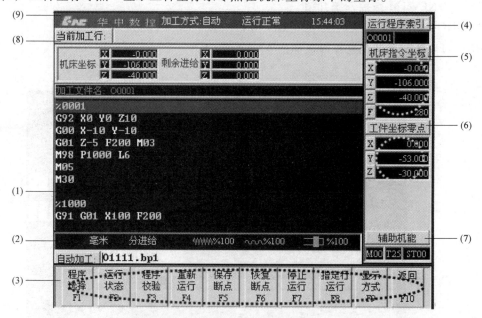

图 4-43 HNC-21M 数控系统的软件操作界面

（7）辅助机能 显示自动加工中的 M、S、T 代码。

（8）当前加工行 显示当前正在或将要加工的程序段。

（9）当前加工方式、系统运行状态及当前时间

1）工作方式：系统工作方式根据机床控制面板上相应按钮的状态可在自动（运行）、单段（运行）、手动（运行）、增量（运行）、回零、急停、复位等之间切换。

2）运行状态：系统工作状态在"运行正常"和"出错"之间切换。

3）系统时钟：当前系统时间。

3. HNC-21M 数控系统的功能菜单结构

操作界面中最重要的一块是菜单命令条。系统功能的操作主要通过菜单命令条中的功能

键<F1>～<F10>来完成。由于每个功能包括不同的操作，菜单采用层次结构，即在主菜单下选择一个菜单项后，数控装置会显示该功能下的子菜单，用户可根据子菜单的内容选择所需的操作，如图4-44所示。

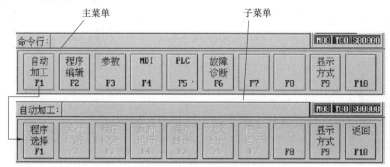

图 4-44　主菜单和子菜单

当要返回主菜单时，按子菜单下的<F10>键即可。

注意：本简介约定用"F1→F4"格式表示在主菜单下按<F1>键，然后在子菜单下按<F4>键。

主菜单和扩展菜单如图4-45所示。

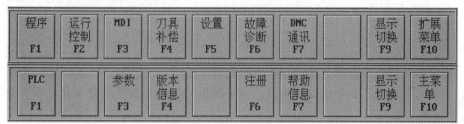

图 4-45　主菜单和扩展菜单

4. 机床操作

机床的手动操作主要包括：手动移动机床坐标轴（点动、增量、手摇）、手动控制主轴（制动、停止、冲动、定向正转、反转）、机床锁住、Z轴锁住、刀具松紧、冷却开停、手动数据输入（MDI）运行等。

机床手动操作主要由手持单元和机床控制面板共同完成。机床控制面板如图4-46所示。

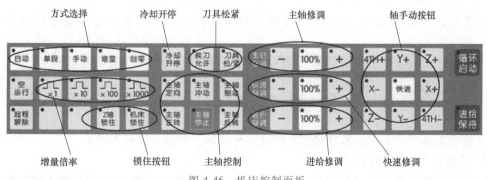

图 4-46　机床控制面板

（1）坐标轴移动　手动移动机床坐标轴的操作由手持单元和机床控制面板上的方式选择、轴手动、增量倍率、进给修调、快速修调等按钮共同完成。

① 手动进给。

② 手动快速移动。

③ 手动进给速度选择。

④ 增量进给。

⑤ 手摇进给。

（2）主轴控制

主轴手动控制由机床控制面板上的主轴手动控制按钮完成。

① 主轴正转。

② 主轴反转。

③ 主轴停止。

④ 主轴制动。

⑤ 主轴冲动。

⑥ 主轴定向。

⑦ 主轴速度修调。

注意：主轴正转、主轴反转、主轴停止这几个按钮互锁，即按一下其中一个（指示灯亮），其余两个会失效（指示灯灭）。

（3）机床锁住、Z轴锁住

1）机床锁住禁止机床所有运动。在手动运行方式下，按一下"机床锁住"按钮（指示灯亮），再进行手动操作，系统继续执行，显示屏上的坐标轴位置信息变化，但不输出伺服轴的移动指令，所以机床停止不动。

2）Z轴锁住，用于禁止进刀。在手动运行开始前按一下"Z轴锁住"按钮（指示灯亮），再手动移动Z轴，Z轴坐标位置信息变化但Z轴不运动。

（4）其他手动操作

1）允许换刀。

2）冷却开停。

3）刀具松紧。

（二）程序输入与文件管理

在系统主操作界面下，按<F1>键进入程序功能子菜单，命令行与菜单条的显示如图4-47所示。

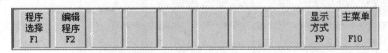

程序 选择 F1	编辑 程序 F2						显示 方式 F9	主菜单 F10

图 4-47　程序功能子菜单

在程序功能子菜单下，可以对加工程序进行编辑、存储、校验等操作。

1. 选择程序（F1→F1）

在程序功能子菜单下（图4-47）按<F1>键，将弹出如图4-48所示的程序选择界面。

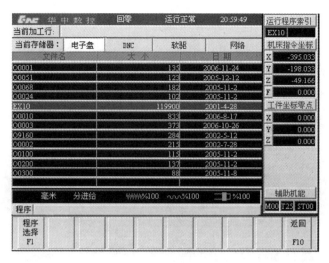

图 4-48 程序选择界面

其中：①电子盘程序：保存在电子盘上的程序文件；②DNC 程序：由串口发送过来的程序文件；③软驱程序：保存在软驱下的程序文件；④网络程序：建立网络连接后，网络路径映射的程序文件。

（1）选择程序　选择程序的操作方法：

1）如图 4-48 所示界面，用 ►、◄ 键选中当前存储器。

2）用 ▲、▼ 键选中存储器上的一个程序文件。

3）按 Enter 键，即可将该程序文件选中并调入加工缓冲区，如图 4-49 所示。

4）如果被选程序文件是只读 G 代码文件，则该程序文件编辑后只能另存为其他名字的程序文件。

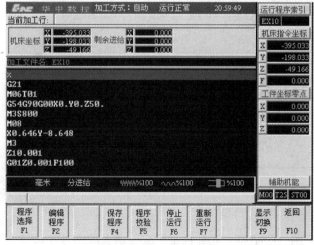

图 4-49 文件调入到加工缓冲区

（2）删除程序文件　删除程序文件的操作步骤如下：

1）在选择程序菜单中用 ▲、▼ 键移动光标选中要删除的程序文件。

2）按 键，系统弹出如图 4-50 所示对话框，系统提示是否要删除选中的程序文件，按 Y^B 键将选中程序文件从当前存储器上删除，按 N^0 键则取消删除操作。

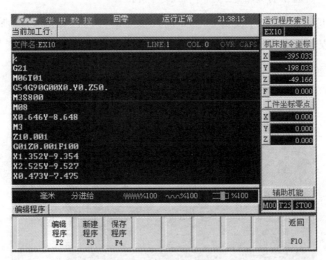

图 4-50　确认是否删除文件

2. 编辑程序（F1→F2）

在程序功能子菜单下（图 4-49）按<F2>键，将弹出如图 4-51 所示的编辑程序界面。

当选择一个零件程序后，系统会给出图 4-51 所示的界面，在此界面下可以编辑当前程序。

图 4-51　编辑程序界面

编辑过程中用到的主要按键如下：

Del：删除光标后的一个字符，光标位置不变，余下的字符左移一个字符位置。

PgUp：使编辑程序向程序头滚动一面，光标位置不变，如果到了程序头，则光标移到文件首行的第一个字符处。

PgDn：使编辑程序向程序尾滚动一面，光标位置不变，如果到了程序尾，则光标移到文件末行的第一个字符处。

BS：删除光标前的一个字符，光标向前移动一个字符位置，余下的字符左移一个字符位置。

◀：使光标左移一个字符位置。

▶：使光标右移一个字符位置。

▲：使光标向上移一行。

▼：使光标向下移一行。

3. 新建程序（F1→F2→F3）

在指定磁盘或目录下建立一个新文件，但新文件不能和已存在的文件同名，在程序功能子菜单下（图 4-51）按<F3>键，将进入如图 4-52 所示的新建程序界面，系统提示"输入新建文件名"，光标在"输入新建文件名"栏闪烁，输入文件名后，按 **Enter** 键确认后，就可编辑新建文件了。

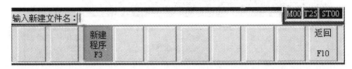

图 4-52　新建程序界面

4. 保存程序（F1→F4）

在编辑状态下（图 4-53），系统给出提示文件保存的文件名。按 **Enter** 键，将以提示的文件名保存当前程序文件。如果将提示文件名改为其他名字后，系统可将当前编辑程序另存为其他文件，另存文件的前提是更改新文件不能和已存文件同名。

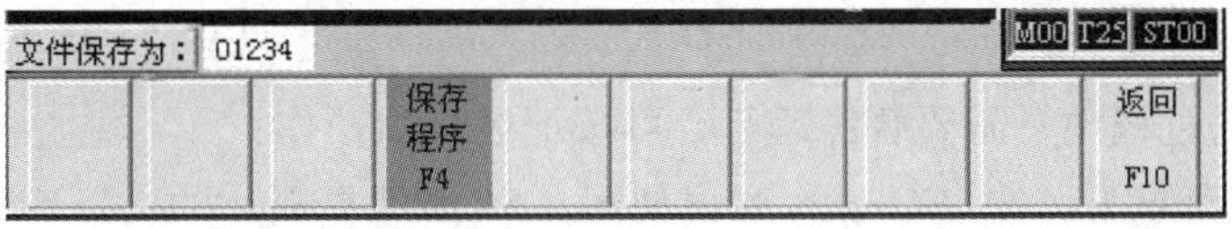

图 4-53　保存程序界面

如果存盘操作不成功，系统会给出如图 4-54 所示的提示信息，此时该程序文件是可读文件，不能更改保存，只能改为其他名字后保存。

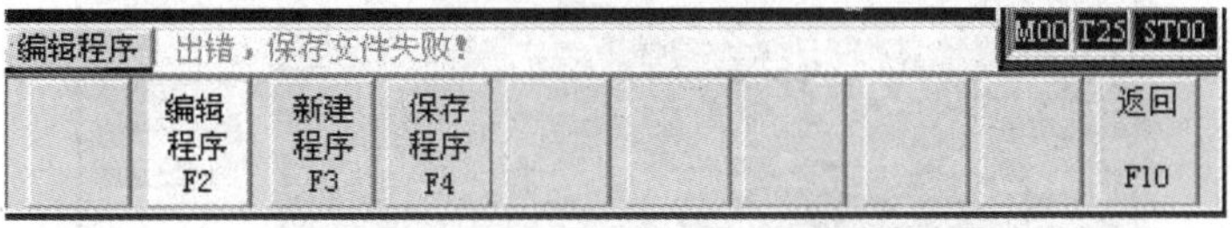

图 4-54　不能保存程序提示信息

5. 程序校验（F1→F5）

程序校验用于对调入加工缓冲区的程序文件进行校验，并提示可能的错误。

以前未在机床上运行的新程序在调入或编辑后最好先进行校验运行，正确无误后再启动自动运行。

程序校验运行的操作步骤如下：

1）调入要校验的加工程序。

2）按机床控制面板上的或按钮进入程序运行方式。

3）在程序菜单下，按<F5>键，此时软件操作界面的工作方式显示改为"自动校验"（图4-55）。

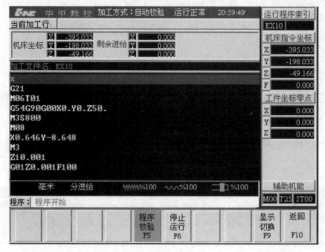

图4-55　程序校验运行界面

4）按机床控制面板上的按钮，程序校验开始。

5）若程序正确，校验完后，光标将返回到程序头，且软件操作界面的工作方式显示改为或；若程序有错，命令行将提示程序的哪一行有错，修改后可继续校验，直到程序正确为止。

6. 停止运行

在程序运行的过程中，需要暂停运行，可按下述步骤操作：

1）在程序子菜单下，按<F6>键，弹出如图4-56所示界面。

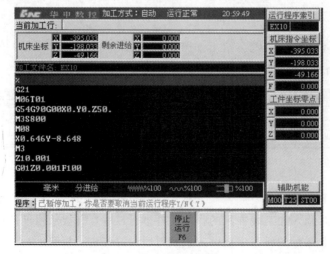

图4-56　程序运行过程中暂停运行

2）按 N° 键则暂停程序运行，并保留当前运行程序的模态信息（暂停运行后，可按循环启动按钮从暂停处重新启动运行）。

3）按 Yᴮ 键则停止程序运行，并卸载当前运行程序的模态信息（停止运行后，只能选择程序后，重新启动运行）。

7. 运行控制

（1）进给速度修调 在自动方式或 MDI 运行方式下，当 F 代码编程的进给速度偏高或偏低时，可用进给修调右侧的 进给修调 − 100% + 按键，修调程序中编制的进给速度。

按 100% 按键（指示灯亮），进给修调倍率被置为 100%，按一下 + 按键，进给修调倍率递增 10%，按一下 − 按键，进给修调倍率递减 10%，修调倍率的一次增减大小可由 PLC 设定。

（2）快移速度修调 在自动方式或 MDI 运行方式下，可用快速修调右侧的 快速修调 − 100% + 按键，修调 G00 快速移动时系统参数"最高快移速度"设置的速度。

按 100% 按键（指示灯亮），快速修调倍率被置为 100%，按一下 + 按键，快速修调倍率递增 10%，按一下 − 按键，快速修调倍率递减 10%，修调倍率的一次增减大小可由 PLC 设定。

（3）主轴修调 在自动方式或 MDI 运行方式下，当 S 代码编程的主轴速度偏高或偏低时，可用主轴修调右侧的 主轴修调 − 100% + 按键，修调程序中编制的主轴速度。

按 100% 按键（指示灯亮），主轴修调倍率被置为 100%，按一下 + 按键，主轴修调倍率递增 10%，按一下 − 按键，主轴修调倍率递减 10%，修调倍率的一次增减大小可由 PLC 设定。

机械齿轮换档时，主轴速度不能修调。

（4）机床锁住 禁止机床坐标轴动作。

在手动方式下按 机床锁住 按键（指示灯亮），此时在自动方式下运行程序，可模拟程序运行，显示屏上的坐标轴位置信息变化，但不输出伺服轴的移动指令，所以机床停止不动。这个功能用于校验程序。

（三）计算机联机自动加工（DNC 运行）

数控系统经 RS-232 接口读入外设上的数控程序，同步进行数控加工，称为 DNC 运行。工厂中进行模具加工生产时，程序通常很大，不需要存入 CNC 机床的存储器中，广泛采用这种方式。

1）选用一台计算机，安装专用的程序传输软件，根据数控系统对数控程序传输的具体要求，设置传输参数。

2）通过 RS-232 串行端口，将计算机和数控系统连接起来。

3）检查机床是否回零，若未回零，先将机床回零。

4）在图 4-48 所示界面，用 ▶、◀ 选中 DNC，系统给出图 4-57 所示提示。

5）按 Enter 键，系统等待通过 DNC 传输过来的程序文件。

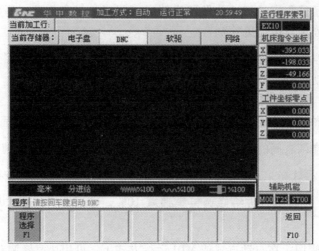

图 4-57　自动加工

6）进入 DNC 选择程序后，系统界面会自动切换到大字符显示方式。

第三节　数控铣削加工工艺及编程

一、数控铣床的加工工艺

（一）加工顺序的确定

加工顺序（又称工序）通常包括切削加工工序、热处理工序和辅助工序等，工序安排得科学与否将直接影响到零件的加工质量、生产率和加工成本。切削加工工序通常按以下原则安排。

1. 先粗后精

当加工零件精度要求较高时通常都要经过粗加工、半精加工、精加工阶段，如果精度要求更高，还包括光整加工的几个阶段。

2. 基准面先行

用作基准的表面应先加工。任何零件的加工过程总是先对定位基准进行粗加工和精加工。例如，轴类零件总是先加工中心孔，再以中心孔为精基准加工外圆和端面；箱体类零件总是先加工定位用的平面及两个定位孔，再以平面和定位孔为精基准加工孔系和其他平面。

3. 先面后孔

对于箱体、支架等零件，平面尺寸轮廓较大，用平面定位比较稳定，而且孔的深度尺寸又是以平面为基准的，故应先加工平面，然后加工孔。

4. 先主后次

即先加工主要表面，然后加工次要表面。在数控铣床（包括加工中心）上加工零件，一般都有多个工步，使用多把刀具，因此加工顺序安排得是否合理，直接影响到加工精度、加工效率、刀具使用数量和经济效益。此外还应考虑减少换刀次数，节省辅助时间。一般情况下，每换一把新的刀具后，尽量一次加工完用该刀具加工的所有部位，以减少换刀次数，提高生产率。每道工序尽量减少刀具的空行程移动量，按最短路线安排加工表面的加工顺序。安排加工顺序时可参照采用粗铣大平面→粗镗孔→半精镗孔，采用立铣刀加工时采用平面粗铣→加工中心孔→钻孔→攻螺纹→平面和孔精加工（精铣、铰、镗等）的加工顺序。

（二）进给路线的确定

进给路线的确定是工艺分析中一项极为重要的工作，它是编制程序的依据，是刀具相对于工件的运动轨迹及方向。因此，要合理确定进给路线，最好在工序简图上将进给路线画出来，便于编制程序。在确定进给路线时，要考虑零件被加工表面的精度、表面质量、表面形状，零件材料的刚度、切削余量，机床的类型、刚度、精度以及刀具的刚度等；要考虑被加工表面与夹具的空间关系，以防碰撞；合理的进给路线应能保证零件的加工精度、表面质量的要求；确定数值计算简单、程序段少、编程量小、进给路线短、空行程少的高效率路线。

1. 钻孔加工的进给路线

钻孔加工的进给路线包括钻、扩、铰、攻螺纹、镗孔等孔加工方法的进给路线。这种进给路线包括两个方面：X、Y方向和Z方向。如图4-58所示，钻孔加工的进给路线是参照普通钻床钻孔的动作设计的，按G81固定循环动作。

1) 钻头（铰刀、镗刀、螺纹刀具）沿X、Y方向快速移动至孔的中心位置。

2) 钻头快速下刀至工件表面上方3~5mm的距离。

3) 钻头工作进给至指定深度。

4) 钻头快速返回初始平面。

5) 若加工多个孔，则要考虑X、Y方向的最短加工路线。

2. 铣削平面轮廓的进给路线

（1）铣削外轮廓零件　铣削外轮廓零件的路线分为Z方向和X、Y方向，要一一确定。按X、Y方向的确定，如图4-59所示。

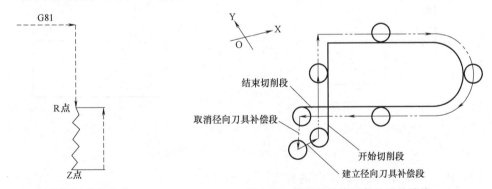

图4-58　钻孔加工进给路线　　　图4-59　铣削外轮廓零件的进给路线

1) 在开始切削段和结束切削段要有切入、切出的路线，以避免产生刀痕，保证被加工表面的光滑。

2) 应建立径向刀具补偿段和取消径向刀具补偿段，这一点非常重要。它的目的是使编程简单，可灵活使用不同直径的刀具，并利用刀具补偿值有效地控制尺寸精度。

3) 在实际切削段，只要沿着实际轮廓编制程序段就行了。在进给方向上一般用顺铣，这是因为数控铣床的丝杠是滚珠丝杠，间隙极小，甚至为零，不存在普通铣床上顺铣易损坏刀具的情况。顺铣加工的表面质量比逆铣要高，切削状态也好。

179

（2）铣削内轮廓零件　铣削内轮廓零件的路线也同样分为 Z 方向和 X、Y 方向，但铣削内轮廓零件与铣削外轮廓零件的情况不同，不能从切线方向切入、切出。

1）开始切削段可用圆弧切入，结束切削段可用圆弧切出，以保证不留刀痕，如图 4-60 所示。若要求不高，也可用斜线切入、切出，如图 4-61 所示。圆弧的大小和斜线的长短视内轮廓零件的尺寸大小而定。

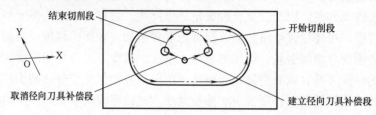

图 4-60　铣削内轮廓零件的圆弧切入、切出进给路线

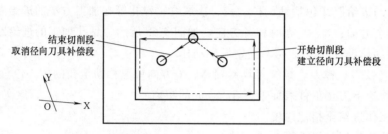

图 4-61　铣削内轮廓零件的斜线切入、切出进给路线

2）应建立径向刀具补偿段和取消径向刀具补偿段。

3）进给方向一般用顺铣，在确定路线时，要考虑刀具直径的大小，每段轮廓的长度必须大于刀具半径和刀具半径补偿值之和，否则机床将报警，防止过切，如图 4-62 所示。

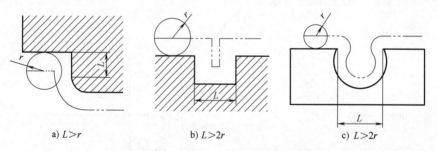

a) $L>r$　　　b) $L>2r$　　　c) $L>2r$

图 4-62　防止刀具过切的情况

（3）内、外轮廓零件 Z 方向的确定　如图 4-63 所示，铣刀快速进给至 Z'，再工作进给至切削长度 Z''。这个 Z' 值的确定很重要，设定的太大效率低，设定的太小则快速下刀距离零件太近，容易出危险，很容易碰刀。

铣削外轮廓零件时，落刀点要选在工件外，距离工件一定的距离 L（$L>r+R$，r 为刀具半径，R 为余量）；铣削内轮廓零件时，落刀点选在有空间下刀的地方，一般在内轮廓零件的中间。若没有空间，则应

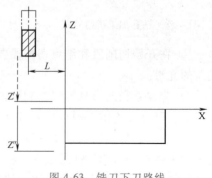

图 4-63　铣刀下刀路线

先钻落刀孔。

（4）型腔加工　这类零件是要去除中间的余量。如图 4-64 所示，在 X、Y 方向从落刀点下刀后有三种情况：平行切法（进给路线最短，表面质量差）、环切法（进给路线最长，表面质量好）、混合法（先平行切削再环切，进给路线较短，表面质量好）。在 Z 方向路线的确定，与加工内、外轮廓零件基本相同。

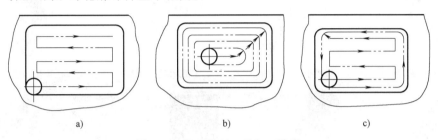

图 4-64　铣型腔的三种加工路线

3. 曲面加工的进给路线

曲面加工的进给路线对于三坐标数控铣床来说比较简单，用球头铣刀采用行切法加工。行切法是指刀具与零件表面的切点轨迹是一行一行的，且行距根据加工精度要求来确定。若曲面比较复杂，则要用四坐标数控铣床和五坐标数控铣床加工。

（三）铣削用工具的选择

1. 刀柄

刀柄是机床主轴和刀具之间的连接工具，是数控机床工具系统的重要组成部分之一，是数控铣床必备的辅具。它除了能够准确地安装各种刀具外，还应满足在机床主轴上的自动松开和拉紧定位、刀库中的存储和识别以及机械手的夹持和搬运等需要。刀柄分为整体式（图 4-65）和模块式（图 4-66）两类。整体式刀柄针对不同的刀具配备，其品种、规格繁多，给生产、管理带来不便；模块式刀柄克服了上述缺点，但对连接精度、刚性、强度都有很高的要求。

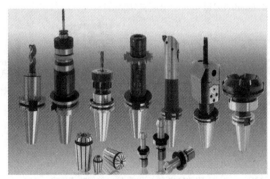
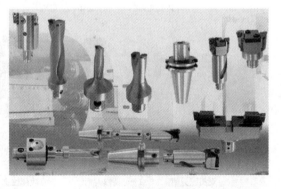

图 4-65　整体式刀柄　　　　　　　图 4-66　模块式刀柄

数控加工常用刀柄按加工形式主要分为钻孔刀具刀柄、镗孔刀具刀柄、铣刀刀柄、螺纹刀具刀柄和直柄刀具类刀柄（立铣刀刀柄和弹簧夹头刀柄）及其他类型。

（1）铣刀刀柄　常见的铣刀刀柄如图 4-67 所示。

（2）孔加工刀柄　常用孔加工刀具和螺纹加工刀具刀柄如图 4-68 所示。

a) 侧固式立铣刀刀柄　　b) 削平型直柄刀柄　　c) 三面刃面铣刀刀柄　　d) 面铣刀刀柄

e) 弹簧夹头刀柄　f) 带扁尾莫氏圆锥刀柄　g) 接长杆刀柄　h) 强力弹簧夹头刀柄　i) 油压刀柄

图 4-67　常见的铣刀刀柄

a) 钻夹头刀柄　　b) 整体式钻夹头刀柄　　c) 直角型粗镗刀柄　　d) 倾斜型粗镗刀柄

e) 双刃镗刀柄　　f) 可调镗刀柄　　g) 攻螺纹夹头刀柄　　h) 攻螺纹夹套　　i) 轴向伸缩攻螺纹器

图 4-68　孔加工刀柄

（3）特殊功能刀柄

1）增速刀柄（增速头，图 4-69a）：能实现自动换刀。如日本 NIKKEN 公司的 NXSE 增速头，在机床主轴速度为 4000r/min 时，刀具可在 0.8s 内转速达到 20000r/min。

2）多轴刀柄（图 4-69b）：它能同时加工多个孔，相当于多轴加工头。多轴与增速刀柄组合使用可构成双功能的多轴增速刀柄。

3）内冷却刀柄（图 4-69c）：该刀柄与芯部开有切削液通道的麻花钻或深孔钻配合使用，利用特殊的供液系统，将高压切削液喷注到切削部位，实现良好的冷却与润滑，并排除切屑。

4）转角刀柄（图 4-69d）：这种刀柄的头部可做 30°、45°、60°、90° 等角度旋转，具有五面加工功能。安装在立式加工中心上，可使立式加工中心具有卧式加工中心的功能，可用于深型腔的底部清角作业。

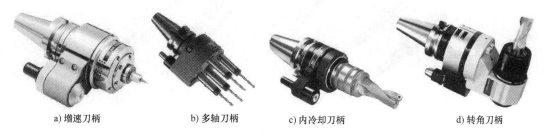

a) 增速刀柄　　　b) 多轴刀柄　　　c) 内冷却刀柄　　　d) 转角刀柄

图 4-69　特殊功能刀柄

2. 拉钉

拉钉（图 4-70）是指镗铣类数控机床主轴与刀柄之间的拉紧元件，用久会磨损和损坏，可是由于它体积小，可更换，也较便宜，所以它在加工中的重要性不易引起人们的重视。拉钉是带螺纹的零件，常固定在各种工具柄的尾端。机床主轴内的拉紧机构借助它把刀柄拉紧在主轴中。拉紧力的保持靠一组弹簧拉紧后就足以防止质量为 10~25kg 的刀柄及刀具从主轴中滑出。

3. 弹簧夹头

图 4-70　拉钉

弹簧夹头主要用于数控铣床和加工中心，是刀具和刀柄之间的连接夹紧元件。常用的弹簧夹头及其与刀柄的连接关系，如图 4-71 所示。

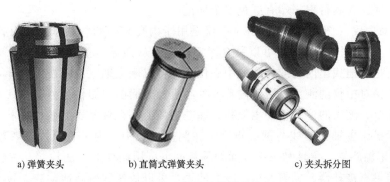

a) 弹簧夹头　　　b) 直筒式弹簧夹头　　　c) 夹头拆分图

图 4-71　常用的弹簧夹头

4. 对刀工具

（1）寻边器　寻边器是在数控加工中，为了精确确定被加工工件位置的一种检测工具。在数控加工中常用的寻边器有对二维工件进行测量的光电式和偏置式寻边器及能够对三维工件进行测量的 3D 寻边器。

1）二维工件寻边器（图 4-72）。光电式寻边器和偏置式寻边器只能测量 X 轴和 Y 轴的中心，其工作原理是首先在 X 轴上选定一边为零，再选另一边得出数值，取其一半为 X 轴中点，然后按同样方法找出 Y 轴中点，这样工件在 XY 平面的加工中心就得到了确定。

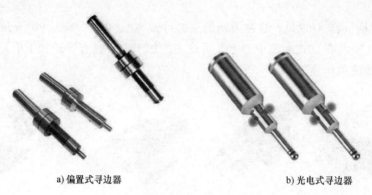

a）偏置式寻边器　　　　　　　　　b）光电式寻边器

图 4-72　二维工件寻边器

2）三维工件寻边器（图 4-73）。对于加工中心（包括铣床）和电加工机床而言，三维工件寻边器是一种高精度、多功能的测量仪器（对于电加工机床，其测尖为绝缘感应测尖）。将三维工件寻边器固定在机床主轴或电极头上，主轴中心可以精确地定位在夹具或工件的各边上。因此工件零点及长度都可以快速测量及设置。

三维工件寻边器的优势在于可以从任意方向（X 轴、Y 轴或 Z 轴）接近工件。在测量的过程中，指针始终向一个方向偏移，并始终显示机床主轴中心与工件边之间的距离。当指针指示为零时，表示机床主轴轴线与工件边重合。第一次使用也无需试验，无需计算，没有正、负号问题。这大大减少了额外的工作量，提高了生产率，并且减轻了工人的劳动强度。

三维工件寻边器结构非常紧凑，操作极其方便。同机床刀具一样，三维工件寻边器可以装夹于刀柄上，从而通过换刀或直接安装到机床主轴上。它的测尖无需任何工具就可直接更换。同时为了获得最大的检测精度，在装配过程中，所有的寻边器均经过严格检验及调整。为了增加安全性，在其行程末端有红色安全标记。

3）精密对中仪（图 4-74）。精密对中仪是用于内孔和外圆的精密对中设备，表盘固定不动。同机床刀具一样，对中仪可以装夹于刀柄上，从而通过换刀或直接安装到机床主轴上，可以方便精确地找出内孔或外圆的中心位置。将机床主轴定位在需要测量的点附近，并低速转动，精密对中仪的测头将沿着内孔或外圆直径表面圆周的轨迹滑动，只要机床主轴和直径中心不重合，测头的位置将发生偏移，偏差的数值将在百分表上显示出来。当指针不再摆动时，表示机床主轴中心线与圆心重合。在测量过程中，为了方便操作者观察，指示器（表盘）不随主轴旋转。主轴和工件表面的垂直度也可用同样的方法检测。主轴同心度误差和夹紧的偏差可直接补偿，无需调整。较大的表盘可以快速和精确地读数。为方便使用，测尖是可交换的，并有多种不同测尖可供选择。

4）高精度数字式三维工件寻边器。数字式三维工件寻边器是更为先进的高精度寻边器，如图 4-75 所示。它用于铣床和电加工机床中工件的找正及工件原点的设置，使得机床主轴或电极可快速定位于参考点，具体的数据将以数字的形式直接在显示器上显示。当显示数据为零时，表示机床主轴中心线与测量点重合，因此无需任何计算，机床坐标系就可直接设置。

图 4-73　三维工件寻边器

图 4-74　精密对中仪

图 4-75　数字式三维工件寻边器

数字式三维工件寻边器最小分辨力为 0.001mm。因其界面较大，故极大地方便了操作者由远处直接获得测量数据。数字式三维工件寻边器的防溅、防尘设计使其可以直接存放于刀库之中，而不必担心损坏。

（2）Z 轴定位器　如图 4-76 所示。

图 4-76　Z 轴定位器

（3）对刀仪　如图 4-77 所示。

a) 数控车床对刀仪

b) 加工中心自动对刀仪

c) 光电式对刀仪

图 4-77　对刀仪

5. 卸刀座

常用卸刀座如图 4-78 所示。

图 4-78　卸刀座

（四）铣削用夹具的选择

1. 通用夹具

数控铣床常用夹具是机用平口钳（图 4-79a）、液压虎钳（图 4-79b）、铣削用卡盘（图 4-80）等。机用平口钳可固定在工作台上，先找正钳口，再把工件装夹在平口钳上，这种方式装夹方便，应用广泛，适于装夹形状规则的小型工件。

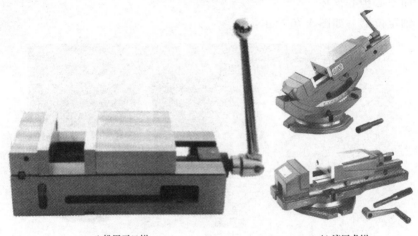

a) 机用平口钳　　　　　　　　　　　b) 液压虎钳

图 4-79　铣床虎钳

a) 铣削用自定心卡盘　　　　　　　　b) 铣削用单动卡盘

图 4-80　铣削用卡盘

2. 回转夹具

数控回转工作台是各类数控铣床和加工中心的理想配套附件，有立式工作台、卧式工作台和立卧两用回转工作台等不同类型产品，如图 4-81 所示。立卧两用回转工作台在使用过程中可分别以立式和水平两种方式安装于主机工作台上。工作台工作时，利用主机的控制系统或专门配套的控制系统，完成与主机相协调的各种必需的分度回转运动。

为了扩大加工范围，提高生产率，加工中心除了沿 X、Y、Z 三个坐标轴的直线进给运动之外，往往还带有 A、B、C 三个回转坐标轴的圆周进给运动。数控回转工作台作为机床的一个旋转坐标轴由数控装置控制，并且可以与其他坐标轴联动，使主轴上的刀具能加工到工件除安装面及顶面以外的周边。回转工作台除了用来进行各种圆弧加工或与直线坐标轴联动进行曲面加工以外，还可以实现精确的自动分度。因此，回转工作台已成为加工中心一个不可缺少的部件。

a) 可倾斜式回转工作台   b) 立卧两用回转工作台

c) 卧式回转工作台   d) 立式等分回转工作台

图 4-81 数控回转工作台

3. 专用夹具

专为某一工件的某道工序设计制造的夹具，称为专用夹具。在产品相对稳定、批量较大的生产中，采用各种专用夹具，可获得较高的生产和加工精度。专用夹具的设计周期较长，投资较大。

4. 可调夹具

某些元件可调整或更换，以适应多种工件加工的夹具，称为可调夹具。可调夹具是针对通用夹具和专用夹具的缺陷而发展起来的一类新型夹具。对不同类型和尺寸的工件，只需调整或更换原来夹具上的个别定位元件和夹紧元件便可使用。它一般又可分为通用可调夹具和成组夹具两种。前者的通用范围比通用夹具更大；后者则是一种专用可调夹具，它按成组原理设计并能加工一族相似的工件，故在多品种，中、小批量生产中使用有较好的经济效果。

5. 组合夹具

采用标准的组合元件、部件，专为某一工件的某道工序组装的夹具，称为组合夹具。组合夹具是一种模块化的夹具。标准的模块元件具有较高的精度和耐磨性，可组装成各种夹具。夹具用毕可拆卸，清洗后留待组装新的夹具。由于使用组合夹具可缩短生产准备周期，元件能重复多次使用，并具有减少专用夹具数量等优点，因此组合夹具在中、小批量多品种生产和数控加工中，是一种较经济的夹具。组合夹具主要分为孔系和槽系两大类，如图4-82所示。

a) 孔系组合夹具　　　　　　　　　　　　　b) 槽系组合夹具

图 4-82　组合夹具

6. 拼装夹具（图4-83）

用专门的标准化、系列化的拼装零部件拼装而成的夹具，称为拼装夹具。它具有组合夹具的优点，但比组合夹具精度高，效能高，结构紧凑。它的基础板和夹紧部件中常带有小型液压缸。此类夹具更适合在数控机床上使用。

a) 气动夹具　　　　　　　　　　　　　b) 连杆大头孔液压夹具

图 4-83　拼装夹具

（五）铣削用刀具的选择

1. 数控铣刀的分类

数控铣刀按不同的分类方法可分成以下几类。

（1）按刀具结构分类

1）整体式刀具（图 4-84a）。该类刀具由整块材料磨制而成，使用时根据不同用途将切削部分磨成所需形状。其优点是结构简单、使用方便、可靠、更换迅速等。

2）镶嵌式刀具。该类刀具分为焊接式（图 4-84b）和机夹式（图 4-84d）。机夹式刀具又可根据刀体结构的不同，分为不转位刀具和可转位刀具。

3）减振式刀具。当刀具的工作长度与直径比大于 4 时，为了减少刀具的振动，提高加工精度，应该采用特殊结构的刀具。减振式刀具主要应用在镗孔加工上，如图 4-84c 所示。

4）内冷式刀具。该类刀具的切削液通过机床主轴或刀盘流到刀体内部，并从喷孔喷射到刀具切削刃部位，如图 4-84e 所示。

5）特殊型刀具。特殊型刀具有可逆攻螺纹刀具、复合刀具等，如图 4-84f、g 所示。

现代数控机床的刀具主要采用整体硬质合金或不重磨机夹可转位刀具。

a) 整体式刀具   b) 焊接式钨钢铣刀   c) 减振式刀具

d) 机夹式刀具   e) 内冷式合金钻头   f) 可逆攻螺纹刀具   g) 复合刀具

图 4-84　按刀具结构分类

（2）按制造材料分类

1）高速钢刀具。高速钢通常是型坯材料，韧性较硬质合金好，硬度、耐磨性和热硬性较硬质合金差，不适于切削硬度较高的材料，也不适于进行高速切削。高速钢刀具使用前需生产者自行刃磨，且刃磨方便，适于各种特殊需要的非标准刀具。

2）硬质合金刀具。硬质合金刀具切削性能优异，在数控加工中被广泛使用。硬质合金刀具有标准规格系列产品，具体技术参数和切削性能由刀具生产厂家提供。

硬质合金刀具按国家标准分为六大类：P 类、M 类、K 类、N 类、S 类和 H 类。

P 类适合长切屑材料的加工，如钢、铸钢、长切屑可锻铸铁等的加工。

M 类适合通用合金，用于不锈钢、铸钢、锰钢、可锻铸铁、合金钢、合金铸铁等的加工。

K 类适合短切屑材料的加工，如铸铁、冷硬铸铁、短切屑可锻铸铁、灰铸铁等的加工。

N 类适合有色金属、非金属材料的加工，如铝、镁、塑料、木材等的加工。

S 类适合耐热和优质合金材料的加工，如耐热钢，含镍、钴、钛的各类合金材料的加工。

H 类适合硬切屑材料的加工，如淬硬钢、冷硬铸铁等材料的加工。

3）陶瓷刀具。陶瓷刀具具有氧化铝（Al_2O_3）基和氮化硅（Si_3N_4）基两大类（图4-85），具有工效高、使用寿命长和加工质量好等特点。随着现代陶瓷刀具材料性能的不断改进，它将与涂层硬质合金刀具、金刚石和CBN等超硬刀具一起成为高速加工用的三种主要刀具。

a) 陶瓷立铣刀　　　　b) 陶瓷面铣刀

图 4-85　陶瓷刀具

4）立方氮化硼（CBN）刀具。立方氮化硼和陶瓷材料一样属于非金属材料，聚晶立方氮化硼由立方氮化硼单晶微粉加入一定的结合剂在高温高压下烧结而成。CBN刀具分复合片和整体片两种。复合片是以硬质合金为底衬，上面烧结一层聚晶氮化硼，此种刀片只适用于精加工；而整体刀片则是采用CBN微粉整体烧结而成的块状材料，经刃磨而形成刀片，它的主要用途在于粗加工，也可用于精加工。CBN刀具广泛使用于淬火钢、工具钢、冷硬铸铁、高铬铸铁（Cr27）、硬镍铸铁、白口铸铁等高硬度难加工材料。

5）聚晶金刚石（PCD）刀具。PCD刀具具有硬度高、抗压强度高、导热性及耐磨性好等特性，可在高速切削中获得很高的加工精度和加工效率。

2. 孔加工刀具

（1）钻削刀具　钻削刀具分小孔、短孔、深孔、攻螺纹、铰孔等刀具，如图4-86所示。

钻削刀具可用于数控车床、车削中心，又可用于数控镗铣床和加工中心。因此它的结构和连接形式有多种，有直柄、直柄螺钉紧定、锥柄、螺纹连接、模块式连接（圆锥或圆柱连接）等多种。

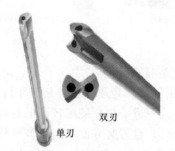

双刃

单刃

a) 丝锥　　　　　　　　　　　b) 深孔枪钻

c) 深孔钻头钻杆　　　　　　　d) 铰刀　　　　　　e) 机夹可转位浅孔钻

图 4-86　钻削刀具

（2）镗削刀具　镗削主要分粗镗和精镗。镗削刀具有单刃镗刀、多刃镗刀和多刃组合镗刀等，如图 4-87 所示。

镗削刀具从结构上可分为整体式镗刀柄、模块式镗刀柄和镗头类，从加工工艺要求上可分为粗镗刀和精镗刀。

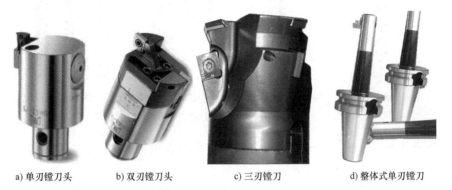

a) 单刃镗刀头　　　b) 双刃镗刀头　　　c) 三刃镗刀　　　d) 整体式单刃镗刀

图 4-87　镗削刀具

3. 铣削刀具

（1）面铣刀　面铣刀的圆周表面和端面上都有切削刃，端部切削刃为副切削刃。面铣刀多制成套式镶齿结构和刀片机夹可转位结构，刀齿材料为高速钢或硬质合金，刀体为 40Cr，广泛用于加工平面类零件。常用面铣刀如图 4-88 所示。

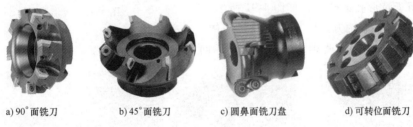

a) 90°面铣刀　　　b) 45°面铣刀　　　c) 圆鼻面铣刀盘　　　d) 可转位面铣刀

图 4-88　常用面铣刀

（2）立铣刀　立铣刀是数控机床上用得最多的一种铣刀，如图 4-89 所示。立铣刀的圆柱表面和端面上都有切削刃，它们可同时进行切削，也可单独进行切削。其结构有整体式和机夹式等，高速钢和硬质合金是铣刀工作部分的常用材料。

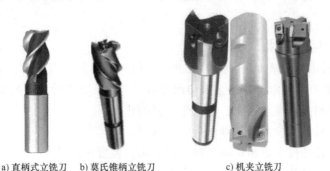

a) 直柄式立铣刀　　b) 莫氏锥柄立铣刀　　　　c) 机夹立铣刀

图 4-89　立铣刀

（3）球头铣刀 球头铣刀适用于加工空间曲面零件，有时也用于平面类零件较大的转接凹圆弧的补加工，如图4-90所示。

a) 双刃球头立铣刀　　b) 可转位球头立铣刀　　c) 三齿机夹球头铣刀　　d) 镜面球头铣刀

图 4-90　球头铣刀

（4）鼓形铣刀 鼓形铣刀的切削刃分布在半径为 R 的圆弧面上，端面无切削刃。加工时控制刀具的上下位置，相应该面切削刃的切削部位可以在工件上切出从负到正的不同斜角。R 越小，鼓形铣刀所能加工的斜角范围越广。

（5）成形铣刀 成形铣刀一般都是为特定的工件或加工内容专门设计制造的，适用于加工平面类零件的特定形状（如角度面、凹槽面等），也适用于特形孔或凸台，如图4-91所示。

图 4-91　成形铣刀

（6）盘铣刀 盘铣刀一般采用在盘状刀体上机夹刀片或刀头组成，常用于端铣较大的平面，如图4-92所示。

图 4-92　盘铣刀

4. 数控加工刀具的要求

为适应数控机床加工精度高、加工效率高、加工工序集中以及零件装夹次数少的要求，数控机床对所用的刀具相对于普通金属切削刀具又有以下许多性能上的要求。

1）刀片及刀柄应高度通用化、规格化、系列化。

2）刀片或刀具的寿命及经济寿命指标应合理。

3）刀具或刀片几何参数和切削参数应规范化、典型化。

4）刀片或刀具材料及切削参数与被加工材料之间应相匹配。

5）刀具应具有较高的精度，包括刀具的形状精度、刀片及刀柄对机床主轴的相对位置精度、刀片及刀柄的转位及拆装的重复精度。

6）刀柄的强度要高、刚性及耐磨性要好。

7）刀柄或工具系统的装机重量应有限度。

8）刀片及刀柄切入的位置和方向应有要求。

9）刀片、刀柄的定位基准及自动换刀系统要优化。

数控机床上用的刀具应满足安装调整方便、刚性好、精度高、寿命长等要求。

（六）铣削用量的选择

合理地选择切削用量，对零件的表面质量、精度、加工效率影响很大，这在实际加工中往往是很难掌握的，必须要有丰富的实践经验才能够掌握好切削用量的选择。合理选择切削用量对于发挥数控机床的最佳效益有着至关重要的关系。选择切削用量的原则是：粗加工时，一般以提高生产率为主，但也要考虑经济性和加工成本；半精加工和精加工时，应在保证加工质量的前提下，兼顾切削效率、经济性和加工成本。具体数值应根据机床说明书、刀具说明书、切削用量手册，并结合经验而定。在机床、零件和刀具刚度允许的情况下，背吃刀量 a_p 可等于总加工余量，这是提高生产率的一个有效措施。为了保证零件的加工精度和表面粗糙度，一般应留一定的余量进行精加工。

在编程中切削宽度 L 称为步距，一般切削宽度 L 与刀具有效直径 d 成正比，与背吃刀量成反比。在粗加工中，步距取得大点有利于提高加工效率。在使用平底铣刀进行切削时，一般 L 的取值范围为：$L = (0.6 \sim 0.9)d$。在使用球头铣刀进行加工时，刀具直径应扣除刀尖的圆角部分，即 $d = D - 2r$（D 为刀具直径，r 为刀尖圆角半径），而 L 的取值范围为：$L = (0.8 \sim 0.9)d$。在使用球头铣刀进行精加工时，步距的确定应首先考虑所能达到的精度和表面粗糙度。

切削速度 v_c 也称单齿切削量，单位为 m/min，提高 v_c 值也是提高生产率的一个有效措施，但 v_c 与刀具寿命的关系比较密切，随着 v_c 的增大，刀具寿命急剧下降，故 v_c 的选择主要取决于刀具寿命。一般好的刀具供应商都会在其手册或者刀具说明中提供刀具的切削速度推荐值。另外，切削速度 v_c 还要根据零件的材料硬度来做适当的调整，表 4-9 列的是某品牌刀具对于零件材料的硬度值与标准值之间的修正系数。例如，用立铣刀铣削合金钢 30CrNi2MoVA 时，v_c 可采用 8m/min 左右；而用同样的立铣刀铣削铝合金时，v_c 可选 200m/min 以上。

表 4-9　某品牌刀具的切削速度与硬度变化修正系数

材料	硬度 HBW	减少的硬度值 HBW				增加的硬度值 HBW				
		60	40	20	0	20	40	60	80	100
钢材	180	1.44	1.25	1.11	1	0.91	0.84	0.77	0.72	0.67

主轴转速 n（r/min）一般根据切削速度 v_c 来选定。其计算公式为

$$n = \frac{1000 v_c}{\pi D_c}$$

式中，D_c 为刀具直径（mm）。

在使用球头铣刀时要做一些调整，球头铣刀的计算直径 D_{eff} 要小于铣刀直径 D_c，故其实际转速不应按铣刀直径 D_c 计算，而应按计算直径 D_{eff} 计算。即

$$D_{eff} = \left[D_c^2 - (D_c - 2a_p)^2 \right] \times 0.5$$

$$n = \frac{1000v_c}{\pi D_{eff}}$$

数控机床的控制面板上一般备有主轴转速修调（倍率）开关，可在加工过程中根据实际加工情况对主轴转速进行调整。

进给速度 v_f 是指机床工作台在做插补时的进给速度，v_f 的单位为 mm/min。v_f 应根据零件的加工精度和表面粗糙度要求以及刀具和工件材料来选择。v_f 的增加可以提高生产率，但是刀具寿命也会降低。加工表面粗糙度要求低时，v_f 可选择得大些。进给速度的计算公式为

$$v_f = nzf_z$$

式中，z 为刀具齿数；f_z 为进给量（mm/齿），f_z 值由刀具供应商提供。

在数控编程中，还应考虑在不同情形下选择不同的进给速度。如在初始切削进刀时，特别是 Z 轴下刀时，因为进行端铣，受力较大，同时考虑程序的安全性问题，所以应以相对较慢的速度进给。

另外，在 Z 轴方向的进给由上往下进给时，产生端切削，可以设置不同的进给速度。在切削过程中，有的平面侧向进刀，可能产生全刀切削，即刀具的周边都要切削，切削条件相对较恶劣，可以设置较低的进给速度。

在加工过程中，v_f 也可通过机床控制面板上的修调开关进行人工调整，但是最大进给速度要受到设备刚度和进给系统性能等的限制。

在实际的加工过程中，可能要对各个切削用量参数进行调整，如使用较高的进给速度进行加工，虽然刀具的寿命有所降低，但节省了加工时间，反而能有更好的效益。对于加工中不断产生的变化，数控加工中的切削用量选择在很大程度上依赖于编程人员的经验，因此，编程人员必须熟悉刀具的使用和切削用量的确定原则，不断积累经验，从而保证零件的加工质量和效率，充分发挥数控机床的优点，提高企业的经济效益和生产水平。

二、数控铣床的编程

（一）控制数控铣床的辅助功能指令

数控机床的运动是由程序控制的，而准备功能和辅助功能是程序段的基本组成部分。辅助功能 M 指令是用于指定主轴的旋转方向、起动、停止、切削液的开关、工件或刀具的夹紧或松开等功能。辅助功能指令由地址符 M 和其后的两位数字组成。M 指令常因生产厂家及机床的结构和规格不同而各异。下面对一些常用的 M 代码、含义及用途做一一说明，见表 4-10。

表 4-10　常用辅助功能 M 的代码、含义及用途（FANUC 系统）

代码	含义	用途
M00	程序停止	实际上是一个暂停指令。当执行有 M00 指令的程序段后，主轴的转动、进给、切削液都将停止。它与单程序段停止相同，模态信息全部被保存，以便进行某一手动操作，如换刀、测量工件的尺寸等。重新起动机床后，继续执行后面的程序
M01	选择停止	与 M00 的功能基本相似，只有在按下"选择停止"按钮后，M01 才有效，否则机床继续执行后面的程序段；按下"启动"按钮，继续执行后面的程序

（续）

代　码	含　　义	用　　　途
M02	程序结束	该指令编在程序的最后一条，表示执行完程序内所有指令后，主轴停止、进给停止、切削液关闭，机床处于复位状态
M03	主轴正转	用于主轴顺时针方向转动
M04	主轴反转	用于主轴逆时针方向转动
M05	主轴停止转动	用于主轴停止转动
M06	换刀	用于加工中心的换刀动作
M07	切削液开	用于1号切削液开
M08	切削液开	用于2号切削液开
M09	切削液关	用于切削液关
M30	程序结束	使用 M30 时，除表示执行 M02 的内容之外，还返回到程序的第一条语句，准备下一个工件的加工

1. 程序停止指令（M00）

M00 实际上是一个暂停指令。当执行有 M00 指令的程序段后，主轴停转、进给停止、切削液关、程序停止。程序运行停止后，模态信息全部被保存，利用机床的"启动"按钮，便可继续执行后续的程序。该指令经常用于加工过程中测量工件的尺寸、工件掉头、手动变速等操作。

2. 计划（选择）停止指令（M01）

该指令的作用与 M00 相似，但它必须是在预先按下操作面板上的"选择停止"按钮并执行到 M01 指令的情况下，才会停止执行程序。如果不按下"选择停止"按钮，M01 指令无效，程序继续执行。该指令常用于工件关键性尺寸的停机抽样检查等，当检查完毕后，按"启动"按钮可继续执行以后的程序。

3. 程序结束指令（M02、M30）

该指令用在程序的最后一个程序段中。当全部程序结束后，用此指令可使主轴旋转、进给及切削液全部停止，并使机床复位。M30 与 M02 基本相同，但 M30 能自动返回程序起始位置，为加工下一个工件做好准备。使用 M30 结束程序后，若要重新执行该程序，只需再次按操作面板上的"循环启动"按钮。

M00、M01、M02 和 M30 的区别与联系：

1）M00 为程序无条件暂停指令。程序执行到此进给停止，主轴停转。重新启动程序，必须先回 JOG 状态下，按下"主轴正转"按钮起动主轴，接着返回 AUTO 状态下，按下"启动"按钮才能启动程序。

2）M01 为程序选择性暂停指令。程序执行前必须打开控制面板上"选择停止"按钮才能执行，执行后的效果与 M00 相同，要重新启动程序同上。

3）M00 和 M01 常常用于加工中途工件尺寸的检验或排屑。

4）M02 为主程序结束指令。执行到此指令，进给停止，主轴停转，切削液关闭，但光标停在程序末尾。

5）M30 为主程序结束指令。功能同 M02，不同之处是，光标返回程序头位置，不管 M30 后是否还有其他程序段。

4. 控制主轴旋转的 M 代码

这一组 M 代码有 M03、M04、M05。

M03 表示主轴正转，M04 表示主轴反转。所谓正转，是从主轴向 Z 轴正向看，主轴顺时针转动；而主轴反转时，观察到的转向则相反。M05 为主轴停止，它是在该程序段其他指令执行完以后才执行的。

5. 控制切削液开/关的 M 代码

这一组 M 代码有 M07、M08、M09。M07 开 2 号切削液；M08 开 1 号切削液；M09 关闭切削液。不论 1 号切削液开，还是 2 号切削液开，执行 M09，都能使切削液关闭。

6. 主轴定向停止指令（M19）

M19 能使主轴准确地停止在预定的角度位置上。这个指令主要用于点位控制的数控机床和自动换刀的数控机床，如数控坐标镗床、加工中心等。

7. 与子程序有关的指令（M98、M99）

M98 为调用子程序指令，M99 为子程序结束并返回到主程序的指令。

8. S 指令

S 指令为主轴转速控制指令，有两种指令格式。一种是 S××，用 S 和其后的两位数选择主轴速度。这个两位数是主轴转速的编码，表示主轴的不同的转速级。如 S12 为主轴第 12 级转速。此时，机床主传动为有级变速。另一种是 S××××，用 S 和其后的四位数直接指令主轴的转速。如 S2000 为指令主轴转速为 2000r/min，此时，机床主传动为无级变速。指令了 S 代码后，主轴转与不转，是正转还是反转，转后是否停止由 M 代码决定。

在刀具旋转的机床中，主轴旋转单位一般采用 r/min。

S 是模态指令，S 指令只有在主轴速度可调时有效。

S 所编程的主轴转速可以借助机床控制面板上的主轴倍率开关进行修调。

9. F 指令

F 指令表示工件被加工时，刀具相对于工件的合成进给速度。

F 功能指令用来指定坐标轴移动的进给速度，一般有两种表示方法：

（1）代码法　F 后面跟两位数字，表示机床进给量数列的序号，它不直接表示进给速度的大小。

（2）直接指定法　F 后面跟的数字就是进给速度的大小，如 F300 即表示进给速度为 300mm/min。这种表示方法较为直观，目前大多数机床均采用这种方法。

F 代码为续效代码，一经设定后若未被重新指定，则表示先前所设定的进给速度继续有效。F 代码指令值若超过制造厂商所设定的范围时，则以厂商所设定的最高或最低进给速度为实际进给速度。

10. 刀具功能 T

在自动换刀的数控机床中，该指令用于选择所需的刀具，同时还可用来指定刀具补偿号。一般加工中心程序中 T 代码的数字直接表示选择的刀具号码，如 T10 表示 10 号刀；数控车床程序中的 T 代码后的数字既包含所选择刀具号，也包含刀具补偿号，如 T0806 表示选择 8 号刀，调用 6 号刀具补偿参数进行长度和半径补偿。由于不同的数控系统有不同的指令方法和含义，具体应用时应参照数控机床的编程说明书。

（二）坐标系设定 G 指令

准备功能 G 指令是使数控机床建立起某种加工方式的指令，为插补运算、刀具补偿、固定循环等做好准备。G 指令由地址符 G 和其后的两位数字组成，从 G00~G99 共 100 种。准备功能 G 代码见表 4-11。

表 4-11　准备功能 G 代码

代码	功能保持到被取消或被同样字母表示的程序指令所代替	功能仅在所出现的程序段内有作用	功　能
G00	a		点定位
G01	a		直线插补
G02	a		顺时针方向圆弧插补
G03	a		逆时针方向圆弧插补
G04		*	暂停
G05	#	#	不指定
G06	a		抛物线插补
G07	#	#	不指定
G08		*	加速
G09		*	减速
G10~G16	#	#	不指定
G17	c		XY 平面选择
G18	c		ZX 平面选择
G19	c		YZ 平面选择
G20~G32	#	#	不指定
G33	a		螺纹切削,等螺距
G34	a		螺纹切削,增螺距
G35	a		螺纹切削,减螺距
G36~G39	#	#	永不指定
G40	d		刀具补偿/刀具偏置注销
G41	d		刀具补偿—左
G42	d		刀具补偿—右
G43	#(d)	#	刀具偏置—正
G44	#(d)	#	刀具偏置—负
G45	#(d)	#	刀具偏置+/+
G46	#(d)	#	刀具偏置+/-
G47	#(d)	#	刀具偏置-/-
G48	#(d)	#	刀具偏置-/+
G49	#(d)	#	刀具偏置0/+
G50	#(d)	#	刀具偏置0/-
G51	#(d)	#	刀具偏置+/0

（续）

代码	功能保持到被取消或被同样字母表示的程序指令所代替	功能仅在所出现的程序段内有作用	功　　能
G52	#(d)	#	刀具偏置-/0
G53	f		直线偏移,注销
G54	f		直线偏移 X
G55	f		直线偏移 Y
G56	f		直线偏移 Z
G57	f		直线偏移 XY
G58	f		直线偏移 XZ
G59	f		直线偏移 YZ
G60	h		准确定位 1(精)
G61	h		准确定位 2(中)
G62	h		快速定位(粗)
G63		*	攻螺纹
G64~G67	#	#	不指定
G68	#(d)	#	刀具偏置,内角
G69	#(d)	#	刀具偏置,外角
G70~G79	#	#	不指定
G80	e		固定循环注销
G81~G89	e		固定循环
G90	j		绝对尺寸
G91	j		增量尺寸
G92		*	预置寄存
G93	k		时间倒数,进给率
G94	k		每分钟进给
G95	k		主轴每转进给
G96	I		恒线速度
G97	I		每分钟转数(主轴)
G98~G99	#	#	不指定

注：1. #号：若选作特殊用途,必须在程序格式说明中说明。

2. 若在直线切削控制中没有刀具补偿,则 G43~G52 可指定用作其他用途。

3. 在表中括号中的字母（d）表示：可以被同栏中没有括号的字母 d 所注销或代替,也可被有括号的字母（d）所注销或代替。

4. G45~G52 的功能可用于机床上任意两个预定的坐标。

5. 控制机上没有 G53~G59、G63 功能时,可以指定用作其他用途。

　　G 指令（代码）有两种：模态指令（代码）和非模态指令（代码）。模态代码又称续效代码,表内标有 a、c、d…字母的表示所对应的第一列的 G 代码为模态代码,字母相同的为一组,同组的任意两个 G 代码不能同时出现在一个程序段中。模态代码一经在一个程序段中指定,便保持到以后程序段中直到出现同组的另一代码时才失效。表内标有"＊"的表示对应的 G 代码为非模态代码，非模态代码只有在所出现的程序段有效。

对于同一台数控机床的数控装置来说，它所具有的 G 功能指令只是标准中的一部分，而且各机床由于性能要求不同，也各不一样。

加工零件的编程是在工件坐标系内进行的。因此，设定工件坐标系对编程有着极其重要的作用。工件坐标系可用下述两种方式设定。

1. 工件坐标系设定指令 G92（图 4-93）

格式：G92　X __　Y __　Z __；

功能：设定工件坐标系。

说明：

1）在机床上建立工件坐标系（也称编程坐标系）。

2）如图 4-93 所示，坐标值 X、Y、Z 为刀具刀位点在工件坐标系中的坐标值（也称起刀点或换刀点）。

G92 指令中 X、Y、Z 坐标表示换刀点在工件坐标系 $X_p Y_p Z_p$ 中的坐标值。

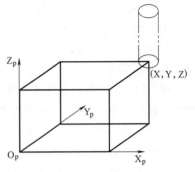

图 4-93　G92 设定工件坐标系

如："G92　X10　Y10;"含义为刀具并不产生任何动作，只是将刀具所在的位置设为 X10　Y10，即相当于确定了坐标系。

注意事项：

1）程序中如果使用 G92 指令，则该指令应位于程序的第一句。

2）通常将坐标原点设于主轴轴线上，以便于编程。

3）程序启动时，如果第一条程序是 G92 指令，那么执行后，刀具并不运动，只是当前点被置为 X、Y、Z 的设定值。

4）G92 要求坐标值 X、Y、Z 必须齐全，不可缺省，并且不能使用 U、V、W 编程。

5）对于尺寸较复杂的工件，为了计算简单，在编程中可以任意改变工件坐标系的程序零点。

6）操作者必须在工件安装后检查或调整刀具刀位点，以确保机床上设定的工件坐标系与编程时在零件上所规定的工件坐标系在位置上重合一致。

2. 工件坐标系选择指令 G54～G59

如图 4-94 所示，可建立 G54～G59 共 6 个加工坐标系。其中：G54——加工坐标系 1，G55——加工坐标系 2，G56——加工坐标系 3，G57——加工坐标系 4，G58——加工坐标系 5，G59——加工坐标系 6。

说明：

1）加工前，将测得的工件编程原点坐标值预存入数控系统对应的 G54～G59 中，编程时，指令行里写入 G54～G59 即可。

2）比 G92 稍麻烦些，但不易出错。所谓零点偏置就是在编程过程中进行编程坐标系（工件坐标系）的平移变换，使编程坐标系的零点偏移到新的位置。

3）G54～G59 为模态功能，可相互注

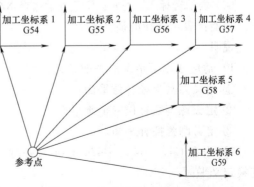

图 4-94　G54～G59 工件坐标系

销，G54 为默认值。

4）使用 G54~G59 时，不用 G92 设定坐标系。G54~G59 和 G92 不能混用。

这六个工件坐标系的原点值，是机床原点到各个坐标系原点的有向距离。这六个工件坐标系的原点在机床坐标系中的坐标值可用 MDI 方式输入，数控系统自动记忆。

例如：选择 G54 作为工件坐标系，编程时用指令 G54，而 G54 坐标系原点的值可通过对刀时用 MDI 方式输入到数控系统中。首先回参考点，移动刀具至某一点 A，将此时屏幕上显示的机床坐标值输入到数控系统 G54 的参数表中，编程时如 "G54   G00   G90   X40. Y30. "，则刀具在以 A 点为原点的坐标系内移至点（40，30）。这就是操作时 G54 与编程时 G54 的关系。

在 G54~G59 中，工件坐标系一旦选定，工件上各点的值均通过工件坐标系原点与机床坐标系建立起联系，零件程序与工件的位置无关，也与刀具的位置无关。更换工件时可省去重复对刀，也不需要修改程序。

G92 与 G54~G59 之间的优缺点：

1）G54~G59 是在加工前设定好的坐标系，而 G92 是在程序中设定的坐标系，用了 G54~G59 就没有必要再使用 G92，否则 G54~G59 会被替换，所以应当避免 G54~G59 与 G92 共用。

2）一旦使用了 G92 设定坐标系，再使用 G54~G59 不起任何作用，除非断电重新启动系统，或接着用 G92 设定所需新的工件坐标系。

3）使用 G92 的程序结束后，若机床没有回到 G92 设定的原点，就再次启动此程序，机床当前所在位置就成为新的工件坐标原点，易发生事故。所以，希望广大读者慎用。

4）常见错误。当执行程序段 "G92   X10   Y10" 时，常会认为是刀具在运行程序后到达 X10   Y10 点上。其实，G92 指令程序段只是设定加工坐标系，并不产生任何动作，这时刀具已在加工坐标系中的 X10   Y10 点上。

5）G54~G59 指令程序段可以和 G00、G01 指令组合，如 "G54   G90   G01   X10   Y10" 时，运动部件在选定的加工坐标系中进行移动。程序段运行后，无论刀具当前点在哪里，它都会移动到加工坐标系中的 X10   Y10 点上。

（三）坐标平面选择 G 指令

数控系统的圆弧插补和刀具半径补偿都是在坐标平面中进行的，因此，在加工前，必须选择坐标平面。

G17 表示选择 XY 平面；G18 表示选择 XZ 平面；G19 表示选择 YZ 平面，如图 4-95 所示。

功能：表示选择的插补平面。

说明：

1）适应于以下情况的平面定义：

① 定义刀具半径补偿平面。

② 定义螺旋线补偿的螺旋平面。

③ 定义圆弧插补平面。

2）当在 G41、G42、G43、G44 刀补时，不得变换定义平面。

3）一般的轨迹插补系统自动判别插补平面而

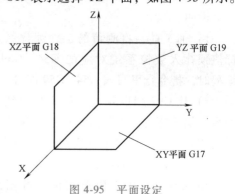

图 4-95   平面设定

无须定义平面。

4）三联动直线插补无平面选择问题。

5）系统上电时，自动处于 G17 状态；G17、G18、G19 可相互注销。

6）应注意的是，移动指令与平面选择无关，例如指令"G17 G01 Z10"时，Z 轴照样会移动。

例如，加工如图 4-96 所示零件，当铣削圆弧面 1 时，就在 XY 平面内进行圆弧插补，应选用 G17；当铣削圆弧面 2 时，应在 YZ 平面内加工，选用 G19。数控系统开机默认为 G17 状态。

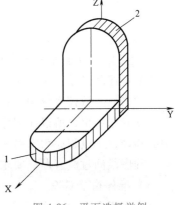

图 4-96 平面选择举例

（四）坐标值编程 G 指令

1. 绝对值编程指令 G90

格式：G90 X __ Y __ Z __ ;

绝对值编程指令 G90 后面的编程坐标值，都是相对于工件坐标系原点的编程坐标轴上的坐标值。用该坐标轴和其后的坐标值表示。G90 为默认值。

2. 相对值编程指令 G91

格式：G91 X(U) __ Y(V) __ Z(W) __ ;

相对值编程指令 G91 后面的编程值，都是当前编程点相对于前一个编程点的编程坐标轴上的增量值。用 U 表示 X 轴方向的增量值，用 V 表示 Y 轴方向的增量值，用 W 表示 Z 轴方向的增量值。每个编程坐标轴上的编程值是相对于前一位置而言的，该值等于沿轴移动的距离。

G90、G91 是一对模态指令，在同一程序段中只能用一种。

例 4-1 如图 4-97 所示，假设刀具的当前位置在 A 点，要经 B 点，加工到 C 点，以下两段代码的功能是一样的。

G90 时：G90 G00 X35. Y50. ;

               X90. ;

G91 时：G91 G00 X25. Y40. ;

               X55. ;

（五）单位设定 G 指令

1. 尺寸单位选择指令 G20、G21、G22

G20：编程时使用的单位为英制单位。

G21：编程时使用的单位为米制单位。

G22：编程时使用的单位为脉冲当量。

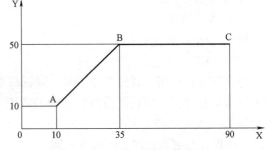

图 4-97 刀具中心轨迹

数控系统的默认单位为米制，即为 G21。这三个 G 代码必须在程序的开头坐标系设定之前用单独的程序段指令，不能在程序的中途切换。

2. 进给速度单位设定 G94、G95

格式：G94 F __ ;

        G95 F __ ;

使用每分钟进给速度指令 G94 时，F 代码后面的数值直接指令刀具每分钟的进给量。使用每转进给速度指令 G95 时，F 代码后面的数值直接指令主轴每转的进给量。此时，主轴上必须安装位置编码器。

每分钟进给速度（G94）的倍率，可以用机床操作面板上的倍率开关调整。

3. 程序段间过渡方式指令 G09、G61、G64、G04

所谓程序间过渡，是指从前一段程序向后一段程序过渡，即程序段的转接。由于机床的实际运动滞后于数控系统的运行，当数控系统的下段程序已经启动时，机床的上一段程序的实际运动并未结束，所以在程序段转接时，会产生两个运动的叠合，当上段程序为沿一个坐标轴的移动，下段程序为沿另一个坐标轴的移动时，两轴相交处不能形成尖角。

当程序段间过渡有严格要求时，可用过渡方式控制指令。

（1）准停指令 G09

有准停指令 G09 的程序段结束时，数控系统待指令进给速度减速到零并进行到位检查，当检查到达指令指定的位置后，系统才进入下个程序段。这样，避免了两个程序段的重叠，从而保证在工作拐角处能切出尖角棱边。

（2）精确停止指令 G61

如果程序使用了精确停止指令 G61，则在 G61 后的各个程序段的移动指令都要准确停止在本程序段的终点，然后再继续执行下个程序段。在 G61 后面的每个切削进给程序段都执行到位检查。

（3）连续切削方式指令 G64

如果程序段使用了连续切削方式指令 G64，则在该程序段及后面的切削进给程序段中，其终点不再进行减速和到位检查，而是在插补完成后直接进入下一个程序段。但在下列情况下，进给速度减速到零，并执行到位检查：

① 下个程序段为定位指令 G00 或单方向定位指令 G60。

② 下个程序段含有准停指令 G90。

③ 下个程序段没有移动指令。

（4）暂停指令 G04

格式：G04 P __;

　　　 G04 X __;

如果程序段使用了暂停指令 G04，则在该程序段的进给速度降低到零时开始暂停动作，使刀具做短暂停留，以获得圆整而光滑的表面。暂停时间由 P 或 X 后面的数值确定。P 的单位为 ms，X 的单位为 s。

G04 仅在其被规定的程序段中有效。

例如，"G04 X2.0;"或"G04 X2000;"表示暂停 2s。

（六）快速定位指令 G00

格式：G00 X(U)__ Y(V)__ Z(W)__;

G00 指令用于刀具的快速定位。执行 G00 指令，刀具以快速进给的速度移动到指令中 X(U)、Y(U)、Z(W) 值指定的位置。由于是快速，故只用于空行程。它的移动轨迹可以是直线，也可以是按各轴各自的快速进给速度移动，这时合成的轨迹通常为折线。

说明：

1）G00 指令一般用于加工前的快速定位或加工后的快速退刀。

2）G00 指令中的快速移动速度由机床参数对各轴分别设定，不能用 F 功能规定。

3）所有编程轴同时以预先设定的速度移动，各轴可联动，也可以单独运动。

4）G00 指令着眼于刀具快速移动后的刀具位置，对于刀具在快速移动前的位置没有要求，因此在使用 G00 指令时，要防止刀具在移动过程中与工件发生碰撞。

5）不运动的坐标可以省略编程，省略的坐标不做任何运动。

6）目标点坐标值可以用绝对值，也可用增量值。

7）G00 功能起作用时，刀具运动轨迹与各轴快速移动速度有关；其移动速度按参数中的参数设定值运行，也可由面板上的“快速修调”修正。

8）G00 也可简写成 G0。

9）刀具在起始点开始加速至预定的速度，到达目标点前减速定位。

10）G00 是续效指令，只有后面的指令给定了 G01、G02 或 G03 时，G00 才无效。指定 G00 的程序段无需指定进给速度指令 F，如果指定了，无效。G00 移动的速度已由生产厂家设定好，一般不允许修改。

例 4-2　如图 4-98 所示，刀具从 A 点快速移动至 C 点，使用绝对坐标与增量坐标方式编程。

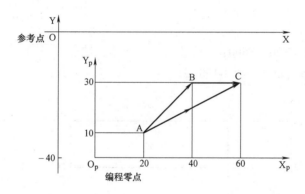

图 4-98　快速定位

绝对坐标编程：

G92　X0　Y0　Z0；　　　　　设工件坐标系原点,换刀点 O 与机床坐标系原点重合

G90　G00　X15　Y-40；　　刀具快速移动至 O_p 点

G92　X0　Y0；　　　　　　重新设定工件坐标系,换刀点 O_p 与工件坐标系原点重合

G00　X20　Y10；　　　　　刀具快速移动至 A 点定位

X60　Y30；　　　　　　　刀具从始点 A 快移至终点 C

用增量值方式编程：

G92　X0　Y0　Z0；

G91　G00　X15　Y-40；

G92　X0　Y0；

G00　X20　Y10；

X40　Y20；

在例 4-2 中，刀具从 A 点移动至 C 点，若机床内定的 X 轴和 Y 轴的快速移动速度是相

等的，则刀具实际运动轨迹为一折线，即刀具从始点 A 按 X 轴与 Y 轴的合成速度移动至点 B，然后再沿 X 轴移动至终点 C。

（七）铣削 G 指令的编程与加工

1. 直线切削指令 G01

格式：G01　X ___　Y ___　Z ___　F ___；

G01 指令中 X、Y、Z 值是直线切削终点的值。G01 指令后的坐标值取绝对值编程还是取增量值编程由 G90/G91 决定；用绝对值编程时是切削终点在工件坐标系中的坐标值；用增量值编程时是切削终点相对于切削起点的增量值；不运动的坐标可以省略不写；正数省略"+"号；G01 是模态（续效）指令；G01 也可简写成 G1。

G01 指令刀具以联动的方式，按 F 规定的合成进给速度，从当前位置按直线路径切削到程序段指令值所指定的终点。如果没有指令进给速度，就认为进给速度为零。F 指令也是模态指令，F 的单位由直线进给率或旋转进给率指令确定。

例 4-3　G01 编程实例 1（图 4-99）。

绝对值方式编程：

G90　G01　X40　Y30　F600；

增量值方式编程：

G91　G01　X30　Y20　F600；

例 4-4　G01 编程实例 2（图 4-100）。

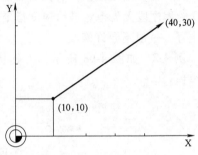

图 4-99　G01 编程实例 1

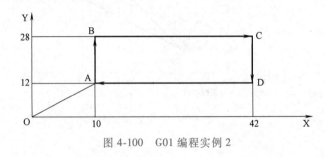

图 4-100　G01 编程实例 2

坐标系原点 O 是程序起始点，要求刀具由 O 点快速移动到 A 点，然后沿 AB、BC、CD、DA 实现直线切削，再由 A 点快速返回程序起始点 O，要求用 G01，其程序如下：

G92　X0　Y0；

G90　G00　X10　Y12　S600　T01　M03；

G01　Y28　F100；

X42；

Y12；

X10；

G00　X0　Y0；

M05　M30；

2. 圆弧切削指令 G02 和 G03

G02、G03 为圆弧插补指令，该指令的功能是使机床在给定的坐标平面内进行圆弧插补运动。

格式：

在 XY 平面内的圆弧：G17 G02 X(U)__ Y(V)__ I__ J__ F__;

G17 G02 X(U)__ Y(V)__ R__ F__;

G17 G03 X(U)__ Y(V)__ I__ K__ F__;

G17 G03 X(U)__ Y(V)__ R__ F__;

在 XZ 平面内的圆弧：G18 G02 X(U)__ Z(W)__ I__ J__ F__;

G18 G02 X(U)__ Z(W)__ R__ F__;

G18 G03 X(U)__ Z(W)__ I__ K__ F__;

G18 G03 X(U)__ Z(W)__ R__ F__;

在 YZ 平面内的圆弧：G19 G02 Y(V)__ Z(W)__ I__ J__ F__;

G19 G02 Y(V)__ Z(W)__ R__ F__;

G19 G03 Y(V)__ Z(W)__ I__ K__ F__;

G19 G03 Y(V)__ Z(W)__ R__ F__;

（1）切削方向　G02 为顺时针圆弧切削方向；G03 为逆时针圆弧切削方向。切削方向的判别方法是：从坐标平面垂直轴的正方向往负方向看，坐标平面上的圆弧从起点到终点的移动方向是顺时针方向用 G02 编程，是逆时针方向用 G03 编程，如图 4-101 和图 4-102 所示。

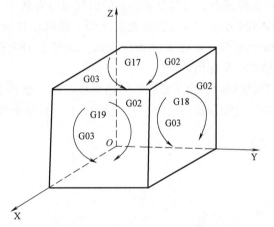

图 4-101　圆弧顺逆铣方向的判别

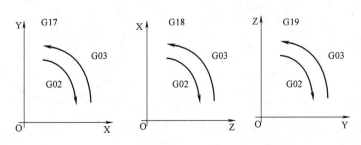

图 4-102　G02/G03 的圆弧切削方向

（2）终点位置　终点位置为 X(U)、Y(V)、Z(W) 中的两轴，G17 时为 X、Y，G18 时为 X、Z，G19 时为 Y、Z，其值是圆弧切削终点的值。用绝对值指令是圆弧终点在工件坐标系中的坐标值；用增量值指令是圆弧终点相对于圆弧起点的增量值。当圆弧终点和起点的一个坐标值相同时，在指令中可以省略这个相同的坐标值，当圆弧终点和起点的两个坐标值相同，即整圆时，两个坐标值都可以省略。

（3）圆弧的圆心

1）用 I、J、K 指令圆弧的圆心，如图 4-103 所示，G17 时为 I、J，G18 时为 I、K，G19 时为 J、K，其值为增量值，即是圆心相对于圆弧的起点的坐标增量值。I、J、K 始终为增量值，与 X、Y、Z 值是否是增量值无关。

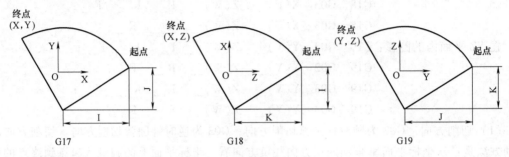

图 4-103 I、J、K 指令圆弧的圆心

2）用半径 R 指令圆弧的圆心，过起点和终点的圆弧可以有两个，即小于 180° 的圆弧和大于 180° 的圆弧。如图 4-104 所示，为了区分是指令哪个圆弧，对小于 180° 的圆弧，半径 R 用正值表示；对大于 180° 的圆弧，半径 R 用负值表示；对等于 180° 的圆弧，半径 R 用正值或负值均可。整圆只能用圆心坐标编程。

3）整圆的圆心，切削整圆时，由于整圆的终点坐标与起点坐标重合，若用半径 R 指令圆心，则刀具不移动，即零度的圆弧。此时，必须用 I、J 或 K 指令整圆的圆心，如图 4-105 所示。

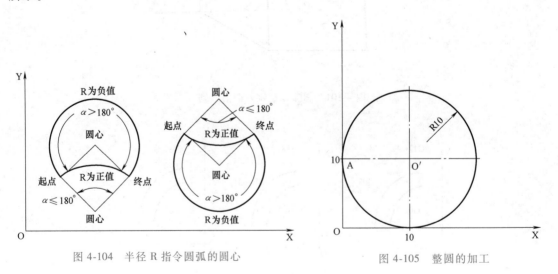

图 4-104 半径 R 指令圆弧的圆心

图 4-105 整圆的加工

例 4-5 整圆的加工编程。在图 4-105 中，整圆的圆心为 O′（10，10），以 A 点为整圆的切削起点和切削终点，按逆时针方向切削，则 I = 10，J = 0。

用 G90 编程：G90   G03   X0   Y10   I10   J0   F100；

用 G91 编程：G91　G03　X0　Y0　I10　J0　F100；

若 I、J 或 K 与 R 同时指令圆心时，R 有效，I、J 或 K 无效。

（4）进给速度　F 为被编程的两个坐标轴的合成进给速度。它是沿圆弧切线方向的速度，单位为 mm/min。

3. 倒角加工指令

（1）直线后倒角指令

格式：G17　G01　X（U）＿　Y（V）＿　C ＿；

该指令用于加工两条相邻直线间的倒角，如图 4-106 所示。

指令中的 X（U）、Y（V）值，在绝对值编程时为没倒角前两条相邻直线的交点 G 的坐标值。在增量值编程时为交点 G 到先期加工的直线的起点 A 的增量值。

指令中的 C 值为倒角终点相对于两条相邻直线的交点 G 的距离。实际上，C 就是倒角的边长。

例 4-6　直线后倒角加工编程。在图 4-106 中，按 A→B→C→D→A 方向切削（A、B、C、D 点为四个边长的交点）。加工程序见表 4-12。

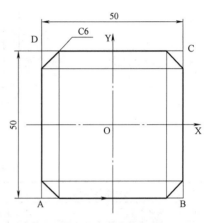

图 4-106　直线后倒角

表 4-12　直线后倒角编程

序号	绝对坐标编程	解　释	相对坐标编程
N10	%4010；	程序号	%4010；
N20	G54　G90；	建立坐标系	G54　G90；
N30	G00　X-25　Y-25　Z50；	快速移动刀具到 A 点上方	G00　X-25　Y-25　Z50；
N40	S1000　M03；	主轴起动	S1000　M03；
N50	Z0；	快速移动刀具到 A 点	Z0；
N60	G01　Z-2.0　F100；	切削深度 2mm	G91　G01　Z-2.0　F100；
N70	X25　Y-25　C6；	切直线 AB 并在 B 处倒角	X50　Y0　C6；
N80	X25　Y25　C6；	切直线 BC 并在 C 处倒角	X0　Y50　C6；
N90	X-25　Y25　C6；	切直线 CD 并在 D 处倒角	X-50　Y0　C6；
N100	X-25　Y-25　C6；	切直线 DA 并在 A 处倒角	X0　Y-50　C6；
N110	G00　Z100；	快速抬刀	G90　G00　Z100；
N120	M05　M30；	程序结束	M05　M30；

（2）直线后倒圆角指令

格式：G17　G01　X（U）＿　Y（V）＿　R ＿；

该指令用于加工两条相邻直线间倒圆（角），如图 4-107 所示。

指令中的 X（U）、Y（V）值，在绝对值编程时为没倒角前两条相邻直线的交点 G 的坐标值。在增量值编程时为交点 G 到先期加工的直线的起点 A 的增量值。指令中的 R 值为倒圆角的半径值。

例 4-7　直线后倒圆角加工编程。在图 4-107 中，按 A→B→C→D→A 方向切削（A、B、C、D 点为四个边长的交点）。加工程序见表 4-13。

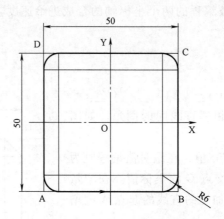

图 4-107　直线后倒圆角

表 4-13　直线后倒圆角编程

序号	绝对坐标编程	解　　释	相对坐标编程
N10	%4020;	程序号	%4020;
N20	G54　G90;	建立坐标系	G54　G90;
N30	G00　X-25　Y-25　Z50;	快速移动刀具到 A 点上方	G00　X-25　Y-25　Z50;
N40	S1000　M03;	主轴起动	S1000　M03;
N50	Z0;	快速移动刀具到 A 点	Z0;
N60	G01　Z-2.0　F100;	切削深度 2mm	G91　G01　Z-2.0　F100;
N70	X25　Y-25　R6;	切直线 AB 并在 B 处倒角	X50　Y0　R6;
N80	X25　Y25　R6;	切直线 BC 并在 C 处倒角	X0　Y50　R6;
N90	X-25　Y25　R6;	切直线 CD 并在 D 处倒角	X-50　Y0　R6;
N100	X-25　Y-25　R6;	切直线 DA 并在 A 处倒角	X0　Y-50　R6;
N110	G00　Z100;	快速抬刀	G90　G00　Z100;
N120	M05　M30;	程序结束	M05　M30;

（3）圆弧后倒角（直线）指令

格式：G17　G02　X(U)___　Y(V)___　R___　RL___;

　　　　G17　G03　X(U)___　Y(V)___　R___　RL___;

若圆弧与直线相交，交点在 G 点，加工时先加工圆弧，后加工直线，用该指令在圆弧和直线之间插入倒角加工，如图 4-108 所示。

指令中的 X(U)、Y(V) 值，在绝对值编程时为先加工的圆弧和后加工的直线的交点 G 的坐标值。在增量值编程时为交点 G 到先期加工的圆弧的起点 A 的增量值。指令中的 R 值为先加工圆弧的半径值。指令中的 RL 值为倒角终点 C 到圆弧与直线的交点 G 的距离，实际上是直线倒角的边长。

例 4-8　圆弧后倒角加工编程。在图 4-108 中，按 A→B→C→D 方向切削。加工程序见表 4-14。

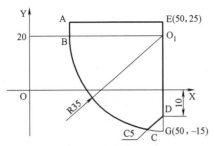

图 4-108 圆弧后倒角

表 4-14 圆弧后倒角编程

序号	绝对坐标编程	解 释	相对坐标编程
N10	%4030;	程序号	%4030;
N20	G54 G90;	建立坐标系	G54 G90;
N30	G00 X15 Y25 Z50;	快速移动刀具到 A 点上方	G00 X-19 Y-25 Z50;
N40	S1000 M03;	主轴起动	S1000 M03;
N50	Z0;	快速移动刀具到 A 点	Z0;
N60	G01 Z-2.0 F100;	切削深度 2mm	G91 G01 Z-2.0 F100;
N70	Y20;	切削 AB 段直线	Y-5;
N80	G03 X50.0 Y-15.0 R35 RL5;	切削圆弧 AB 并在 B 处倒角	G03 X35.0 Y-35.0 R35 RL5;
N90	G01 Y25.0;	切削 DE 段直线	G01 Y35.0;
N110	X15.0;	切削 EA 段直线	X-35.0;
N120	G00 Z100;	快速抬刀	G90 G00 Z100;
N130	M05 M30;	程序结束	M05 M30;

（4）圆弧后倒圆角指令

格式：G17 G02 X(U)__ Y(V)__ R __ RC __;

G17 G03 X(U)__ Y(V)__ R __ RC __;

若圆弧与直线相交，交点在 G 点，加工时先加工圆弧，后加工直线，用该指令在圆弧和直线之间插入倒圆角加工，如图 4-109 所示。

指令中的 X(U)、Y(V) 值，在绝对值编程时，为先加工的圆弧和后加工的直线交点 G 的坐标值。在增量值编程时为交点 G 到先期加工的圆弧的起点 A 的增量值。指令中的 R 值为先加工圆弧的半径值。指令中的 RC 值为倒圆角的半径值。

例 4-9 圆弧后倒圆角加工编程。在图 4-109 中，按 A→B→C→D 方向切削，加工程序见表 4-15。

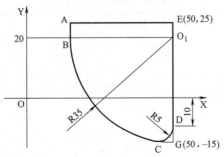

图 4-109 圆弧后倒圆角

表 4-15　圆弧后倒圆角编程

序号	绝对坐标编程	解　释	相对坐标编程
N10	%4040;	程序号	%4040;
N20	G54　G90;	建立坐标系	G54　G90;
N30	G00　X15　Y25　Z50;	快速移动刀具到 A 点上方	G00　X-19　Y-25　Z50;
N40	S1000　M03;	主轴起动	S1000　M03;
N50	Z0;	快速移动刀具到 A 点	Z0;
N60	G01　Z-2.0　F100;	切削深度 2mm	G91　G01　Z-2.0　F100;
N70	Y20;	切削 AB 段直线	Y-5;
N80	G03　X50.0　Y-15.0　R35　RC5;	切削圆弧 AB 并在 B 处倒角	G03　X35.0　Y-35.0　R35　RL5;
N90	G01　Y25.0;	切削 DE 段直线	G01　Y35.0;
N110	X15.0;	切削 EA 段直线	X-35.0;
N120	G00　Z100;	快速抬刀	G90　G00　Z100;
N130	M05　M30;	程序结束	M05　M30;

4. 圆弧切削及倒角加工指令编程举例

例 4-10　圆弧加工综合编程。图形如图 4-110 所示。

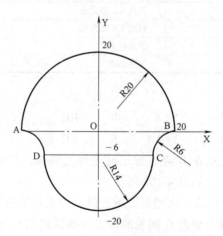

图 4-110　圆弧加工综合编程

编制程序见表 4-16。

表 4-16　圆弧加工综合编程

序号	绝对坐标编程	解　释	相对坐标编程
N10	%4050;	程序号	%4050;
N20	G54　G90;	建立坐标系	G54　G90;
N30	G00　X-20　Y0　Z50.0;	快速移动刀具到 A 点上方	G00　X-20　Y0　Z50.0;
N40	S1000　M03;	主轴起动	S1000　M03;
N50	Z0;	快速移动刀具到 A 点	Z0;
N60	G01　Z-2.0　F200;	切削深度 2mm	G91　G01　Z-2.0　F200;

（续）

序号	绝对坐标编程	解　释	相对坐标编程
N70	G02　X20　Y0　R20；	切削 AB 段圆弧	G02　X40　Y0　R20；
N80	G03　X14　Y-6　R6；	切削 BC 段圆弧	G03　X-6　Y-6　R6；
N90	G02X　-14　Y-6　R14；	切削 CD 段圆弧	G02　X-28　Y0　R14；
N100	G03　X-20　Y0　R6；	切削 DA 段圆弧	G03　X-6　Y6　R6；
N110	G00　Z100；	快速抬刀	G90　G00　Z100；
N120	M05　M30；	程序结束	M05　M30；

例 4-11　平面轮廓零件编程。零件如图 4-111 所示。

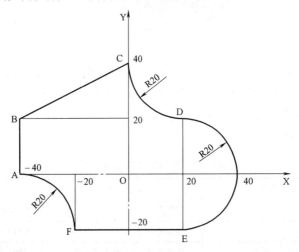

图 4-111　平面轮廓零件编程

编制程序见表 4-17。

表 4-17　平面轮廓零件编程

序号	绝对坐标编程	解　释	相对坐标编程
N10	%4060；	程序号	%4060；
N20	G54　G90；	建立坐标系	G54　G90；
N30	G00　X-40　Y0　Z50.0；	快速移动刀具到 A 点上方	G00　X-20　Y0　Z50.0；
N40	S1000　M03；	主轴起动	S1000　M03；
N50	Z0；	快速移动刀具到 A 点	Z0；
N60	G01　Z-2.0　F200；	切削深度 2mm	G91　G01　Z-2.0　F200；
N70	X-40　Y20；	切削 AB 段直线	X0　Y20；
N80	X0　Y40；	切削 BC 段直线	X40　Y20；
N90	G03　X20　Y20　I20　J0；	切削 CD 段圆弧	G03　X20　Y-20　I20　J0；
N100	G02　X20　Y-20　I0　J-40；	切削 DE 段圆弧	G02　X20　Y-40　I0　J-40；
N110	G01　X-20　Y-20；	切削 EF 段直线	G01　X-40　Y0；
N120	G03　X-40　Y0　I-20　J0；	切削 FA 段圆弧	G03　X-20　Y20　I-20　J0；
N130	G00　Z100；	快速抬刀	G90　G00　Z100；
N140	M05　M30；	程序结束	M05　M30；

例 4-12 圆弧加工综合举例。零件如图 4-112 所示。

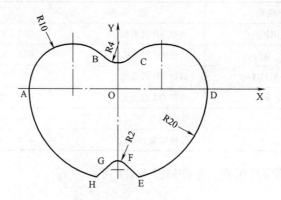

图 4-112 圆弧加工综合举例

图 4-122 中，通过计算机分析或数学计算，圆弧曲线各节点的坐标分别为：A(-20,0)，B(-2.857,6.999)，C(2.857,6.999)，D(20,0)，E(4.49,-19.49)，F(1.414,-16.414)，G(-1.414,-16.414)，H(-4.49,-19.49)。

编制程序见表 4-18。

表 4-18 圆弧加工综合举例编程

序号	绝对坐标编程	解释	相对坐标编程
N10	%4070;	程序号	%4070;
N20	G54 G90;	建立坐标系	G54 G90;
N30	G00 X-20 Y0 Z50.0;	快速移动刀具到 A 点上方	G00 X-20 Y0 Z50.0;
N40	S1000 M03;	主轴起动	S1000 M03;
N50	Z0;	快速移动刀具到 A 点	Z0;
N60	G01 Z-2.0 F200;	切削深度 2mm	G91 G01 Z-2.0 F200;
N70	G02 X-2.857 Y6.999 R10;	切削 AB 段圆弧	G02 X14.202 Y6.999 R10;
N80	G03 X2.857 Y6.999 R4;	切削 BC 段圆弧	G03 X5.714 Y0 R4;
N90	G02 X20 Y0 R10;	切削 CD 段圆弧	G02 X14.202 Y-6.999 R10;
N100	G02 X4.49 Y-19.49 R20;	切削 DE 段圆弧	G02 X-15.51 Y-19.49 R20;
N110	G01 X1.414 Y-16.414;	切削 EF 段直线	G01 X-3.076 Y3.076;
N120	G03 X-1.414 Y-16.414 R2;	切削 FG 段圆弧	G03 X-2.828 Y0 R2;
N130	G01 X-4.49 Y-19.49;	切削 GH 段直线	G01 X3.076 Y3.076;
N140	G02 X20 Y0 R20;	切削 HA 段圆弧	G02 X15.51 Y19.49 R20;
N150	G00 Z100;	快速抬刀	G90 G00 Z100;
N160	M05 M30;	程序结束	M05 M30;

例 4-13 直线后倒圆角加工编程。在图 4-113 中，按 A→B→C→D→E→F→G→H→I→J→K→L→M→N→O→P→A 方向切削（A、B、C、D、E、F、G、H、I、J、K、L、M、N、O、P 点为各交点）。程序见表 4-19。

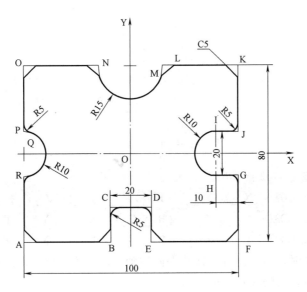

图 4-113　直线后倒圆角加工综合举例

表 4-19　直线后倒圆角编程

序号	绝对坐标编程	解　释	相对坐标编程
N10	%4080；	程序号	%4080；
N20	G54　G90；	建立坐标系	G54　G90；
N30	G00　X-50　Y-40　Z50；	快速移动刀具到 A 点上方	G00　X-25　Y-25　Z50；
N40	S1000　M03；	主轴起动	S1000　M03；
N50	Z0；	快速移动刀具到 A 点	Z0；
N60	G01　Z-2.0　F200；	切削深度 2mm	G91　G01　Z-2.0　F200；
N70	G01　X-10　Y-40　C5；	切削 AB 直线,B 点倒角	G01　X40　Y0　C5；
N80	X-10　Y-25　R5；	切削 BC 直线,C 点倒圆	X0　Y15　R5；
N90	X10　Y-25　R5；	切削 CD 直线,D 点倒圆	X20　Y0　R5；
N100	X10　Y-40　C5；	切削 DE 直线,E 点倒角	X0　Y-25　C5；
N110	X50　Y-40　C5；	切削 EF 直线,F 点倒角	X40　Y0　C5；
N120	X50　Y-10　R5；	切削 FG 直线,G 点倒圆	X0　Y30　R5；
N130	X40　Y-10；	切削 GH 直线	X-10　Y0；
N140	G02　X40　Y10　R10；	切削 HI 圆弧	G02　X10　Y0　R10；
N150	G01　X50　Y10　R5；	切削 IJ 直线,J 点倒圆	G01　X10　Y0　R5；
N160	X50　Y40　C5；	切削 JK 直线,K 点倒角	X0　Y30　C5；
N170	X20　Y40；	切削 KL 直线	X-30　Y0；
N180	X14.174　Y35.092；	切削 LM 直线倒角	X-5.826　Y-4.908；
N190	G03　X-15　Y40　RL5；	切削 MN 圆弧,N 点倒角	G03　X-29.174　Y4.908　RL5；
N200	G01　X-50　Y40　C5；	切削 NO 直线	G01　X35　Y0　C5；
N210	X-50　Y15；	切削 OP 直线	X0　Y-25；

（续）

序号	绝对坐标编程	解　释	相对坐标编程
N220	G03　X-46.667　Y9.428　R5；	切削 PQ 圆弧	G03　X3.333　Y-5.572　R5；
N230	G02　X-50　Y-10　RC5；	切削 QR 圆弧,R 点倒圆	G02　X3.333　Y-19.428　RC5；
N240	X-50　Y-40　C5；	切削 RA 直线,A 点倒角	X0　Y-30　C5；
N250	G00　Z100；	快速抬刀	G90　G00　Z100；
N260	M05　M30；	程序结束	M05　M30；

5. 螺旋线切削指令 G02 或 G03

格式：G17{G02/G03}　　X＿＿　Y＿＿　{R＿/I＿　J＿}　　Z＿＿　F＿；

　　　　G18{G02/G03}　　X＿＿　Z＿＿　{R＿/I＿　K＿}　　Y＿＿　F＿；

　　　　G19{G02/G03}　　Y＿＿　Z＿＿　{R＿/J＿　K＿}　　X＿＿　F＿；

在圆弧插补的同时，指令垂直于插补平面的轴移动一个距离，即是螺旋线插补。垂直轴的值是垂直轴做直线移动的终点坐标。

例 4-14　螺旋线切削编程。如图 4-114 所示，按 A→B 方向进行切削，程序见表 4-20。

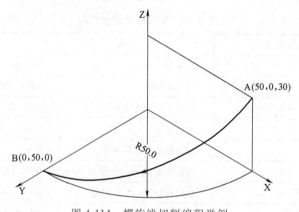

图 4-114　螺旋线切削编程举例

表 4-20　螺旋线切削编程

序号	绝对坐标编程	解　释	相对坐标编程
N10	%4090；	程序号	%4090；
N20	G54　G90；	建立坐标系	G54　G90；
N30	G00　X50　Y0　Z50；	快速移动刀具到 A 点上方	G00　X50　Y0　Z50；
N40	S1000　M03；	主轴起动	S1000　M03；
N50	G01　Z30　F200；	进给到 A 点	G91　Z-20　F200；
N60	G02　X0　Y-50　R50　Z0；	切削螺旋线 AB	G02　X-50　Y50；
N70	G00　Z100；	快速抬刀	G90　G00　Z100；
N80	M05　M30；	程序结束	M05　M30；

例 4-15　螺旋线切削编程。如图 4-115 所示，采用螺旋铣削的方式加工图中 φ40mm 的孔，加工孔的深度为 20mm。程序见表 4-21。刀具螺旋铣削曲线如图 4-116 所示。

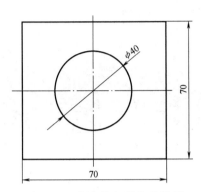

图 4-115　螺旋线切削编程举例

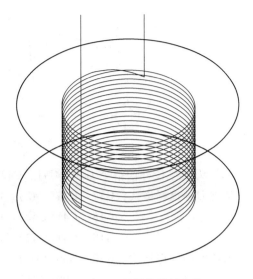

图 4-116　刀具螺旋铣削曲线

表 4-21　螺旋线切削编程

序号	绝对坐标编程		解　释
N10	%4100；		程序号
N20	G54　G90；		建立坐标系
N30	G00　X10　Y0　Z50.0；		快速移动刀具到定位点上方
N40	S1000　M03；		主轴起动
N50	Z5；		快速移动刀具到定位点
N60	G01　Z0　F100；		切削深度 5mm
N70	M98　P2020；		调用子程序%20,执行 20 次
N80	G90　G01　X0　Y0；		进给回零点
N90	G00　Z50；		快速抬刀
N100	M05　M30；		程序结束
N110	%20；		子程序号
N120	G91　G03　I-10　Z-1　F50；		相对坐标编程,向下螺旋铣削
N130	M99；		子程序结束,返回主程序

注：这种切削方式常用于孔的精加工和螺旋下刀铣削等。

（八）刀具补偿功能指令的编程与加工

1. 刀具半径补偿

（1）**刀具半径补偿的目的**　数控铣床上进行轮廓的铣削加工时，由于刀具半径的存在，刀具中心轨迹和工件轮廓不重合，如图 4-117 所示。如果系统没有半径补偿功能，则只能按刀心轨迹进行编程，即在编程时事先加上或减去刀具半径，其计算相当复杂，计算量大，尤其当刀具磨损、重磨或换新刀后，刀具半径发生变化时，必须重新计算刀心轨迹，修改程序，这样既繁琐，又不利于保证加工精度。当数控系统具备刀具半径补偿功能时，数控编程只需按工件轮廓进行，数控系统会自动计算刀心轨迹，使刀具偏离工件轮廓一个刀具半径值，即进行刀具半径补偿。这样既简化了编程，又能很容易地调整加工轮廓的尺寸。

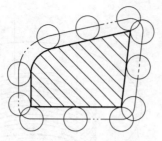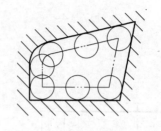

图 4-117 刀具中心轨迹

（2）刀具半径补偿指令 G40、G41、G42

建立刀补编程格式：G17　G41（G42）　G00（G01）　X __　Y __　　D __；

　　　　　　　　　　G18　G41（G42）　G00（G01）　X __　Z __　　D __；

　　　　　　　　　　G19　G41（G42）　G00（G01）　Y __　Z __　　D __；

取消刀补编程格式：G40　G00（G01）　X __　Y __；

　　　　　　　　　　G40　G00（G01）　X __　Z __；

　　　　　　　　　　G40　G00（G01）　Y __　Z __；

说明：

G40：取消刀具半径补偿。注意：G40 必须与 G41 或 G42 成对使用；编入 G40 的程序段为撤销刀具半径补偿的程序段，必须编入撤销刀补的轨迹，用 G01 或 G00 指令和数值，如 N100　G40　G01　X0　Y0；G40 是模态指令，机床初始状态为 G40。

刀补建立和撤销只能采用 G00 或 G01 进行，而不能采用圆弧插补指令，如 G02/G03 等。

G41：左刀补（在刀具前进方向左侧补偿）。G41 是刀具半径左补偿指令，顺着刀具直线前进的方向看，刀具在左边，工件在右边，此时刀心在工件的左边，离工件的轮廓相差一个刀具半径，需对刀具进行左补偿；其补偿值用 D 及后面的号码确定，如图 4-118a 所示。

G42：右刀补（在刀具前进方向右侧补偿）。G42 为刀具半径右补偿指令，顺着刀具直线前进的方向看，刀具在右边，工件在左边，此时刀心在工件的右边，离工件的轮廓相差一个刀具半径，需对刀具进行右补偿。其补偿值用 D 及后面的号码确定，如图 4-118b 所示。

G17：刀具半径补偿平面为 XY 平面。

G18：刀具半径补偿平面为 ZX 平面。

G19：刀具半径补偿平面为 YZ 平面。

X、Y、Z：G00/G01 的参数，即刀补建立或取消的终点。注意：投影到补偿平面上的刀具轨迹受到补偿。

D：G41/G42 的参数，即刀补号码（D00~D99），它代表了刀补表中对应的半径补偿值。各个刀具的偏置量存放在偏置存储器中，用 H00~H99 来指定偏置号。如 D01 就是调用在刀具偏置表中第一号刀具的半径补偿值。D00 意味着取消刀具补偿。刀具补偿值在加工或试运行之前须设定在刀具半径补偿存储器中。

G40、G41、G42 都是模态代码，可相互注销。

（3）使用刀具半径补偿的注意事项

1）刀具半径补偿平面的切换必须在补偿取消方式下进行。

2）刀具半径补偿的建立与取消只能用 G00 或 G01 指令，不能是 G02 或 G03。

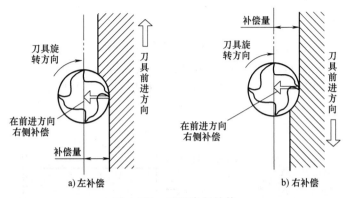

图 4-118 刀具半径补偿

3）取消刀具半径补偿功能后，刀具中心轨迹与编程轨迹重合。在一个程序结束之前，必须取消刀具半径补偿，否则，刀具在终点定位将偏离一个刀具半径值。

4）G41 程序，必须有 G01 或 G00 功能及对应的坐标参数才有效，以建立刀补。

5）G41 与 G40 之间不得出现任何转移、更换平面的加工指令，如镜像、子程序等。

6）当改变刀具补偿号时，必须先用 G40 取消当前的刀补。

7）必须在远离工件的地方建立、取消刀补，且应与选定好的切入点和进刀方式协调，保证刀具半径补偿的有效性。如果建立刀补后需切削的第一段轨迹为直线，则建立刀补的轨迹应在其延长线上；若为圆弧，则建立刀补的轨迹应在圆弧的切线上。如果撤销刀补前的切削轨迹为直线，则刀具在移至目标点后应继续沿其延长线移动至少一个刀具半径后，再撤销刀补；若为圆弧，则刀具在移至目标点后应沿圆弧的切线方向移动至少一个刀具半径后，再撤销刀补。

8）G41 是模态指令。

（4）使用刀具半径补偿时应避免过切削现象 它包括以下三种情况：

1）使用刀具半径补偿和取消刀具半径补偿时，刀具必须在所补偿的平面内移动，移动距离应大于刀具补偿值。

2）加工半径小于刀具半径的内圆弧时，进行半径补偿将产生过切削，如图 4-119 所示。只有过渡圆角 R≥刀具半径 r+精加工余量的情况下才能正常切削。

3）被铣削槽底宽小于刀具直径时将产生过切削，如图 4-120 所示。

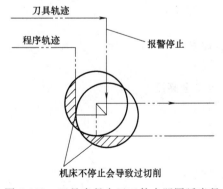

图 4-119 刀具半径大于工件内凹圆弧半径

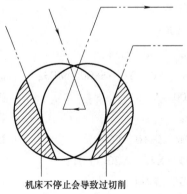

图 4-120 刀具直径大于工件槽底宽度

（5）刀具半径补偿的作用　刀具半径补偿除了方便编程外，还可以通过改变刀具半径补偿大小的方法，利用同一程序实现粗、精加工。其中：

$$粗加工刀具半径补偿 = 刀具半径 + 精加工余量$$

$$精加工刀具半径补偿 = 刀具半径 + 修正量$$

利用刀具半径补偿并用同一把刀具进行粗、精加工时，刀具半径补偿原理如图 4-121 所示。

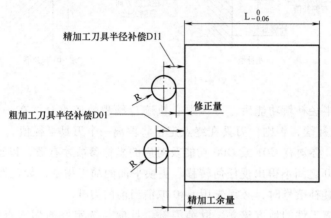

图 4-121　利用刀具半径补偿进行粗、精加工

如图 4-121 所示，刀具为 $\phi20$mm 立铣刀，现零件粗加工后给精加工留单边余量为 1.0mm，则粗加工刀具半径补偿 D01 的值为

$$R_{补} = R_{刀} + 1.0mm = 10.0mm + 1.0mm = 11.0\ mm$$

粗加工后实测尺寸为 L+0.08mm，则精加工刀具半径补偿 D11 的值应为

$$R_{补} = 11mm - \frac{0.08 + \frac{0.06}{2}}{2}mm = 10.945mm$$

（6）编程举例

例 4-16　铣外轮廓。如图 4-122 所示，切削深度为 10mm，刀具半径为 20mm，材料为 45 钢。

图 4-122　外轮廓

加工程序如下：

```
%4100;
G17   G90   G54;                    选平面,建立坐标系
G00   X0   Y0   S800   M03;         起动主轴
Z100   M08;                         刀具快速移动至安全高度
Z5;                                 移至进刀点
G01   Z-10   F50;                   进给至切削深度
G41   X40   Y20   D01;              刀具左补偿
Y190   F100;                        切削图形左边直线段
X190;                               切削图形上边直线段
```

Y40；	切削图形右边直线段
X20；	切削图形下边直线段
G40　G00　X0　Y0；	取消刀具补偿
Z100；	退刀至安全高度
M05　M30；	程序结束

> **注意：**
>
> 1）远离工件的地方进退刀，因侧刃与底刃同时切削，刀具 Z 向进给时速度应慢。
>
> 2）进退刀时 X、Y 与 Z 应分为两行书写，避免三轴联动走空间斜线而引起的刀具与夹具的干涉，发生撞刀事故。

例 **4-17**　铣外圆轮廓。如图 4-123 所示，切削深度为 10mm，刀具半径为 20mm，材料为 45 钢。

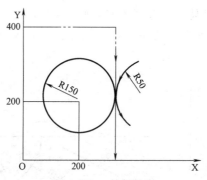

图 4-123　外圆轮廓

1）直线切入加工程序：

%4120；

G17　G90　G54；	选平面,建立坐标系
G00　X0　Y0　S800　M03；	起动主轴
Z100　M08；	刀具快速移动至安全高度
Z5；	移至进刀点
G41　X350　Y400　D01；	刀具左补偿
G01　Z-10　F100；	进给至切削深度
Y200　F200；	进给至切削起点
G02　I-150；	加工 R150mm 整圆
G01　Y0；	移至退刀点
G40　G00　X0　Y0；	取消刀具补偿
Z100；	退刀至安全高度
M05　M30；	程序结束

2）圆弧切入加工程序：

%4130；

G17　G90　G54；	选平面,建立坐标系
G00　X0　Y0　S800　M03；	起动主轴
Z100　M08；	刀具快速移动至安全高度
Z5；	移至进刀点
X400　Y200；	刀具左补偿
G41　X400　Y250　D01；	刀具左补偿
G01　Z-10　F100；	进给至切削深度
G03　X350　I-50；	圆弧进刀
G02　I-150　F200；	加工 R150mm 整圆
G03　X400　Y150　I150；	圆弧退刀
G40　G00　X0　Y0；	取消刀具补偿
Z100；	退刀至安全高度
M05　M30；	程序结束

例 4-18　考虑刀具半径补偿,编制图 4-124 所示零件的加工程序;要求建立如图 4-124 所示的工件坐标系,按箭头所指示的路径进行加工,设加工开始时刀具距离工件上表面 50mm,切削深度为 5mm。

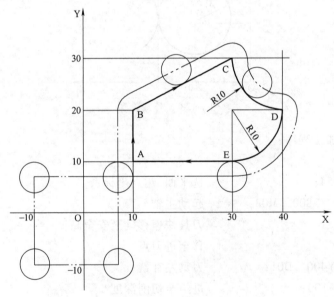

图 4-124　刀具半径补偿编程

加工程序如下:

%4140;

G92　X-10　Y-10　Z50；	建立工件坐标系
G90　G17；	采用绝对坐标
G41　G00　X10　Y-10　D01；	刀具左刀补,将刀具进给至切削起点
Z2　M03　S2000；	起动主轴
G01　Z-5　F400；	切削深度 5mm

Y20；	加工图形左部的直线段
X30　Y30；	加工图形上部的斜线段
G03　X40　Y20　I10　J0；	加工右上部 R10mm 圆弧
G02　X30　Y10　I−10　J0；	加工右下部 R10mm 圆弧
G01　X−10　Y10；	加工图形左部的直线段
G40　X−10　Y−10；	取消刀具补偿
G00　Z50；	回坐标原点
M05　M30；	程序结束

2. 刀具长度补偿

（1）刀具长度补偿的目的　加工中心、数控镗铣床、数控钻床等刀具装在主轴上，由于刀具长度不同，装刀后刀尖所在位置不同，即使是同一把刀具，由于磨损、重磨后变短，重装后刀尖位置也会发生变化。如果要用不同的刀具加工同一工件，确定刀尖位置是十分重要的。为了解决这一问题，把刀尖位置都设在同一基准上，一般刀尖基准是刀柄测量线（或是装在主轴上的刀具使用主轴前端面，装在刀架上的刀具可以是刀架前端面）。编程时不用考虑实际刀具的长度偏差，只以这个基准进行编程，而刀尖的实际位置由 G43、G44 来修正。

（2）刀具长度补偿 G43、G44 和 G49

$$格式：\begin{Bmatrix} G17 \\ G18 \\ G19 \end{Bmatrix} \begin{Bmatrix} G43 \\ G44 \\ G49 \end{Bmatrix} \begin{Bmatrix} G00 \\ G01 \end{Bmatrix} X\_\_ \ Y\_\_ \ Z\_\_ \ H\_\_;$$

说明：

G17：刀具长度补偿轴为 Z 轴。

G18：刀具长度补偿轴为 Y 轴。

G19：刀具长度补偿轴为 X 轴。

G49：取消刀具长度补偿。

G43：正向偏置（补偿轴终点加上偏置值）。

G44：负向偏置（补偿轴终点减去偏置值）。

X、Y、Z：G00/G01 的参数，即刀补建立或取消的终点。

H：G43/G44 的参数，即刀具长度补偿偏置号（H00~H99），它代表了刀具表中对应的长度补偿值。长度补偿值是编程时的刀具长度和实际使用的刀具长度之差，如图 4-125 所示。

所谓正向偏置，就是实际使用的刀具长度比编程时的标准刀具长，用 G43 指令，使刀具朝 Z 轴正方向移动一个偏置量。

所谓负向偏置，就是实际使用的刀具长度比编程时的标准刀具短，用 G44 指令，使刀具朝 Z 轴负方向移动一个偏置量。

G43、G44、G49 都是模态代码，可相互注销。由输入的相应地址号 H 代码从刀具表（偏置存储器）中选择刀具长度偏置值。该功能补偿编程刀具长度和实际使用的刀具长度之差而不用修改程序。偏置号可用 H00~H99 来指定，偏置值与偏置号对应，可通过 MDI 功能先设置在偏置存储器中。

（3）使用刀具半径补偿的注意事项

1）无论是绝对指令还是增量指令，由 H 代码指定的已存入偏置存储器中的偏置值在 G43 时加上，在 G44 时则是从长度补偿轴运动指令的终点坐标值中减去，计算后的坐标值成为终点。

2）刀具长度补偿指令通常在下刀及提刀的直线段程序 G00 或 G01 中，同时要在一定的安全高度上，否则会造成事故。

3）使用多把刀具时，通常是每一把刀具对应一个刀长补偿号，下刀时使用 G43 或 G44，该刀具加工结束后提刀时使用 G49 取消刀长补偿。

4）在实际使用时，因为刀具的长度补偿值可以是正值或负值，所以常用 G43，而很少用 G44。正或负方向的移动，靠变换 H 代码的正负值来实现。

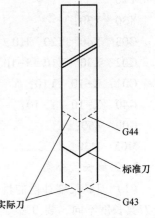

图 4-125　刀具长度补偿

5）补偿一旦取消，以后的程序段便没有补偿。同样地，也可采用 G43　H00 或 G44 H00 来替代 G49 的取消刀具长度补偿功能。

（九）子程序调用指令 M98、M99

编程时，为了简化程序的编制，当一个工件上有相同的加工内容时，常用调用子程序的方法进行编程。调用子程序的程序叫作主程序。数控系统按主程序的指令运行，但在主程序中遇见调用子程序的指令时，数控系统将开始按子程序的指令运行；在子程序中遇见调用结束指令时，自动返回到调用该子程序的主程序，并重新按主程序的指令运行。

1. 调用子程序指令 M98

格式：M98　P××××

功能：调用子程序。

说明：P 为要调用的子程序号；××××为重复调用子程序的次数，若只调用一次子程序可省略不写，系统允许重复调用次数为 1～9999。

2. 子程序结束指令 M99

格式：M99；

功能：子程序运行结束，返回主程序。

说明：

1）执行到子程序结束指令 M99 后，返回至主程序，继续执行 M98　P××××程序段下面的主程序。

2）若子程序结束指令用 M99 P＿＿格式时，表示执行完子程序后，返回到主程序中由 P＿＿指定的程序段。

3）若在主程序中插入 M99 程序段，则执行完该指令后返回到主程序的起点。

3. 注意事项

1）子程序是以 M99 结尾的，子程序是相对于主程序而言的。

2）M98 置于主程序中，表示开始调用子程序。

3）M99 置于子程序中，表示子程序结束，返回主程序。

4）P 为程序号，××××为调用次数。

5）主程序与子程序间的模态代码互相有效；如果主程序中使用 G90 模式，调用子程序，子程序中使用 G91 模式，则返回主程序时，在主程序里 G91 模式继续有效。

6）在子程序中多使用 G91 模式编程。

7）在半径补偿模式下，如果无特殊考虑，则应避免主子程序切换。

8）子程序可多重调用，最多可达四重。

9）每次调用子程序时的坐标系、刀具半径补偿值、坐标位置、切削用量等可根据情况改变。

10）在 MDI 方式下，使用子程序调用指令是无效的。

例 4-19 如图 4-126 所示，在一块平板上加工 6 个边长为 20mm 的倒圆角正方形，每边的槽深为 5mm，工件上表面为 Z 向零点。其程序的编制就可以采用调用子程序的方式来实现（编程时不考虑刀具补偿）。

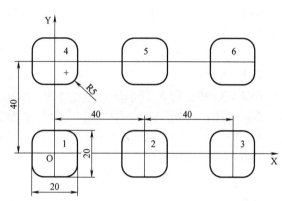

图 4-126 零件图

主程序如下：

%4150；	
G54 G90 G00 Z40 F200；	进入工件加工坐标系
M03 S1000；	主轴起动
G01 Z5；	快进到工件表面上方
X-20 Y0；	到 1 号正方形的左边
M98 P20；	调 20 号切削子程序切削正方形
G90 G01 X20 Y0；	到 2 号正方形上顶点
M98 P20；	调 20 号切削子程序切削正方形
G90 G01 X60 Y0；	到 3 号正方形上顶点
M98 P20；	调 20 号切削子程序切削正方形
G01 X-20 Y40；	到 4 号正方形的左边
M98 P20；	调 20 号切削子程序切削正方形
G90 G01 X20 Y40；	到 5 号正方形上顶点
M98 P20；	调 20 号切削子程序切削正方形
G90 G01 X60 Y40；	到 6 号正方形上顶点
M98 P20；	调 20 号切削子程序切削正方形
G90 G01 Z40 F2000；	抬刀
M05；	主轴停
M30；	程序结束

子程序如下：

%20；	
G01 Z-5 F200；	切削深度 5mm

G41　X-10　Y0　D01;	左刀补,将刀具进给至切削起点
Y5;	沿切向切入,加工正方形左部的直线段
G02　X-5　Y10　R5;	加工左上角 R5mm 的倒圆角
G01　X5;	加工正方形上部的直线段
G02　X10　Y5　R5;	加工右上角 R5mm 的倒圆角
G01　Y-5;	加工正方形右部的直线段
G02　X5　Y-10　R5;	加工右下角 R5mm 的倒圆角
G01　X-5;	加工正方形下部的直线段
G02　X-10　Y-5　R5;	加工左下角 R5mm 的倒圆角
G01　Y0;	加工正方形左部的直线段
X-20;	刀具切出
G40　G00　Z10;	取消刀补,快速抬刀
X0　Y0;	将刀具快速移至工件坐标系原点
M99;	结束子程序,返回主程序

（十）　简化编程指令的编程与加工

1. 镜像指令 G24、G25

（1）镜像功能　当零件轮廓相对于某一个坐标轴具有对称形状时,可以用子程序先对零件轮廓的一部分编程,再利用镜像功能和子程序,加工出零件的对称部分,这就是镜像功能。在镜像功能中,当某一个坐标轴的镜像有效时,该坐标轴执行与编程方向相反的切削运动。

（2）镜像指令 G24、G25

格式:

G24　X＿＿　Y＿＿　Z＿＿　U＿＿　V＿＿　W＿＿;

M98　P＿＿;

G25;

在 G17 指令后的镜像指令,只能在 XY 平面上镜像;在 G18 指令后的镜像指令,只能在 XZ 平面上镜像;在 G19 指令后的镜像指令,只能在 YZ 平面上镜像。

G24 指令的功能是建立镜像,其镜像位置就是该指令坐标轴后的坐标值。

如:G24　X0,其镜像位置就是 Y 轴。

用 G24 指令建立镜像后,要用 M98 指令调用对称轮廓的子程序,才能实现镜像加工,镜像加工完成后,要用指令 G25 来取消这一次的镜像。如果还需要镜像加工,则要重复使用 G24、M98、G25 指令。

（3）镜像指令编程与加工举例

例 4-20　使用镜像功能编制如图 4-127 所示轮廓的加工程序。设刀具起点距工件上表面 10mm,切削深度为 2mm。预先在 MDI 功能中"刀具表"设置 01 号刀具半径值项 D01 = 6.0mm,长度值项 H01 = 4.0mm。

主程序如下:

%4150;

G92　X0　Y0　Z10;　　　　　建立工件坐标系

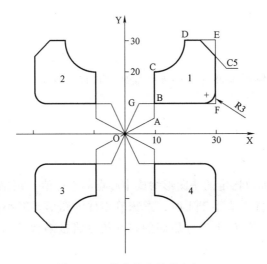

图 4-127　镜像指令编程与加工

G91　G17　M03　S1000；	主轴起动
M98　P100；	调用子程序号为 100 的子程序,加工 1 号件
G24　X0；	以 Y 轴镜像,镜像位置为 X0
M98　P100；	调用子程序号为 100 的子程序,加工 2 号件
G25　X0；	取消镜像轴 Y 轴
G24　X0　Y0；	以原点为镜像点
M98　P100；	调用子程序号为 100 的子程序,加工 3 号件
G25　X0　Y0；	取消原点为镜像点
G24　Y0；	以 X 轴镜像,镜像位置为 Y0
M98　P100；	调用子程序号为 100 的子程序,加工 4 号件
G25　Y0；	取消镜像
M30；	

子程序

%100；	1 号件的加工程序
G41　G00　X10　Y5　D01；	刀具半径左补偿,快速移至切削开始点,O→A
G43　Z2　H01；	长度补偿,刀具接近工件上表面
G01　Z-2　F300；	Z 向进刀,切削深度为 2mm
Y10；	进给 A→B
Y20；	切削 B→C
G03　X20　Y30　R10；	切削圆弧 C→D
G01　X30　Y20　C5；	切削 D→E,并在 E 点倒角 C5
G01　Y10　R3；	切削 E→F,并在 F 点倒圆 R3
X5；	切削 F→G
G49　G00　Z50；	取消刀补,Z 向抬刀

G40　X0　Y0；　　　　　　　　　　取消刀补,刀具回到坐标原点

M99；　　　　　　　　　　　　　　子程序结束,返回主程序

2. 缩放指令 G50、G51

（1）缩放功能　对编程零件的图形进行缩放，可以用缩放功能指令。

（2）缩放指令格式

格式一：G51　X＿＿　Y＿＿　Z＿＿　P＿＿；

　　　　　M98　P＿＿；

　　　　　G50；

G51 指令后面的坐标值指定的是图形缩放中心点的坐标值，用绝对值指定。G51 指令后面的 P 值为缩放倍数。当 P 值小于 1 时，意味着零件的图形要缩小；当 P 值大于 1 时，意味着零件的图形要放大。在 G51 指令后面的移动指令将按缩放倍数移动。G51 指令既可以指定平面缩放，也可指定空间缩放。

没有缩放之前的零件图形用子程序编写，由 M98 调用。完成缩放图形后，用指令 G50 取消缩放功能。使用 G51 指令格式一，可以用一个程序加工出形状相同、尺寸不同的工件。

格式二：G51　X＿＿　Y＿＿　Z＿＿　I＿＿　J＿＿　K＿＿；

　　　　　M98　P＿＿；

　　　　　G50；

G51 指令后面的坐标值指定的是图形缩放中心点的坐标值，用绝对值指定。指令中的 I 值为 X 轴的缩放倍数；指令中的 J 值为 Y 轴的缩放倍数；指令中的 K 值为 Z 轴的缩放倍数。在 G51 指令后面的移动指令将按各轴的缩放倍数移动。使用 G51 指令格式二，可用一个程序加工出形状类似、尺寸不同的工件。

没有缩放之前的零件图形用子程序编写，由 M98 调用。完成缩放图形后，用指令 G50 取消缩放功能。

缩放不能用于补偿量。

（3）缩放指令编程与加工举例

例 4-21　缩小图形编程。如图 4-128 所示，设缩放中心在（35，35），按 1/2 的比例将外圈图形缩小为内部的小图形。

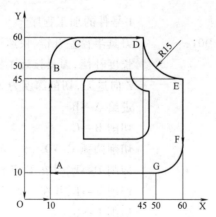

图 4-128　缩放图形

加工程序如下：

%4160；

G92 X0 Y0 Z100；	将 G92 作为工件坐标系
G90 G00 X0 Y0 Z25；	将刀具快速移至工件坐标系原点,采用绝对坐标编程
M03 S2000；	主轴起动
G01 Z-8 F200；	外圈切深 8mm
M98 P100；	调用程序号为 100 的子程序
G01 Z-5；	内圈切深 5mm
G51 X35 Y35 P(1/2)；	按 1/2 的比例缩小图形
M98 P100；	调用程序号为 100 的子程序
G50；	取消缩放功能
G00 Z100；	快速抬刀
M05 M30；	程序结束

%100；	切削外圈子程序
G41 G01 X10 Y0 D01；	左刀补,将刀具快速移至切削起点
Y50 F200；	铣外圈 AB 段
G02 X20 Y60 R10；	铣外圈 BC 段 R10mm 圆弧
G01 X45；	铣外圈 CD 段
G03 X60 Y45 R15；	铣外圈 DE 段 R15mm 圆弧
Y20；	铣外圈 EF
G02 X50 Y10 R10；	铣外圈 FG 段 R10mm 圆弧
G01 X0 Y10；	铣外圈底边
G40 X0 Y0；	回工件坐标系原点
G00 Z25；	取消刀补,快速抬刀
M99；	结束子程序,返回主程序

例 4-22 缩小图形编程。如图 4-128 所示，设缩放中心在（35，35），按同一倍数 2 将内圈图形放大为外圈图形。

加工程序如下：

%4170；

G92 X0 Y0 Z100；	将 G92 作为工件坐标系
G90 G00 X0 Y0 Z25；	将刀具快速移至工件坐标系原点,采用绝对坐标编程
M03 S2000；	主轴起动
G01 Z-5 F200；	内圈切深 5mm
M98 P100；	调用程序号为 100 的子程序
G01 Z-8；	外圈切深 8mm
G51 X35 Y35 P2；	按 2 倍放大图形
M98 P100；	调用程序号为 100 的子程序
G50；	取消缩放功能

G00　Z100；	快速抬刀
M05　M30；	程序结束

%100；	切削内圈子程序
G41　G01　X22.5　Y10　D01；	左刀补,将刀具快速移至切削起点
Y42.5　F200；	铣内圈左边直线段
G02　X27.5　Y47.5　R5；	铣内圈左上角 R5mm 圆弧
G01　X40；	铣内圈上边直线段
G03　X47.5　Y40　R7.5；	铣内圈右上角 R7.5mm 圆弧
Y27.5；	铣内圈右边直线段
G02　X42.5　Y22.5　R5；	铣内圈右下角 R5mm 圆弧
G01　X10　Y22.5；	铣内圈底边直线段
G40　X0　Y0；	回工件坐标系原点
G00　Z25；	取消刀补,快速抬刀
M99；	结束子程序,返回主程序

3. 旋转变换指令 G68、G69

（1）旋转变换功能　使用旋转变换功能，可以将一个编程的图形进行旋转，相当于图形的实际加工位置相对于图形的编程位置旋转了某一个角度。当一个零件由若干个形状相同的图形组成，且各个图形分布在由一个图形旋转便可得到的位置上时，则在编程位置编写一个图形的程序（可以是子程序，也可以是主程序的一部分），再利用旋转变换功能。是子程序时，用 M98 指令调用一次子程序，便可得到一个旋转变换了的图形，多次调用子程序，便可得到这个零件。

（2）旋转变换指令 G68、G69

格式：G68　α＿＿　β＿＿　P＿＿；

　　　　M98　P＿＿；

　　　　G69；

G68 指令后面的坐标值 α、β 指定的是旋转中心点的坐标值，用绝对值指定。旋转中心的两个坐标轴与指令 G17、G18、G19 的坐标平面一致。G17 平面为 X、Y 轴，G18 平面为 X、Z 轴，G19 平面为 Y、Z 轴。G68 指令后面的 P 值为图形旋转的角度，单位为（°）。角度为正值时，表示逆时针方向旋转。旋转角度可以为绝对值，也可以为增量值。当为增量值时，旋转角度在前一个角度的基础上再增加一个旋转角度。

指令 G69 为取消旋转变换功能。

在有刀具补偿的情况下，先进行旋转，然后进行刀具补偿。在有缩放功能的情况下，先缩放后旋转。

（3）旋转变换指令编程与加工举例

例 4-23　旋转变换指令编程。加工图形如图 4-129 所示。

加工程序如下：

%4180；

G92　X0　Y0　Z25；　　　　将 G92 作为工件坐标系

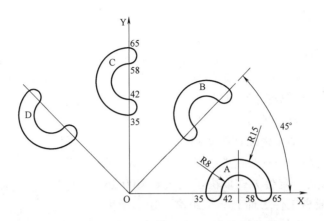

图 4-129   旋转变换指令编程

G90 G17 M03 S1000；	选 XY 平面,采用绝对坐标
G00 X0 Y0 Z25；	将刀具快速移至工件坐标系原点
M98 P100；	调用程序号为 100 的子程序
G68 X0 Y0 P45；	以 X0 Y0 为旋转中心,旋转角为 45°
M98 P100；	调用程序号为 100 的子程序
G69；	取消旋转变换功能
G68 X0 Y0 P90；	以 X0 Y0 为旋转中心,旋转角为 90°
M98 P100；	调用程序号为 100 的子程序
G69；	取消旋转变换功能
G68 X0 Y0 P135；	以 X0 Y0 为旋转中心,旋转角为 135°
M98 P100；	调用程序号为 100 的子程序
G69；	取消旋转变换功能
M05 M30；	程序结束

%100；	加工图形 A 的子程序
G01 Z-5 F200；	切削深度为 5mm
G41 X35 Y-10 D01；	左刀补,将刀具进给至切削起点
Y0；	沿切向切入
G02 X65 Y0 I7.5；	加工 R15mm 的顺圆
G02 X58 Y0 I-3.5；	加工右边 R3.5mm 的顺圆
G03 X42 Y0 I-4；	加工 R8mm 的逆圆
G02 X35 Y0 I-.5；	加工左边 R3.5mm 的顺圆
Y10；	沿切向切出
G40 G00 Z10；	取消刀补,快速抬刀
X0 Y0；	将刀具快速移至工件坐标系原点
M99；	结束子程序,返回主程序

（十一）孔加工循环指令的编程与加工

在数控加工中，常遇到孔的加工，如定位销孔、螺纹底孔、挖槽加工预钻孔等。某些加工动作循环已经典型化。例如，钻孔、镗孔的动作是孔位平面定位、快速接近工件、工作进给（慢速钻孔）、快速退回等一系列典型的加工动作，这样就可以预先编好程序，存储在内存中，并可用一个 G 代码程序段调用，称为固定循环，以简化编程工作。

孔加工固定循环指令有 G73、G74、G76、G80~G89，通常由下述 6 个动作构成（图 4-130）：

（1）X、Y 轴定位　刀具快速进给到孔中心定位。

（2）定位到 R 点（定位方式取决于上次是 G00 还是 G01）　R 点一般离工件表面有一个距离，这个距离叫引入距离。在已加工表面上加工孔，引入距离为 2~5mm；在毛坯面上加工孔，引入距离为 5~10mm。

（3）孔加工　根据孔的深度，可以一次加工到孔底，也可以分段加工到孔底，分段加工到孔底又称为间歇进给。

（4）在孔底的动作　根据孔的不同，刀具在孔底的动作也不同。有的不需要孔底动作，有的需要刀具在孔底短暂停留，有的需要主轴反转，有的需要主轴停止。

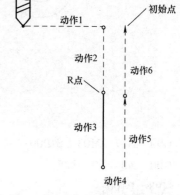

图 4-130　孔加工的 6 个典型动作

（5）退回到 R 点（参考点）　刀具从孔中退出，可以是快速退出、慢速退出、手动退出等。

（6）快速返回到初始点　初始平面是开始执行孔加工时，刀位点所在的平面。

固定循环的程序格式包括数据形式、返回点平面、孔加工方式、孔位置数据、孔加工数据和循环次数。数据形式（G90 或 G91）在程序开始时就已指定，因此，在固定循环程序格式中可不注出。固定循环的程序格式如下：

$$\begin{Bmatrix} G98 \\ G99 \end{Bmatrix} G\_\_ \quad X\_\_ \quad Y\_\_ \quad Z\_\_ \quad R\_\_ \quad Q\_\_ \quad P\_\_ \quad I\_\_ \quad J\_\_ \quad K\_\_ \quad F\_\_ \quad L\_\_;$$

说明：

G98：刀具退回时直接返回到初始平面。

G99：刀具退回时只返回到转换点 R 所在的平面。

G：固定循环代码 G73、G74、G76 和 G81~G89 之一。

X、Y：加工起点到孔位的距离（G91）或孔位坐标（G90）。

Z：孔底坐标。

R：初始点到 R 点的距离（G91）或 R 点的坐标（G90）。

Q：刀具每次的进给深度（G73 或 G81 时），是增量值，Q 值小于或大于零，Z 轴才上升，刀具才抬起。

P：刀具在孔底的暂停时间（单位为 ms）。

I、J：刀具向刀尖反方向的移动量（分别在 X 轴、Y 轴的方向上）（G76/G87）。

K：每次退刀距离。

F：切削进给速度。

L：固定循环的次数。

取消固定循环用指令 G80，同时也取消 R 点和 Z 点。用指令 G01、G02、G03 也可以取消固定循环。

固定循环的数据表达形式可以用绝对坐标（G90）和相对坐标（G91）表示，如图 4-131 所示。

固定循环指令介绍如下：

1. 断屑式深孔加工循环指令 G73

G73 用于 Z 轴的间歇进给，如图 4-132 所示，可使较深孔加工时容易断屑，减少退刀量，可以进行高效率的加工。G73 指令动作循环如图 4-133 所示。

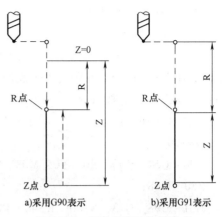

图 4-131 固定循环的数据形式

（1）格式

{G98/G99}　　　G73　X＿＿　Y＿＿　Z＿＿　R＿＿　Q＿＿　K＿＿　F＿＿　L＿＿；

（2）说明

X、Y：待加工孔的位置。

Z：孔底坐标值（若是通孔，则钻尖应超出工件底面）。

R：参考点的坐标值（R 点高出工件顶面 2~5mm）。

Q：每一次的加工深度。

F：进给速度（mm/min）。

G98：钻孔完毕返回初始平面。

G99：钻孔完时返回参考平面（即 R 点所在平面）。

K：每次退刀距离。

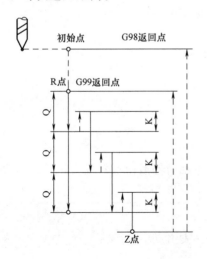

图 4-132　G73 循环

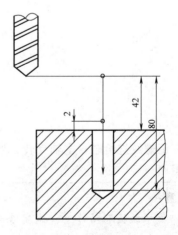

图 4-133　深孔加工实例

刀具每次的切削深度由 Q 值指定，Q 值为负值，刀具进给；刀具每次的退刀量由 K 值指定，K 值为正值，刀具退回。在数值上 K 值小于 Q 值。用 G73 指令时，刀具在 Z 轴方向间歇进给，便于断屑排屑。

（3）编程举例

例 4-24　使用 G73 指令编制如图 4-133 所示深孔加工程序，设刀具起点距工件上表面 42mm，距孔底 80mm，在距工件上表面 2mm 处（R 点）由快进转换为工进，每次进给深度 10mm，每次退刀距离 5mm。

加工程序如下：

%4190;

G90　G54　G00　X0　Y0　M03　S600;　　　　　　设置刀具起点，主轴正转，绝对值编程

Z80　M08;　　　　　　　　　　　　　　　　　　深孔加工，返回初始平面

G91　G98　G73　X100　R-40　P2　Q-10　K5　Z-80　F200;

　　　　　　　　　　　　　　　　　　　　　　　每次切深 10mm，退 5mm

G00　X0　Y0　G80;　　　　　　　　　　　　　返回起点，取消钻孔循环

M05　M30;　　　　　　　　　　　　　　　　　程序结束

2. 攻左旋螺纹循环指令 G74

（1）格式

{G98/G99}　G74　X__　Y__　Z__　R__　P__　F__　L__;

G74 的循环动作如图 4-134 所示。

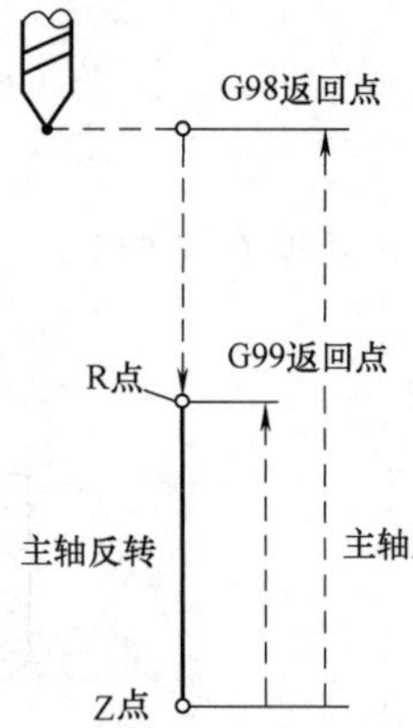

图 4-134　攻左旋螺纹循环动作

攻左旋螺纹进给时，主轴反转，加工到孔底时，主轴暂停后由反转变为正转，然后按进给速度退回。

> **注意：**
> 1）攻螺纹循环动作中，速度倍率、进给保持均不起作用。
> 2）R 点应选在距工件表面 7mm 以上的地方。
> 3）如果 Z 向的移动量为零，则该指令不执行。

（2）编程举例

例 4-25　使用 G74 指令编制如图 4-135 所示的左螺纹加工程序，设刀具起点距工件上表

面 48mm，距孔底 60mm，在距工件上表面 8mm 处（R 点）由快进转换为工进。

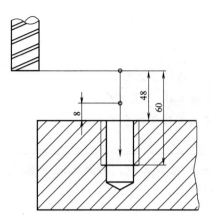

图 4-135　攻左旋螺纹循环实例

加工程序如下：

%4200；

G92　X0　Y0　Z60；

G91　G00　M04　S100；　　　　　　采用相对坐标编程，主轴反转，转速 100r/min

G98　G74　X100　R-40　P4　F200；　攻螺纹，孔底停留 4 个单位时间，返回初始平面

G80；　　　　　　　　　　　　　　取消攻螺纹循环

G90　Z0；

G0　X0　Y0　Z60；　　　　　　　　返回到起点

M05　M30；　　　　　　　　　　　程序结束

3. 攻右旋螺纹循环指令 G84

（1）格式

{G98/G99} G84　X＿＿　Y＿＿　Z＿＿　R＿＿　F＿＿　L＿＿；

G84 的循环动作如图 4-136 所示。

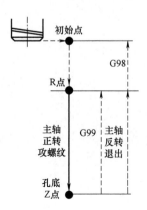

图 4-136　攻右旋螺纹循环动作

利用 G84 攻右螺纹时，从 R 点到 Z 点主轴正转，在孔底暂停后，主轴反转，刀具以进给速度反向退回出。

> **注意：**
> 1）攻螺纹时速度倍率、进给保持均不起作用。
> 2）R 点应选在距工件表面 7mm 以上的地方。
> 3）如果 Z 方向的移动量为零时该指令不执行。

用 G84 攻右旋螺纹时，从 R 点到 Z 点，刀具正向进给，主轴正转，加工到孔底部时，主轴暂停后反转，刀具从 Z 点到 R 点。

（2）编程举例

例 4-26　使用 G84 指令编制如图 4-137 所示的右旋螺纹加工程序，设刀具起点距工件上表面 48mm，距孔底 60mm，在距工件上表面 8mm 处（R 点）由快进转换为工进。

```
%4210；
G92　X0　Y0　Z60；
G91　G00　M04　S100；              采用相对坐标编程，主轴反转，转速 100r/min
G98　G84　X100　R-40　P4　F200；   攻螺纹，孔底停留 4 个单位时间，返回初始平面
G80；                             取消攻螺纹循环
G90　Z0；
G0　X0　Y0　Z60；                  返回到起点
M05　M30；                        程序结束
```

4. 精镗循环指令 G76

（1）格式

{G98/G99} G76　X__　Y__　Z__　R__　Q__　P__　I__　J__　K__　F__ L__；

G76 的循环动作如图 4-138 所示。

精镗时，主轴按进给速度加工到孔底定向停止后，向刀尖的反方向移动，然后快速

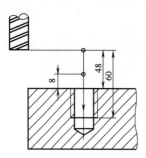

图 4-137　攻右旋螺纹循环实例

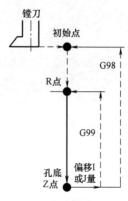

图 4-138　精镗循环

退刀。这种带有让刀的退刀不会划伤已加工表面，保证了镗孔精度。主轴向刀尖的反方向的移动量用 Q 值指定，Q 值只能为正值，位移方向由 MDI 决定，可以为 ±X、±Y 中的任何一个。

（2）编程举例

例 4-27　精镗循环编程。如图 4-139 所示，孔中心的坐标值（100，50），孔深 50mm，R = 10mm。底孔直径为 39.5mm，选用 ϕ30mm 精镗刀，刀具在孔底的反方向移动为 -I 方向，移动距离为 1mm。

加工程序如下：

%4220；	
G54　G90；	建立坐标系
G00　X100　Y50　Z50.0；	快速移动刀具到定位点
Z10；	移动刀具到刀位点
S200　M03；	主轴起动
G99　G76　X100　Y50　Z-52	每次镗孔深度 20mm，停 2s，定向移动 1mm，
R10　Q-20　P2000　I-1　K1　F50　L3；	抬刀 1mm，加工 3 遍
G80；	取消镗孔循环
M05　M30；	程序结束

5. 钻孔、点钻循环指令 G81

（1）格式

$\{G98/G99\}$ G81　X ___ 　Y ___ 　Z ___ 　R ___ 　F ___ ；

Z：孔底位置。

R：参考平面位置高度。

F：进给速度（mm/min）。

X ___ 　Y ___ ：孔的位置，可以放在 G81 指令后面，也可以放在 G81 指令的前面。

G81 的循环动作如图 4-140a 所示。

该指令常用于钻浅孔，或钻薄板上的孔。

（2）编程举例

例 4-28　钻孔循环编程。如图 4-140b 所示，孔中心的坐标值（100，50），孔深 5mm，R = 10mm。孔的直径为 ϕ10mm，选用 ϕ10mm 钻头。

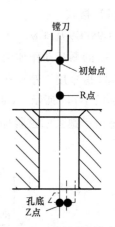

图 4-139　精镗循环实例

加工程序如下：

%4230；	
G54　G90；	建立坐标系
G00　X100　Y50　Z50.0；	快速移动刀具到定位点
Z10；	移动刀具到刀位点
S500　M03；	主轴起动
G99　G81　X100　Y50　Z-10　R10　F80；	钻孔深度 10mm
G80；	取消钻孔循环

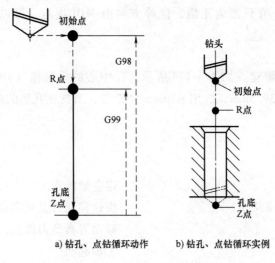

a) 钻孔、点钻循环动作　　　　　　b) 钻孔、点钻循环实例

图 4-140　钻孔、点钻循环

M05　M30；　　　　　　　　　　　　　　程序结束

6. 带停顿的钻孔循环指令 G82

（1）格式

{G98/G99} G82　X __　Y __　Z __　R __　P __　F __；

G82 的循环动作如图 4-141a 所示。

G82 指令用于钻盲孔。钻盲孔时，可使钻头在孔底暂停，暂停时间由 P 指定。

如图 4-141 所示，G82 与 G81 指令相比，唯一不同之处是 G82 指令在孔底增加了暂停，因而适用于锪孔或镗阶梯孔，提高了孔台阶表面的加工质量，而 G81 指令只用于一般要求的钻孔。

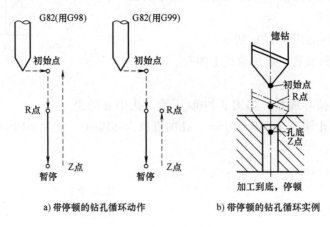

a) 带停顿的钻孔循环动作　　　　　　b) 带停顿的钻孔循环实例

图 4-141　带停顿的钻孔循环

（2）编程举例

例 4-29　钻孔循环编程。如图 4-141b 所示，孔中心的坐标值（100，50），孔深 20mm，

R=10mm。孔的直径为 ϕ10mm，选用 ϕ10mm 钻头。

加工程序如下：

%4240；	
G54　G90；	建立坐标系
G00　X100　Y50　Z50.0；	快速移动刀具到定位点
Z10；	移动刀具到刀位点
S500　M03；	主轴起动
G99　G82　X100　Y50　Z-20　R10　P2000　F80；	钻孔深度 20mm，停顿 2s
G80；	取消钻孔循环
M05　M30；	程序结束

7. 排屑式深孔加工循环指令 G83

（1）格式

{G98/G99} G83　X＿＿　Y＿＿　Z＿＿　R＿＿　Q＿＿　P＿＿　K＿＿　F＿＿　L＿＿；

G83 的循环动作如图 4-142a 所示。

用 G83 指令时，刀具每次的切削深度由 Q 值指定，Q 值是负值，刀具进给；第一次刀具切入 Q 值后，以快速退回 R 点平面；从第二次以后切入时，先以快速进给到距上次切入位置 K 值后，变为切削进给，再切入 Q 值后，以快速退回到 R 点平面，如此重复直到加工到孔底。G83 指令每次切入后退回到 R 点平面，就是排屑。G83 指令实际上是将深孔加工转换为多次的浅孔加工。

（2）编程举例

例 4-30　排屑式深孔加工循环编程。如图 4-142b 所示，孔中心的坐标值（100，50），孔深 80mm，R=10mm。孔的直径为 ϕ10mm，选用 ϕ10mm 钻头。

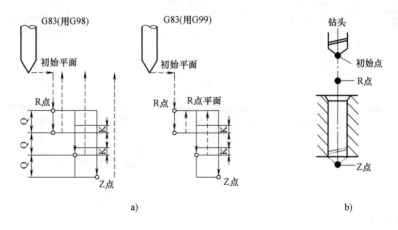

图 4-142　排屑式深孔加工循环编程

加工程序如下：

%4250；	
G54　G90；	建立坐标系
G00　X100　Y50　Z50.0；	快速移动刀具到定位点

Z10;	移动刀具到刀位点
S500 M03;	主轴起动
G99 G83 X100 Y50 Z-30 R10 Q-10 K5 F50;	每次钻孔深度10mm,快速退回至R点平面,再快速进给至距上次切削深度上方5mm处,转入进给速度切削
G80;	取消钻孔循环
M05 M30;	程序结束

8. 镗孔循环指令 G85、G86、G87、G88、G89

（1）粗镗循环指令 G85

1）格式：

｛G98/G99｝ G85 X＿＿ Y＿＿ Z＿＿ R＿＿ F＿＿ L＿＿；

G85 的循环动作如图 4-143a 所示。

用 G85 粗镗时，从 R 点到 Z 点主轴正转，刀具正向进给到孔底部，然后主轴以快速退出。

2）编程举例：

例 4-31 粗镗循环编程。如图 4-143b 所示，孔中心的坐标值（100，50），孔深 50mm，R＝10mm。底孔直径为 39.5mm，选用 φ30mm 精镗刀。

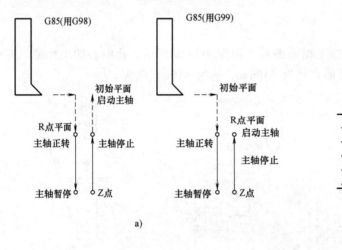

图 4-143　粗镗循环编程

加工程序如下：

%4260;	
G54 G90;	建立坐标系
G00 X100 Y50 Z50.0;	快速移动刀具到定位点
Z10;	移动刀具到刀位点
S200 M03;	主轴起动
G99 G85 X100 Y50 Z-52 R10 F50 L3;	粗镗三遍

G00 Z50；	镗刀退回进刀点
G80；	取消钻孔循环
M05 M30；	程序结束

（2）半精镗循环指令 G86

1）格式：

｛G98/G99｝G86 X＿ Y＿ Z＿ R＿ F＿；

G86 的循环动作如图 4-144a 所示。

用 G86 半精镗时，从 R 点到 Z 点主轴正转，刀具正向进给到孔底部，主轴停止，然后刀具以快速退出，返回初始平面或 R 点平面后，主轴再重新起动。采用这种方式，如果连续加工的孔间距较小，可能出现刀具已经定位到下一个孔加工的位置而主轴尚未到达指定的转速，为此可以在各孔动作之间加入暂停指令 G04，使主轴获得指定的转速。

2）编程举例：

例 4-32　半精镗孔循环编程。如图 4-144b 所示，孔中心的坐标值（100，50），孔深 50mm，R＝10mm。底孔直径为 39.5mm，选用 φ30mm 精镗刀。

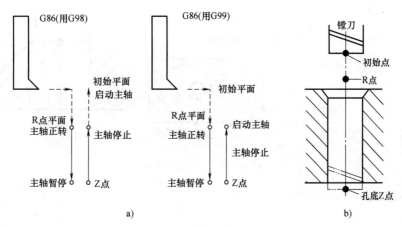

图 4-144　半精镗循环编程

加工程序如下：

%4270；	
G54 G90；	建立坐标系
G00 X100 Y50 Z50.0；	快速移动刀具到定位点
Z10；	移动刀具到刀位点
S200 M03；	主轴起动
G99 G86 X100 Y50 Z-52 R10 F50 L3；	半精镗三遍
G00 Z50；	镗刀退回进刀点
G80；	取消钻孔循环
M05 M30；	程序结束

（3）反镗循环指令 G87

1）格式：

G99 G87 X＿ Y＿ Z＿ R＿ I＿ J＿ F＿；

G87 的循环动作如图 4-145a 所示。

用 G87 反镗时，刀具在 X、Y 轴定位后，主轴定向停止，然后向刀尖相反方向移动 q 值，再从孔中快速进给到孔底定位点 R 处。在此位置，刀具向刀尖的反方向移动 q 值。起动主轴正转后，刀具沿 Z 轴正方向加工到孔顶面上的 Z 点。在此位置，主轴再次定向停止，刀具再次向刀尖的反方向移动 q 值，然后退出。返回到初始平面后，沿初始平面退回一个位移量 q 值，并重新起动主轴正转，进行下一个程序段的动作。采用这种循环方式，刀具只能返回到初始平面而不能返回到 R 点平面。

2）编程举例：

例 4-33 反镗循环编程。如图 4-145b 所示，孔中心的坐标值（100，50），孔深 50mm，R = -60mm。底孔直径为 39.5mm，选用 φ30mm 精镗刀。

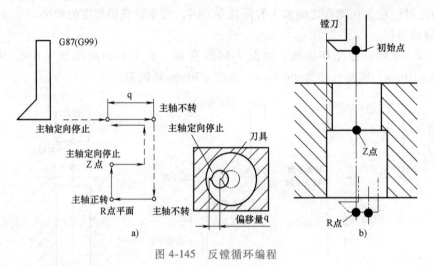

图 4-145 反镗循环编程

加工程序如下：

%4280;

G54　G90;	建立坐标系
G00　X100　Y50　Z50.0;	快速移动刀具到定位点
Z10;	移动刀具到刀位点
S200　M03;	主轴起动
G99　G87　X100　Y50　Z-52　R-60　F50　L3;	
	R 点在孔底，Z 点在孔表面，从下往上镗三遍
G00　Z50;	镗刀退回进刀点
G80;	取消钻孔循环
M05　M30;	程序结束

（4）手动退刀镗孔循环指令 G88

1）格式：

｛G98/G99｝ G88　X ＿＿ 　Y ＿＿ 　Z ＿＿ 　R ＿＿ 　P ＿＿ 　F ＿＿;

G88 的循环动作如图 4-146a 所示。

用 G88 指令镗孔时，刀具运行到孔底时暂停，主轴停止转动，系统转换为手动状态，此时可用手动使刀尖离开孔表面，但为了安全，应先手动将刀具从孔中退出。退回到指令位置后，主轴自动正转，进行下一个程序段的运作。数控铣床可用此功能实现半精镗或精镗。

2）编程举例：

例 4-34　手动退刀镗孔循环编程。如图 4-146b 所示，孔中心的坐标值（100，50），孔深 50mm，R＝10mm。底孔直径为 39.5mm，选用 ϕ30mm 粗镗刀。

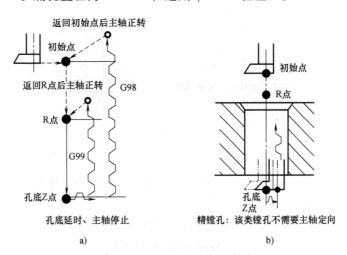

图 4-146　手动退刀镗孔循环编程

加工程序如下：

%4290；	
G54　G90；	建立坐标系
G00　X100　Y50　Z50.0；	快速移动刀具到定位点
Z10；	移动刀具到刀位点
S200　M03；	主轴起动
G99　G88　X100　Y50　Z-52　R10　F50　L3；	镗孔至孔底后,手动退刀,镗三遍
G00　Z50；	镗刀退回进刀点
G80；	取消钻孔循环
M05　M30；	程序结束

（5）镗阶梯孔循环指令 G89

1）格式：

｛G98/G99｝　G89　X__　Y__　Z__　R__　P__　F__　L__；

G89 的循环动作如图 4-147a 所示。

用 G89 指令镗孔时，从 R 点到 Z 点主轴正转，刀具正向进给到孔底部，暂停一段时间，主轴停止。然后重新起动主轴，并且刀具以快速退回到指令位置。G89 指令在孔底增加了暂停，提高了阶梯孔台阶表面的加工质量。

2）编程举例：

例 4-35　镗阶梯孔循环编程。如图 4-147b 所示，孔中心的坐标值（100，50），孔深 50mm，R＝10mm。底孔直径为 39.5mm，选用 ϕ30mm 精镗刀。

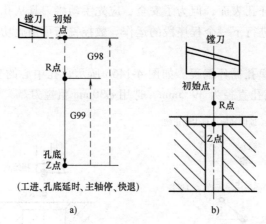

图 4-147　镗阶梯孔循环编程

加工程序如下：

%4300；	如果系统为 FANUC，则用字母 O+4300，即 O4300
G54　G90；	建立坐标系
G00　X100　Y50　Z50.0；	快速移动刀具到定位点
Z10；	移动刀具到刀位点
S200　M03；	主轴起动
G99　G88　X100　Y50　Z-52　R10　P2000　F50　L3；	
	镗孔至孔底后，停 2s，刀具快速至初始平面，镗三遍
G00　Z50；	镗刀退回进刀点
G80；	取消钻孔循环
M05　M30；	程序结束

9. 固定循环指令使用时的注意点

1）在固定循环指令前应使用 M03 或 M04 指令使主轴回转。

2）在固定循环中，定位速度由前面的指令决定。

3）各个固定循环指令均为非模态值，因此每句指令的各项参数应写全。

4）固定循环指令中的定位方式取决于上次是 G00 还是 G01，因此如果希望快速定位，则应在上一程序段或本程序段开头用指令 G00。

5）孔加工在使用控制主轴回转的固定循环（G74、G84、G86）中，如果连续加工一些孔间距比较小，或者初始平面到 R 点平面的距离比较短的孔时，会出现在开始孔的切削动作时，主轴还没有达到正常转速的情况，这时可在各孔的加工运作之间插入 G04 指令，以获得时间。

6）当用 G00~G03 指令之一取消固定循环时，若 G00~G03 指令之一和固定循环出现在同一程序段，则有如下两种格式：

① （G00~G03）G×× X＿ Y＿ Z＿ R＿ Q＿ P＿ K＿ F＿ L＿，此时按固定循环运行。

② G×× （G00~G03） X＿ Y＿ Z＿ R＿ Q＿ P＿ K＿ F＿ L＿，此时按 G00~G03 指令之一运行在固定循环程序中。

7）如果在固定循环程序段中指定了辅助功能 M，则在循环的最初定位时送出 M 信号，等待 M 信号完成，才能进行孔加工循环。

10. 固定循环功能应用举例

例 4-36　编制如图 4-148 所示的螺纹加工程序，设刀具起点距工作表面 100mm 处，螺纹切削深度为 10mm。注意：在工件上加工孔螺纹，应先在工件上钻孔，钻孔的深度为 14mm，钻孔的直径略小于内径 $\phi 8.5$mm，再用 M10 丝锥攻螺纹。

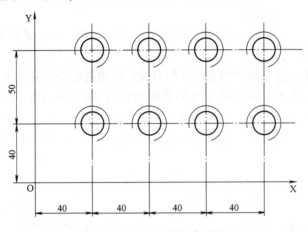

图 4-148　固定循环综合编程

加工程序如下：

%8091；	先用 G81 钻孔的程序
G92　X0　Y0　Z100；	快速移动刀具到定位点
G91　G00　M03　S300；	采用相对坐标编程,主轴正转,转速 300r/min
G99　G81　X40　Y40　G90　R-98　Z-114　F200；	
	钻孔固定循环,钻第一个孔至 Z-114
G91　X40　L3；	钻下边的另外三个孔
Y50；	刀具移至右上边的孔处
X-40　L4；	钻上边的四个孔
G90　G80　X0　Y0　Z100；	返回到起点
M05　M30；	程序结束
%8092；	用 G84 攻螺纹的程序
G92　X0　Y0　Z0；	快速移动刀具到定位点
G91　G00　M03　S100；	采用相对坐标编程,主轴正转,转速 300r/min
G99　G84　X40　Y40　G90　R-93　Z-110　F100；	
	攻螺纹固定循环,攻第一个螺纹孔至 Z-110
G91　X40　L3；	攻另外四个螺纹孔至 Z-110
Y50；	刀具移至右上边的孔处
X-40　L4；	攻上边的四个螺纹
G90　G80　X0　Y0　Z100；	取消攻螺纹循环
M05　M30；	程序结束

第四节 数控铣床对刀

工件加工时使用的坐标系称为工件坐标系。工件坐标系由数控系统预先设置（设置工件坐标系）。一个加工程序设置一个工件坐标系（选择一个工件坐标系）。设置工件坐标系的过程也称为对刀操作。设置的工件坐标系可以用移动它的原点来改变（改变工件坐标系）。

1. 设置工件坐标系的方法

（1）用 G92 法　在程序中，在 G92 之后指定一个值来设定工件坐标系，即

（G90）　G92　X ___　Y ___　Z ___；

设定工件坐标系，使刀具上的点，例如刀尖，在指定的坐标值位置。如果在刀具长度偏置期间用 G92 设定坐标系，则 G92 用无偏置的坐标值设定坐标系。刀具半径补偿被 G92 临时删除。如图 4-149 所示，刀具半径为 5mm，当执行 "G92　X55　Y-25.09　Z5;" 时，就相当于以铣刀底面中心点为基准点，并把以此为基准点的工件坐标系设定在工件上表面的中心点上，如图 4-150 所示。

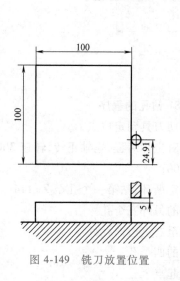

图 4-149　铣刀放置位置

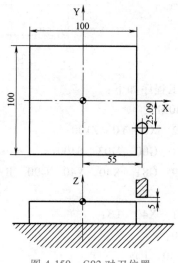

图 4-150　G92 对刀位置

（2）自动设置　当执行手动返回参考点时，系统会自动设定工件坐标系。

当在参数 1250 中设置了 α、β 和 γ 时，就确定了工件坐标系。因此，当执行参考点返回时，刀具夹头的基准点或者参考刀具的刀尖位置即为 X = α，Y = β，Z = γ。这与执行下面的指令进行参考点返回是一样的：

G92　Xα　Yβ　Zγ；

（3）用 G54～G59 工件坐标系　使用 CRT/MDI 面板可以设置 6 个工件坐标系。用绝对值指令时，必须用上述方法建立工件坐标系。

2. 对刀步骤

现在用于铣床对刀的辅助工具很多，比如对刀仪、寻边器、Z 轴设定器等，但原理是一样的。下面以试切对刀法为例，说明对刀步骤。

1）转动主轴。

2）更换为手动或手轮方式进行轴运动控制。

3）让刀具轻轻地接触工件的左边端面，有切屑出现即停止，如图 4-151 所示。

4）抬高 Z 轴，使刀具与工件分离，如图 4-152 所示。

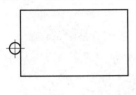

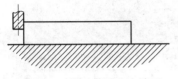
图 4-151　铣刀靠近左边端面

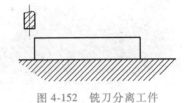
图 4-152　铣刀分离工件

5）按<POS>键，进入坐标系界面，并选择相对坐标界面显示，如图 4-153 所示。

6）按<X>键，相对坐标的 X 坐标值会闪动显示，如图 4-154 所示。

图 4-153　相对坐标显示

图 4-154　X 坐标显示

7）按屏幕下方的软键<ORIGIN>，对 X 相对坐标清零，如图 4-155 所示。

8）移动刀具，让刀具再轻轻地接触工件的右边端面，有切屑出现即停止，并抬高 Z 轴，如图 4-156 所示。

图 4-155　X 相对坐标清零

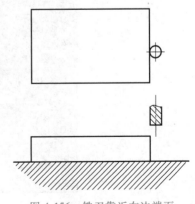
图 4-156　铣刀靠近右边端面

9）这时，把相对坐标 X 值除以 2，并把主轴运动至该 X 值处，如图 4-157 所示。

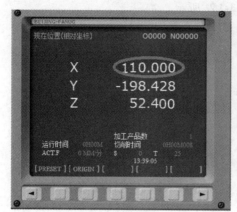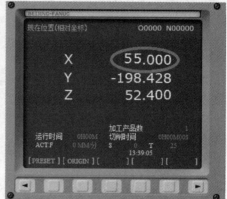

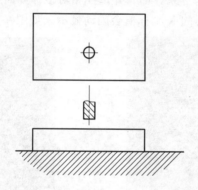

图 4-157　铣刀移动到 X 坐标值除以 2 处

10）按 OFFSET SETTNG 按钮，进入工具补正界面，按软键<坐标系>，进入 G54～G59 界面，用光标移动键将光标移动到 G54 的 X 处，如图 4-158 所示。

图 4-158　G54 坐标系 X 坐标设置

11）输入：X0，按软键<测量>，则 X 坐标设定完成，如图 4-159 所示。

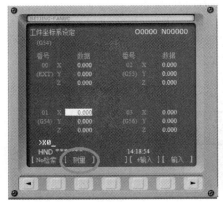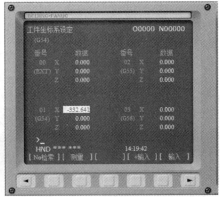

图 4-159 输入 X0 测量设置

Y 轴的工件坐标设定与 X 轴相同，Y 轴是上、下寻边。Z 轴的设定更简单，用刀具轻轻接触工件上表面，出现切屑，则至 OFFSET SETTNG 中 G54 处，输入"Z0"，再按<测量>软键。

试切对刀设定工件坐标不是很精确，这种方法主要用于未经过加工处理的工件毛坯。对于经过精处理的毛坯，对刀时则最好使用寻边器（注意加减寻边器的半径）、Z 轴设定器来进行设置工作。寻边器与 Z 轴设定器的样式很多，但使用方法相近，设定工件坐标的过程与试切对刀法相近。

3. 圆柱面与圆柱孔对刀

对圆柱面或圆柱孔进行加工，需把工件坐标建立在中心线上。对于要求不是很高的，也可以采用试切法。对于要求精处理的，则需要利用杠杆百分表（或千分表）进行对刀，方法类似，如图 4-160 所示。

1）用磁性表座将杠杆百分表吸在机床主轴端面上，利用 MDI 方式使主轴低速正转。

2）进入手轮方式，摇动手轮，使旋转的表头按 X、Y、Z 的顺序逐渐接近孔壁（或圆柱面），触头接触孔壁（或圆柱面）。

3）降低倍率，摇动手轮，调整 X、Y 轴的移动量，使表头旋转一周时其指针的跳动量在允许的对刀误差内。此时可认为主轴轴线与被测孔中心重合。

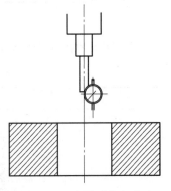

图 4-160 内圆百分表对刀

4）进入坐标系界面，将光标移动到 G54 的 X 处，输入 X0，按软键<测量>，光标再移动到 G54 的 Y 处，输入 Y0，按软键<测量>，则工件原点设定完成。

百分表（或千分表）对刀操作方法比较麻烦，效率较低，但对刀精度较高，对被测孔的精度要求也较高，最好是经过铰孔或镗削加工的孔，仅粗加工后的孔不宜采用。

第五节　数控铣削加工实例

例 4-37　如图 4-161 所示，根据图样加工不同平面上的孔。

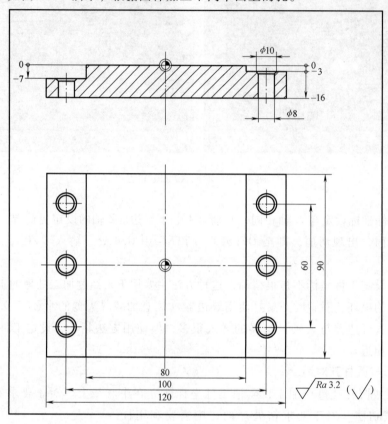

图 4-161　不同平面上的孔零件

不同平面上的孔零件数控编程见表 4-22。

表 4-22　不同平面上的孔零件数控编程

FANUC 数控系统编程

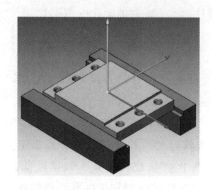

程　　序	说　　明	简　　图
O1001； N10　G90　G54　G0　Z100　M03　S800； N20　X-52.5　Y-55　M08； N30　Z3； N40　G01　Z-3.5　F300； N50　Y55； N60　G00　Z10； N70　Y-55； N80　Z3； N90　G01　Z-7　F300； N100　Y55； N110　G0　Z10； N120　X52.5； N130　Z3； N140　G01　Z-3　F300； N150　Y-55； N160　G00　Z100； N170　M05；	选用坐标系，调用 ϕ25mm立铣刀加工两侧 台阶	
N180　T2　M6　S1000　M03； N190　X40　Y-30　M08； N200　Z2； N210　G99　G83　Z-5　R2　Q3　F200； N220　Y0； N230　Y30； N240　X-40； N250　Y0； N260　Y-30； N270　G00　Z100　M09； N280　G80； N290　M05；	调用ϕ12mm中心钻钻 中心孔	
N300　T03　M06　S1200； N310　X40　Y-30　M08； N320　Z2； N330　G99　G83　Z-18　R2　Q3　F200； N340　Y0； N350　Y30； N360　X-40； N370　Y0； N380　Y-30； N390　G00　Z100　M09； N400　G80； N410　M05；	调用ϕ8mm麻花钻 钻孔	
N420　M30	程序结束	

例 4-38　如图 4-162 所示，根据图样进行矩形挖槽循环加工。

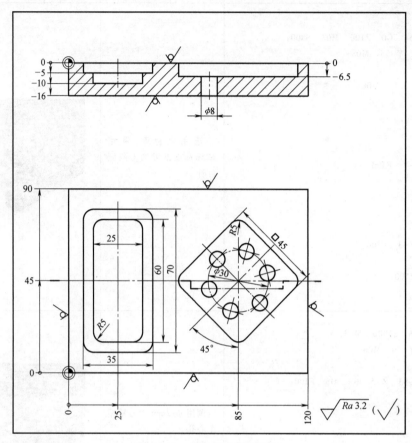

图 4-162　矩形挖槽循环加工

矩形挖槽循环数控编程见表 4-23。

表 4-23　矩形挖槽循环数控编程

FANUC 数控系统编程

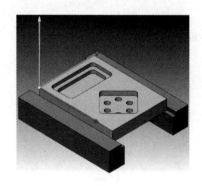

程　　序	说　明	简　图
O1002； N10　G54； N20　G17； N30　G90；	设定工件坐标系零点	
N40　G0　X0　Y0　Z50； N50　M03　S800；	调用 φ10mm 键槽铣刀	
N60　X25　Y45； N70　Z5　M08； N80　G1　Z-5　F50； N90　G91； N100　G42　G1　X-14　D01； N110　Y30； N120　X28； N130　Y-60； N140　X-28； N150　Y30； N160　X-3.5； N170　Y35； N180　X35； N190　Y-70； N200　X-35； N210　Y35； N220　G40　G01　X17.5；	加工左侧深度 5mm 的矩形槽	
N230　G01　Z-5　F50； N240　G42　G01　X-12.5　D01； N250　Y30； N260　X25； N270　Y-60； N280　X-25； N290　Y30； N300　G40　G01　X12.5；	加工左侧深度 10mm 的矩形槽	
N310　G90； N320　G0　Z50； N330　X85； N340　Z5； N350　G01　Z-6.5　F50； N360　G91； N370　G68　X0　Y0　R45； N380　G42　G01　X-16　D01； N390　Y22.5； N400　X32；	加工右侧深度 6.5mm 的矩形槽	

（续）

程　　序	说　　明	简　　图
N410　Y-45； N420　X-32； N430　Y22.5； N440　X-6.5； N450　Y22.5； N460　X45； N470　Y-45； N480　X-45； N490　Y22.5； N500　G40　G01　X-22.5； N600　G69； N610　G90； N620　G0　Z50； N630　M00； N640　M05； N650　M09；	加工右侧深度 6.5mm 的矩形槽	
N660　M03； N670　M08；	调用 ϕ8mm 麻花钻	
N680　G55； N690　G17　G90； N700　M03　S1000； N710　G0　Z5； N720　G16； N730　G1　X15　Y15； N740　Z-16　F30； N750　Z5； N760　Y75； N770　Z-16； N780　Z5； N790　Y135； N800　Z-16； N810　Z5； N820　Y195； N830　Z-16； N840　Z5； N850　Y255； N860　Z-16； N870　Z5； N880　Y315； N890　Z-16； N900　G15　G0　Z50；	钻 ϕ8mm 孔	
N910　M05　M30；	程序结束	

例 4-39　如图 4-163 所示，根据图样进行四圆形挖槽循环加工。

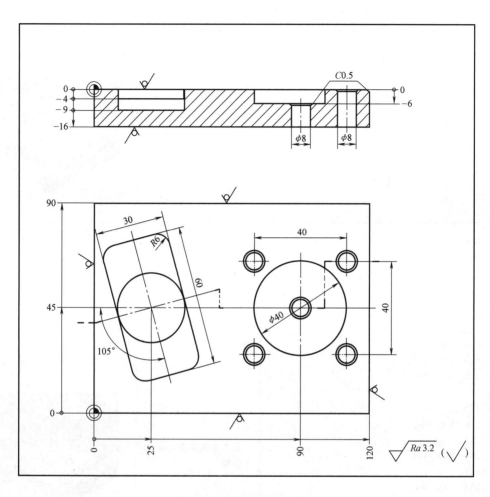

图 4-163   圆形挖槽循环加工

四圆形挖槽循环数控编程见表 4-24。

表 4-24   四圆形挖槽循环数控编程

FANUC 数控系统编程

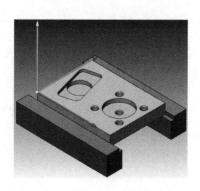

（续）

程　序	说　明	简　图
O0001; G90　G54　G17;	设定工件坐标系零点	
M06　T1; M3　S800;	调用 φ12mm 键槽铣刀	
G0　X25　Y45　Z50; G0　Z5; G01　Z-4　F50; G68　X25　Y45　R15; G42　G01　X15　D01; X10; Y69; G02　X16　Y75　R6; G01　X34; G02　X40　Y69　R6; G01　Y21; G02　X34　Y15　R6; G01　X16; G02　X10　Y21　R6; G01　Y45; G40　G01　X15; G69　X25　Y45　R0; G01　Z20; X25　Y45;	加工左侧深度 4mm 的矩形槽	
G1　Z-5; G42　G01　X10　D01; G02　I15　J0; G40　X25; G90　G0　Z50;	加工左侧深度 9mm 的圆形槽	

（续）

程 序	说 明	简 图
G00 X90 Y45； G00 Z5； G01 Z-6 F30； G42 G1 X70 D01； G02 I20 J0 F30； G40 X20； G0 Z50； M09； M05； M00；	加工右侧深度 6mm 的圆形槽	
M06 T2； M03 S1000； M08；	调用 ϕ12mm 中心钻	
G55 G90 G17； G0 Z5； G81 G99 X90 Y45 Z-1 R5 F30； G91 X-20 Y20； X40； Y-40； X-40； G80 G0 X20 Y20； G90 G0 Z50； M05 M00 M09；	钻中心孔	
M06 T2； M03 S1000； N42 G56 G90 G17；	调用 ϕ8mm 麻花钻	
G0 Z5； G73 G99 X90 Y45 Z-16 R5 Q-5 D3 F30； G91 X-20 Y20； X40； Y-40； X-40； G80 G0 X20 Y20； G90 G0 Z50；	钻 ϕ8mm 孔	
M05 M30；	程序结束	

例 **4-40** 如图 4-164 所示，根据图样进行综合加工件一加工。

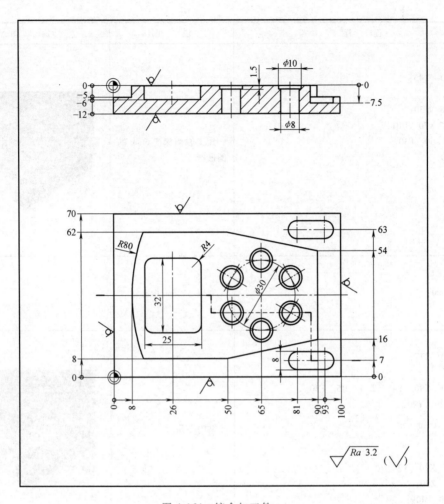

图 4-164 综合加工件一

综合加工件一数控编程见表 4-25。

表 4-25 综合加工件一数控编程

FANUC 数控系统编程

（续）

程　　序	说　　明	简　　图
O0002； G54 G17 G90 G40 G0 X0 Y0 Z50；	设定工件坐标系零点	
M3 S955； M6 T1；	调用 ϕ20mm 立铣刀	
G0 X-15 Y-10； Z2； G42 G1Z-5 D01 F50； Y8； X50； X90 Y16； Y54； X50 Y62； X12.693； G3 Y8 R80； G1 X100； G40 G0 Z50；	加工深度 5mm 的外轮廓	
M6 T2； M3 S1120；	调用 ϕ12mm 中心钻	
G0 X65 Y35； Z10； G99 G81 X65 Y20 Z-3 R5 F60； G68 X65 Y35 R60； G99 G81 X65 Y20 Z-3 R5 F60； G68 X65 Y35 R120； G99 G81 X65 Y20 Z-3 R5 F60； G68 X65 Y35 R180； G99 G81 X65 Y20 Z-3 R5 F60； G68 X65 Y35 R240； G99 G81 X65 Y20 Z-3 R5 F60； G68 X65 Y35 R300； G99 G81 X65 Y20 Z-3 R5 F60； G69； G0 Z50；	钻中心孔	
M6 T3； M3 S1300；	调用 ϕ8mm 麻花钻	

（续）

程　序	说　明	简　图
G0　X65　Y35； Z10； G99　G73　X65　Y20　Z－16　R5　Q5　F40； G68　X65　Y35　R60； G99　G73　X65　Y20　Z－16　R5　Q5　F40； G68　X65　Y35　R120； G99　G73　X65　Y20　Z－16　R5　Q5　F40； G68　X65　Y35　R180； G99　G73　X65　Y20　Z－16　R5　Q5　F40； G68　X65　Y35　R240； G99　G73　X65　Y20　Z－16　R5　Q5　F40； G68　X65　Y35　R300； G99　G73　X65　Y20　Z－16　R5　Q5　F40； G69； G0　Z50；	钻 ϕ8mm 孔	
M6　T4； M3　S1500；	调用 ϕ8mm 键槽铣刀	
G0　X65　Y20； Z1； G1　Z－1.5　F20； G0　Z1； G68　X65　Y35　R60； G0　X65　Y20； Z1； G1　Z－1.5　F20； G0　Z1； G68　X65　Y35　R120； G0　X65　Y20； Z1； G1　Z－1.5　F20； G0　Z1； G68　X65　Y35　R180； G0　X65　Y20； Z1； G1　Z－1.5　F20； G0　Z1； G68　X65　Y35　R240； G0　X65　Y20； Z1； G1　Z－1.5　F20； G0　Z1； G68　X65　Y35　R300； G0　X65　Y20； Z1； G1　Z－1.5　F20； G0　Z1； G69； G0　Z50；	铣 ϕ10mm 沉头孔	
M6　T5； M3　S950；	调用 ϕ10mm 键槽铣刀	

（续）

程　序	说　明	简　图
G0　X26　Y35； Z1； G1　Z-6　F50； G1　X34.5； Y47； X17.5； Y23； X34.5； Y35； X26； G0　Z50；	加工左侧凹槽	
M6　T4； M3　S1500；	调用 φ8mm 键槽铣刀	
G0　X81　Y7； Z1； G1　Z-7.5； X93； G0　Z1； Y63； G1　Z-7.5； X81； G0　Z50；	加工右侧长孔	
M05　M30；	程序结束	

例 4-41　如图 4-165 所示，根据图样进行综合加工件二加工。

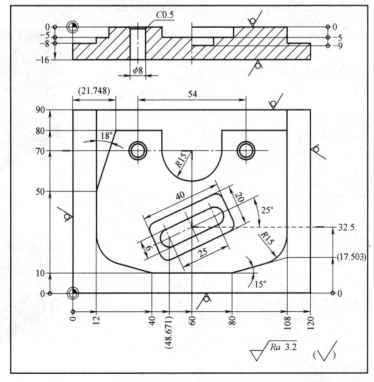

图 4-165　综合加工件二

综合加工件二数控编程见表 4-26。

表 4-26　综合加工件二数控编程

<table>
<tr><td colspan="3" align="center">FANUC 数控系统编程</td></tr>
<tr><td colspan="3" align="center">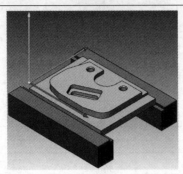</td></tr>
<tr><td align="center">程　　序</td><td align="center">说　　明</td><td align="center">简　图</td></tr>
<tr>
<td>O0003;
N10　G54　G90　G00　X120　Y90;</td>
<td align="center">设定工件坐标系零点</td>
<td></td>
</tr>
<tr>
<td>N20　T02　F480　S1000　M03;</td>
<td align="center">调用 φ25mm 立铣刀</td>
<td></td>
</tr>
<tr>
<td>N30　G00　X123　Y105　Z-8　M08;
N40　G41　G01　X108　Y90;
N50　Y29.012;
N60　G90　G17　G02　X96.882　Y14.524　R15;
N70　G01　X80　Y10;
N80　X40;
N90　X23.118　Y14.524;
N100　G17　G02　X12　Y29.012　R15;
N110　G01　Y90;
N120　G40;
N130　G00　Z100　M09;</td>
<td align="center">加工深度 8mm 的外
轮廓</td>
<td></td>
</tr>
<tr>
<td>N140　G90　G0　X-3　Y105　Z-5　M08;
N150　G41　G01　X12　Y50;
N160　G01　X12　Y50;
N170　X21.748　Y80;
N180　X45;
N190　Y70;
N200　G90　G17　G03　X75　Y70　R15;
N210　G01　Y80;
N220　X108;
N230　G40;
N240　G01　X123　Y105;
N250　G00　Z100　M05　M09;</td>
<td align="center">加工深度 5mm 的外
轮廓</td>
<td></td>
</tr>
</table>

（续）

程 序	说 明	简 图
N260 T02 F200 S3200 M03	调用φ8mm 键槽铣刀	
N270 G90 G00 X60 Y32.5 Z0 M08； N280 G41 G01 X41.874 Y24.048 Z-5； N290 X39.338 Y29.485； N300 G90 G17 G02 X41.273 Y34.801 R4； N310 G01 X70.275 Y48.325； N320 G02 X75.59 Y46.39 R4； N330 G01 X80.661 Y35.515； N340 G02 X78.727 Y30.199 R4； N350 G01 X49.725 Y16.675； N360 G02 X44.41 Y18.61； N370 G01 X41.874 Y24.048； N380 G40； N390 G01 X71.329 Y37.782； N400 G00 Z100 M09；	加工深度 5mm 的矩形槽	
N410 G90 G00 X60 Y32.5 Z0 M08； N420 G41 G01 X50.573 Y23.139 Z-9； N430 G90 G17 G02 X46.769 Y31.296 R4.5； N440 G01 X69.427 Y41.861； N450 G02 X73.231 Y33.704 R4.5； N460 G01 X50.573 Y23.139； N470 G00 Z100 M05 M09；	加工深度 9mm 的长槽	
N480 T03 F120 S800 M03；	调用φ12mm 中心钻	
N490 G90 G00 X27 Y70 Z10； N500 G81 G99 X27 Y70 Z-3 R5 F120； N510 X81； N520 G00 Z100 M05 M09；	钻中心孔	
N530 T04 F150 S1200 M03；	调用φ8mm 麻花钻	
N540 G90 G00 X27 Y70 Z10； N550 G83 X27 Y70 Z-20 R2 Q5 F150； N560 X81； N570 G00 Z100 M05 M09；	钻φ8mm 孔	
N580 M30；	程序结束	

例 4-42 如图 4-166 所示，根据图样进行综合加工件三加工。

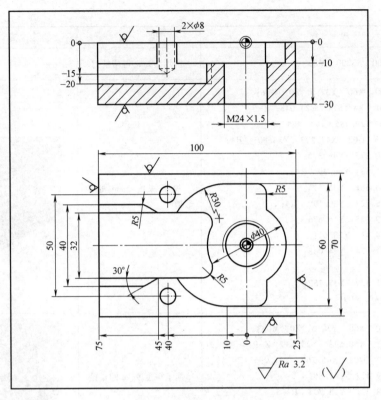

图 4-166 综合加工件三

综合加工件三数控编程见表 4-27。

表 4-27 综合加工件三数控编程

FANUC 数控系统编程

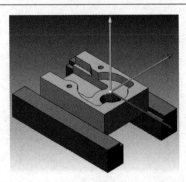

程　　序	说　　明	简　　图
O0001; N10　G17　G54　G90;	调用 G54 坐标系为工作坐标系,设置加工平面为 XY 平面	
N20　M06　T1; N30　S2000　M03;	调用刀库 1 号位 φ25mm 立铣刀,主轴以 2000r/min 正转	

（续）

程　　　序	说　　明	简　　图
N40　G00　X39.5　Y-28.5； N50　Z3.5； N70　G01　Z0.0　F800.M08； N80　X37.5； N90　X-87.5； N100　Y-9.5； N110　X37.5； N120　Y9.5； N130　X-87.5； N140　Y28.5； N150　X37.5； N160　X39.5； N170　G00　Z5.； N180　M05； N190　M09； N200　Z50.；	铣顶面	
N210　G00　X-100.Y20.　S1200　M03； N220　Z3.； N230　G01　Z-10.　F1000.　M08； N240　G42　X-90.D1；	使用刀具右补偿，调用 补偿号为D1(25.4)	
N250　X-75.； N260　X-51.928　F600.； N270　X-45.　Y16.； N280　X-35.377； N290　G02　X-10.Y30.I25.377　J-16.； N300　G01　X5.； N310　Y19.365； N320　G02　Y-19.365　I-5.　J-19.365； N330　G01　Y-30.； N340　X-10.； N350　G02　X-35.377　Y-16.I0.0　J30.； N360　G01　X-45.； N370　X-51.928　Y-20.； N380　X-75.； N390　X-90.； N400　Z-9.； N410　G00　Z3.；	深度10mm的凹槽轮 廓粗加工	
N420　G00　X-100.　Y16.； N430　Z3.； N440　G01　Z-20.　F800.　M08； N450　G42　X-90.　D1； N460　X-75.； N470　X-12.； N480　G03　Y-16.I12.　J-16.； N490　G01　X-75.； N500　X-90.； N510　Z-19.；	深度20mm的凹槽轮 廓粗加工	
N520　G00　Z3.； N530　M05； N540　M09； N550　Z100.；	粗加工完成，抬刀到安 全高度，关闭切削液	

（续）

程　序	说　明	简　图
N560　M06　T2; N570　S2800　M03;	调用刀库 2 号位 φ10mm 立铣刀,主轴以 2800r/min 正转	
N580　G00　X−100.Y20.; N590　Z3.; N600　G01　Z−10.F1200.M08; N610　G42　X−90.D2;	使用刀具右补偿,调用补偿号为 D2(10)	
N620　X−75.; N630　X−51.928　F1000.; N640　X−45.　Y16.; N650　X−35.377; N660　G02　X−10.　Y30.I25.377　J−16.; N670　G01　X5.; N680　Y19.365; N690　G02　Y−19.365　I−5.　J−19.365; N700　G01　Y−30.; N710　X−10.; N720　G02　X−35.377　Y−16.　I0.0　J30.; N730　G01　X−45.; N740　X−51.928　Y−20.; N750　X−75.; N760　X−90.; N770　Z−9.; N780　G00　Z5.;	深度 10mm 凹槽轮廓精加工	
N790　G00　X−100.　Y16.; N800　Z3.; N810　Z−19.; N820　G01　Z−20.　F800.; N830　G42　X−90.　D2; N840　X−75.; N850　X−12.; N860　G03　Y−16.　I12.　J−16.; N870　G01　X−75.; N880　X−90.; N890　Z−19.; N900　G00　Z5.;	深度 20mm 凹槽轮廓精加工	
N910　M05; N920　M09; N930　Z100.;	精加工完成,主轴停转,抬刀到安全高度,关闭切削液	
N940　M06　T3; N950　S2500　M03;	调用刀库 3 号位 φ3mm 中心钻,主轴以 2500r/min 正转	

（续）

程　序	说　明	简　图
N960　G00　X-40.Y25.； N970　Z1.5　M08； N980　G81　X-40.　Y25.Z-2.　R1.5　F20.； N990　Y-25.； N1000　X0.0　Y0.0　Z-12.　R-8.5； N1010　G80； N1020　M05； N1030　M09； N1040　Z100.；	钻中心孔	
N1050　M06　T4； N1060　S1500　M03；	调用刀库 4 号位 φ8mm 钻头，主轴以 1500r/min 正转	
N1070　G00　X-40.　Y25.； N1080　Z1.5　M08； N1090　G83　X-40.　Y25.　Z-15.　R1.5　F30.　Q2.； N1100　Y-25.； N1110　G00　X0.0　Y0.0； N1120　Z-8.5； N1130　G83　X0.0　Y0.0　Z-35.　R-8.5　F30.　Q2.； N1140　G80； N1150　M05； N1160　M09； N1170　Z100.；	钻 φ8mm 孔，并为 M24 螺纹钻第一个底孔，便于 后续大钻头的扩大	
N1180　M06　T5； N1190　S800　M03；	调用刀库 5 号位 φ16mm 钻头，主轴以 800r/min 正转	
N1200　G00　X0.0　Y0.0； N1210　Z-8.5　M08； N1220　G83　X0.0　Y0.0　Z-35.　R-8.5　F30.　Q2.； N1230　G80； N1240　M05； N1250　M09； N1260　Z100.；	用 φ16mm 钻头扩大螺 纹底孔	
N1270　M06　T6； N1280　S600　M03；	调用刀库 6 号位 φ22mm 钻头，主轴以 600r/min 正转	
N1290　G00　X0.0　Y0.0； N1300　Z-8.5　M08； N1310　G83　X0.0　Y0.0　Z-35.　R-8.5　F30.　Q2.； N1320　G80； N1330　M05； N1340　M09； N1350　Z100.；	用 φ22mm 钻头扩大为 M24 螺纹底孔	
N1270　M06　T7； N1280　S100　M03；	调用刀库 7 号位 M24 丝锥，主轴以 100r/min 正转	

（续）

程　序	说　明	简　图
N1290　G00　X0.0　Y0.0; N1300　Z-7.　M08; N1310　G84　X0.0　Y0.0　Z-32.866　R-7.　F150.; N1320　G80; N1330　M05; N1340　M09; N1350　Z200.;	用 M24 丝锥进行攻螺纹	
N1360　M30;	程序结束	

习　题

一、填空题

1. G20 编程时使用的单位为_____，G21 编程时使用的单位为_____。

2. G04 指令仅指其被规定的程序段中_____。

3. G92 指令需要后续坐标值指定刀具_____在工件坐标系中的位置。

4. 使用 G92 指令，需要先选定对刀点和_____，使用 G92 指令，每次更换工件后都要重新_____。

5. 编程时用指令 G54，在程序中不指定工件坐标系的_____，使用 G54 指令，每次更换工件后不需要重新_____，也不需要_____。

6. G52 后面的坐标值为局部坐标系的原点在_____的坐标值。

7. 直接机床坐标系编程指令是_____。

8. 执行程序段 G90　G00　X50　Z30 后，刀具在工件坐标系中的移动量是_____，刀具在工件坐标系中的位置是_____。

9. 坐标平面选择指令只是决定了程序段中的坐标轴的地址，不影响_____指令的执行。

10. 使用 G28 指令所选定的中间点一般是_____，使用 G29 指令所选定的目标点一般是_____。

11. 一个子程序可被_____多次调用，其指令格式是_____。

12. G01 指令后的坐标值是_____终点的值，使用增量值编程时，坐标值是_____。

13. 使用 G02 指令，表明圆弧的切削方向是_____；使用 G03 指令，表明圆弧的切削方向是_____。

14. 使用 I、J、K 指令圆弧的圆心，I、J、K 的值是_____。

15. 直线后倒角指令 G90　G01　X(U)__　Y(V)__　C __，X(U)__　Y(V)__的值

是_____。

16. 直线后倒圆指令 G91　G01　X（U）__　Y（V）__　R __，X（U）__　Y（V）__的值是_____。

17. 使用 G43 指令，表明刀具的长度补偿是_____；使用 G44 指令，表明刀具的长度补偿是_____。

18. 使用 G41 指令，表明刀具的半径补偿是_____；使用 G42 指令，表明刀具的半径补偿是_____。使用了刀具半径补偿，在编程时均按_____编程。

19. G24　X0 指定的镜像轴是_____，G24　Y0 指定的镜像轴是____，G24　X0　Y0 指定的镜像轴是_____。

20. 执行程序段 G51　X35　Y35　P _____，图形放大 1 倍；执行程序段 G51　X35　Y35　P _____，图形缩小 1 倍。

21. 执行程序段 G68　X0　Y0　P _____，图形旋转 60°；执行程序段 G68　X0　Y0　P _____，图形旋转 120°。

22. 使用 G73 指令时，刀具在 Z 轴方向_____进给；使用 G74 指令时，刀具在孔底的转向由_____。

23. G76 指令用于_____。用 G76 指令时，主轴按进给速度加工刀孔底定向停止后，向_____移动，然后快速退刀。

24. G81 指令用于_____，G82 指令用于_____，G83 指令用于_____。G83 指令每次切入后退回到_____。G85 指令用于_____，G89 指令用于_____。

二、判断题

1. M30 与 M02 功能完全相同。　　　　（　）
2. M01 与 M00 功能基本相同。　　　　（　）
3. 用 G20 编程时使用的单位为米制单位。　　　　（　）
4. 指令 G95　F__时，F 代码后面的数值直接指令主轴每转的进给量。　　（　）
5. 在执行 G92 指令时，刀具应在对刀点上。　　　　（　）
6. 在执行 G92 指令时，刀具并不产生运动。　　　　（　）
7. G54 坐标系原点的值可通过对刀时用 MDI 方式输入数控系统中。　　（　）
8. 执行程序段 G90　X50　Y40　Z30 时，刀具移动到（50，40，30）。　（　）
9. 执行程序段 G91　X50　Y40　Z30 时，刀具移动到（50，40，30）。　（　）
10. 执行程序段 G17　G01　Z__时，Z 轴不在 XY 平面上，Z 轴照样会移动。　（　）
11. 执行 G00 指令，刀具以快速进给的速度移动到指令中坐标值指定的位置。　（　）
12. G00 指令只用于空行程。　　　　（　）
13. G00 指令的移动轨迹只能是直线。　　　　（　）
14. G00 指令着眼于刀具快速移动后的刀具位置。　　　　（　）
15. G00 指令中的快速移动速度由机床本身的参数决定。　　　　（　）
16. 在编写程序时，主、子程序必须写在同一个文件中。　　　　（　）
17. M99 的功能就是在子程序中结束子程序的运行并使数控系统返回到调用该子程序的主程序中，重新按主程序的指令运行。　　　　（　）
18. G01 指令刀具以联动的方式，按 F 规定的合成进给速度，从当前位置按直线路径切

267

削到程序段指令值所指定的终点。 （　）

19. 用 G01 指令编程时，如果没有指令进给速度，就认为进给速度为零。 （　）

20. 程序 G01　X50　Y40　F300，刀具进给到点（50，40），X、Y 两轴均以 300mm/min 的进给率进给。 （　）

21. 用 G02 指令编程时，I、J、K 值是圆心相对于圆弧的起点的坐标增量值。 （　）

22. G17　G03　I-30.0　F100，执行此单段程序将产生一全圆。 （　）

23. 用 G02 指令编程时，对等于180°的圆弧，半径 R 用正值或负值均可。 （　）

24. 在圆弧插补的同时，指令垂直于插补平面的轴移动一个距离，可实现螺旋线插补。

（　）

25. 工件坐标系的设定是以刀具基准点为依据的。 （　）

26. 刀具基准点是用标准长度的刀具对刀时的对刀点。 （　）

27. 刀具的正向偏置，就是实际使用的刀具长度比编程时的标准刀具长。 （　）

28. 刀具的负向偏置，就是实际使用的刀具长度比编程时的标准刀具长。 （　）

29. 刀具长度补偿指令通常用在下刀及提刀的直线段程序中。 （　）

30. 按零件轮廓编程，而让数控系统自动偏离零件轮廓一个刀具半径，就是刀具半径补偿功能。 （　）

31. 顺着刀具直线前进的方向看，刀具在左边，工件在右边，需对刀具进行右补偿。

（　）

32. 指令 G41、G42、G43 为刀具半径左、右补偿与消除。 （　）

33. G51 指令后面的坐标值可用相对或绝对坐标，指定的是图形缩放中心点的坐标值。

（　）

34. G68 指令后面的坐标值指定的是旋转中心点的坐标值，可用相对或绝对坐标。（　）

35. G51 指令后面的 P 值为图形缩放的倍数，G68 指令后面的 P 值为图形旋转的角度。

（　）

36. G68 指令后面的 P 值为正值时，表示图形逆时针方向旋转。 （　）

37. 初始平面是开始执行孔加工时，刀位点所在的平面。 （　）

38. R 点平面是孔加工刀具由快进转为慢进时转换平面。 （　）

39. G98 指令的功能是使刀具退回时返回到转换点 R 所在的平面。 （　）

40. G76 精镗时，主轴按进给速度加工到孔底，定向停止后，然后退刀。 （　）

三、简答题

1. 何谓机床坐标系和工件坐标系？其主要区别是什么？

2. 如何判断主轴的正转和反转？

3. M02　S1000　F500 表示什么含义？

4. G04　X__ 后面的时间是什么单位？

5. 简述工件坐标系原点和对刀点的选择原则。

6. 运行程序时 G54 的原点是怎样确定的？

7. 简述 G92 与 G54～G59 之间的优缺点。

8. 执行 G17　G00　Z100 指令时，Z 轴能移动吗？

9. G90　X20　Y15 与 G91　X20　Y15 有什么区别？

10. G00 指令是着眼于移动的起点还是着眼于移动的终点？使用相对还是绝对坐标？

11. 简述主、子程序的调用关系。

12. G01 指令中的终点与起点有何关系？

13. 如何判断圆弧的切削方向？

14. I、J、K 与 R 同时指定圆心时，哪个有效？

15. 什么是螺旋线切削？在加工中有何实际用途？

16. 绘图说明怎么确定直线后倒角的直线切削的起点？

17. 绘图说明怎样确定直线后圆角的圆弧切削的起点？

18. 绘图说明怎样确定圆弧后倒角的直线切削的起点？

19. 刀具补偿有哪几种？它们有何作用？

20. 绘图说明刀具长度的正、负偏置补偿。

21. 绘图说明刀具半径的左、右偏置补偿。

22. 什么是镜像功能？

23. 什么是缩放功能？

24. 什么是旋转变换功能？

25. 绘图说明孔加工的六个循环顺序动作。

26. 绘图说明断屑式深孔加工的循环过程。

27. 绘图说明精镗加工的循环过程。

28. 简述 FANUC 0i 数控铣床系统的机床回零操作。

29. 简述 FANUC 0i 数控铣床的试切对刀操作。

30. 简述 FANUC 0i 数控铣床的 MDI 操作。

四、编程题

1. 编写程序加工如图 4-167 所示曲线。

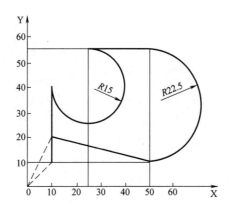

图 4-167　编程曲线

2. 工件图形如图 4-168 所示。毛坯为 70mm×70mm×14mm 板材，工件材料为 45 钢。六个面已经过铣、磨精加工，保证了各面相互的垂直度及平行度。要求编写程序加工出该工件外形、中间正方凹槽及 ϕ10mm 的圆孔。

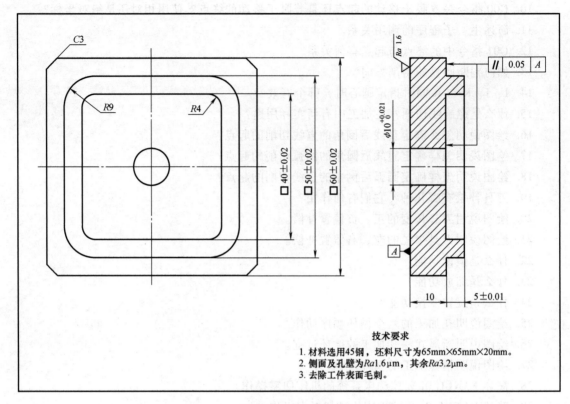

图 4-168　综合编程

参 考 文 献

［1］ 王平. 数控机床与编程实用教程 ［M］. 2 版. 北京：化学工业出版社，2007.

［2］ 蒋建强. 数控加工技术与实训 ［M］. 北京：电子工业出版社，2003.

［3］ 宋放之. 数控工艺培训教程：数控车部分 ［M］. 北京：清华大学出版社，2003.

［4］ 陈志雄. 数控机床与数控编程技术：数控车部分 ［M］. 北京：电子工业出版社，2003.

［5］ 杨继昌，李金伴. 数控技术基础 ［M］. 北京：化学工业出版社，2005.

［6］ 蒋建强. 数控编程技术 200 例 ［M］. 北京：科学出版社，2004.